新・数理／工学ライブラリ［機械工学＝別巻1］

基礎演習 機械振動学

岩田　佳雄
佐伯　暢人　共著
小松崎俊彦

数理工学社

サイエンス社・数理工学社のホームページのご案内
http://www.saiensu.co.jp
ご意見・ご要望は suuri@saiensu.co.jp まで．

はじめに

　本書は機械振動学を学ぼうとする学生の皆さんやエンジニアの皆さんを対象に執筆した演習書です．

　現在，企業で機械や構造物が設計される際，有限要素法などの解析ソフトを用いることで望ましくない振動を極力，抑えるような検討が詳細に行われています．その一方で，私たち執筆者は，企業の皆様から大学で機械振動学に関する基礎知識を十分に教育して欲しいという声を多く頂きます．それは，解析ソフトを利用するには振動に関する基礎知識の習得が必要であるためです．機械振動学に関する基礎知識が不十分であると，解析ソフトで得られた結果が実際とは異なっていても，それが正しいものと鵜呑みにしてしまい，職場の上司にそのままの結果を報告してしまうケースがあると聞きます．そういった意味から，本書では機械振動学の基礎に重点を置いた多くの問題を取り上げました．

　本書は以下のように構成されています．まず，第1章では力学の基礎として，運動の法則をはじめとして，質点や剛体の運動に関する問題について扱います．次に，第2章では振動系のモデル化に関する例題をはじめとして，振動系を構成する要素である質量や慣性モーメント，さらには，ばねや減衰に関する問題を取り上げます．続いて，第3章，第4章では，それぞれ，1自由度系の自由振動と強制振動に関する問題について考えます．第5章では多自由度系の振動問題について取り上げます．多自由度系の振動に関する知識は，上述した解析ソフトの基礎となるもので本書の中でも最も重要な部分といえます．最後に，第6章では無料のプログラミング言語である Scilab を用いて，代表的な機械振動の計算を行い機械振動の基礎について，より一層の理解を深めていきます

(サンプルプログラムは数理工学社のホームページにある本書のサポートページでも公開しています)．

なお，それぞれの章は主に下記のように分担し，互いに連携を取りながらとりまとめました．

海外で出版されている振動に関する教科書を眺めると，教科書の厚さもさることながら，丁寧な解説と問題数の多さに驚かされます．そこで，本書でも，それを見習い，できる限り多くの問題を取り上げ，詳細な解答を加えることを本書の特長とするよう心がけました．機械振動学を学ぼうとする皆さんにとって，本書が振動問題に対する興味の一助となるならば，執筆者一同の望外の喜びです．

最後に本書の執筆に際してご尽力いただきました（株）数理工学社田島伸彦氏，見寺健氏に深く感謝致します．

2013 年 11 月

著者一同

第 1 章　小松崎俊彦
第 2 章　佐伯暢人（2.1, 2.3 節），小松崎俊彦（2.2 節），岩田佳雄（2.4 節）
第 3 章　佐伯暢人
第 4 章　小松崎俊彦
第 5 章　岩田佳雄
第 6 章　佐伯暢人

本書のサポートページは

http://www.saiensu.co.jp

にあります．

目　　次

第1章　力学の基礎　　1
1.1　運動の法則 …………………………………………… 1
1.2　質点の運動 …………………………………………… 3
1.3　剛体の運動 …………………………………………… 6
第1章の問題 …………………………………………… 13

第2章　振動系を構成する要素　　17
2.1　振動系のモデル化 …………………………………… 17
2.2　質量と慣性モーメント ……………………………… 22
2.3　ば　ね ………………………………………………… 26
2.4　減　衰 ………………………………………………… 30
第2章の問題 …………………………………………… 35

第3章　1自由度系の自由振動　　39
3.1　様々な復元力 ………………………………………… 39
3.2　不減衰系の自由振動 ………………………………… 43
3.3　減衰系の自由振動 …………………………………… 71
第3章の問題 …………………………………………… 76

第 4 章　1 自由度系の強制振動　　84

4.1　1自由度不減衰系の強制振動 ………………………… 84
4.2　1自由度粘性減衰系の強制振動 ………………………… 89
4.3　不釣り合い外力による強制振動 ………………………… 92
4.4　変位による強制振動 ………………………… 94
4.5　振動伝達と防振 ………………………… 97
4.6　任意外力加振と過渡応答 ………………………… 100
4.7　ラプラス変換による振動解析 ………………………… 105
第 4 章の問題 ………………………… 110

第 5 章　多自由度系の振動　　117

5.1　2自由度系の自由振動 ………………………… 117
5.2　2自由度系の強制振動 ………………………… 124
5.3　モード解析 ………………………… 129
5.4　ラグランジュの運動方程式 ………………………… 141
5.5　影響係数法 ………………………… 143
第 5 章の問題 ………………………… 145

第 6 章　Scilab を用いた数値計算　　152

問題解答　　171

索　引　　216

1 力学の基礎

1.1 運動の法則

　物体の運動はその位置，速度および加速度によって表される．物体の**位置**はある基準点からの**距離**を表すので，**変位**とも呼ばれ，通常，座標系の原点を基準点とする．

　運動とは，物体の時間的な位置の変化を表す言葉である．位置の単位時間当たりの変化量が**速度**であり，さらに速度の単位時間当たりの変化量が**加速度**である．位置を時間 t の関数として $x(t)$ と表すと，速度は時間で 1 階微分した dx/dt で，加速度は 2 階微分した d^2x/dt^2 で表される．これらはそれぞれ $\dot{x}, \ddot{x}$ のように簡略して表記される．

1.1.1 運動の3法則

　日常，我々が取り扱う物体の運動は，**運動の 3 法則**として知られる物理法則に従う．

① 運動の第 1 法則（慣性の法則）

　　物体に外から力が作用しない限り，物体は静止し続けるか，一定速度で動き続ける（等速直線運動）．

② 運動の第 2 法則（ニュートンの運動法則）

　　物体に生じる加速度はその物体に作用する力の大きさに比例する．両者を関係付ける比例定数は**質量**と呼ばれ，力を f，加速度を $\ddot{x}$，質量を m とすると

$$f = m\ddot{x}$$

として表される（運動方程式）．

③ 運動の第 3 法則（作用反作用の法則）

　　2 物体間の一方から他方に向かって力 f が作用し，釣り合っている状態では，他方からも大きさが同じで向きが反対方向の力が作用している．

1.1.2 ダランベールの原理

運動の第2法則を，形式的に次のように書き表す．

$$f + (-m\ddot{x}) = 0$$

質量 m の物体は加速度 $\ddot{x}$ で運動している．このとき，図1.1 に示すように

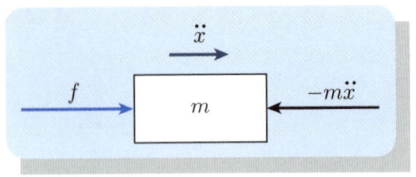

図1.1 ダランベールの原理

見かけ上，$-m\ddot{x}$ の力（**慣性力**）が物体に作用しており，同じく物体に作用している外力 f と釣り合っていると解釈できる．このような見方を**ダランベールの原理**と呼ぶ．

― 例題 1 ―――――――――――――――――――――――― 運動方程式 ―

重力場において，図1.2 のように質量 m の物体が角度 α の斜面上に置かれている．物体と斜面との間の摩擦係数を μ として，物体が斜面を滑るときの運動方程式を求めよ．

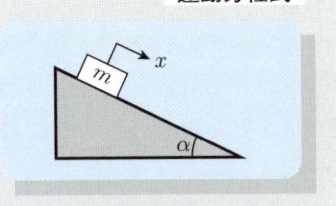

図1.2 斜面上に置かれた物体

解答 斜面に沿う物体の変位を x とし，斜面下方向を正とする．まず，斜面に垂直な方向については作用反作用の法則から垂直抗力 N が作用し，次式の関係が成り立つ．

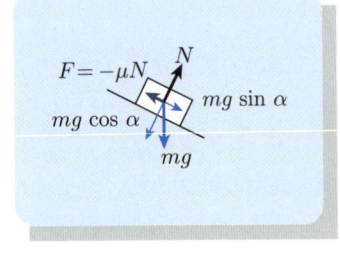

図1.3

$$N - mg\cos\alpha = 0$$

摩擦力 F は $F = -\mu N$ と表されるので，物体の斜面に沿う方向の運動を表す方程式は次式となる．

$$m\ddot{x} = mg\sin\alpha - \mu mg\cos\alpha$$

1.2 質点の運動

質点とは，物体の大きさを無視し，その全質量がある1点に集中していると見なしたものである．並進運動に限定される場合などは，物体を質点として取り扱っても差し支えない．ここでは物体を質点と見なして，その運動について考える．

1.2.1 仕 事

ある一定の力 f が物体に作用した結果，物体は x だけ変位したとき，力は物体に対して次の**仕事** W をなしたという．

$$W = fx$$

1.2.2 力学的エネルギと保存則

エネルギとは仕事をなし得る能力を指し，**力学的エネルギは運動エネルギとポテンシャルエネルギの総称である**．質量 m の質点が速度 v で運動しているとき，この質点は次式で与えられる**運動エネルギ** T を有する．

$$T = \frac{1}{2}mv^2$$

一方，重力場では，質点は鉛直方向位置 x で決まる**ポテンシャルエネルギ** U を有し，次式で表される．

$$U = mgx$$

重力によるポテンシャルエネルギは通常，**位置エネルギ**と呼ばれる．

次に，ばね定数 k のばねが x 伸びたとき，ばねは次式で表されるポテンシャルエネルギ U を有する．

$$U = \frac{1}{2}kx^2$$

系に摩擦など，エネルギを散逸させる機構が存在しない場合や，外力が存在しないときには，力学的エネルギは保存される．いま，ある時刻 t_1 における運動エネルギとポテンシャルエネルギをそれぞれ T_1, U_1，時刻 t_2 におけるそれらを T_2, U_2 とすれば，次式が成立する．

$$T_1 + U_1 = T_2 + U_2 = \mathrm{const.}$$

質点の持つ力学的エネルギは常に一定で，これを**力学的エネルギ保存則**と呼ぶ．

例題 2 ─────────────────────────────── エネルギ保存

図 1.4 のように質量 $m = 1\,[\mathrm{kg}]$ の物体が，高さ $h = 2\,[\mathrm{m}]$ のところから自然長 $l = 50\,[\mathrm{cm}]$，ばね定数 $k = 500\,[\mathrm{N/m}]$ のばねの上に自由落下する．落下後のばねの最大変形量を求めよ．ただし，重力加速度は $g = 9.81\,[\mathrm{m/s^2}]$ とする．

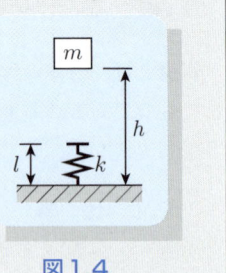

図 1.4

解答 衝突後，ばねは自然長から δ だけ縮むとして，エネルギ保存則より

$$mg(h - l + \delta) = \frac{1}{2}k\delta^2, \quad k\delta^2 - 2mg\delta - 2mg(h - l) = 0$$

ここで，$\delta_{\mathrm{st}} = mg/k$（物体を静かにばねの上に載せたときの静的変形量）とおくと

$$\delta^2 - 2\delta_{\mathrm{st}}\delta - 2\delta_{\mathrm{st}}(h - l) = 0$$

δ に関する 2 次方程式を解いて，有効な解のみを採用すると

$$\delta = \delta_{\mathrm{st}}\left(1 + \sqrt{1 + \frac{2(h - l)}{\delta_{\mathrm{st}}}}\right) = \frac{1 \times 9.81}{500}\left(1 + \sqrt{1 + \frac{2 \times (2 - 0.5)}{1 \times 9.81/500}}\right)$$

$$= 0.263\,[\mathrm{m}]$$

∴ $26.3\,\mathrm{cm}$ だけ縮む． ■

1.2.3 運動量と力積，運動量保存則

質量 m の質点が速度 v で運動しているとき，質点は次の**運動量** p を持つ．

$$p = mv$$

「運動量の時間変化量は質点に作用する外力に等しい」ことから，運動量 p を用いても，次のように運動方程式を表すことが可能である．

$$\frac{dp}{dt} = f$$

外力が時間とともに変化し，時刻 t_1 のときに質点の速度が v_1，時刻 t_2 のときに v_2 であったとすると，この間の運動量変化は次のように表される．

$$mv_2 - mv_1 = \int_{t_1}^{t_2} f\,dt$$

右辺の積分項は**力積**と呼ばれる．質量が不変で外力の作用がなければ物体の速度は変化しない，という運動の第 1 法則がここでも確認できる．

1.2 質点の運動

多質点系を考え，運動方向を一般化して 3 次元空間内の x, y, z 方向に運動可能とする．n 個の質点のうち，i 番目の x, y, z 方向速度を u_i, v_i, w_i とし，同じく質点 i に作用する各方向の外力を X_i, Y_i, Z_i とすると，質点系全体では次の関係が成り立つ．

$$\frac{d}{dt}\sum_{i=1}^{n} m_i u_i = \sum_{i=1}^{n} X_i, \quad \frac{d}{dt}\sum_{i=1}^{n} m_i v_i = \sum_{i=1}^{n} Y_i, \quad \frac{d}{dt}\sum_{i=1}^{n} m_i w_i = \sum_{i=1}^{n} Z_i$$

ここで，外力の作用がすべてないものとすれば

$$\sum_{i=1}^{n} m_i u_i = 一定, \quad \sum_{i=1}^{n} m_i v_i = 一定, \quad \sum_{i=1}^{n} m_i w_i = 一定$$

となり，質点の運動量の総和は一定値となる．これを**運動量の保存則**と呼ぶ．

例題 3 — 運動量保存

図 1.5 のように一定速度 v_0 で飛来する質量 m_2 の物体が，ばねを介して壁面に取り付けられた質量 m_1 に衝突する．質量 m_1 は衝突前に静止しており，衝突後に 2 つの質量は完全に一体化するとして，ばねの最大変形量 δ を求めよ．

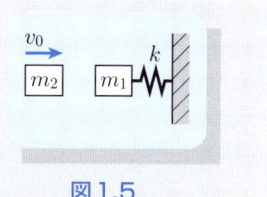

図 1.5

解答 衝突後に一体となった物体の速度を v として，衝突前後の運動量は保存されるので

$$m_2 v_0 = (m_1 + m_2)v$$

$$v = \frac{m_2}{m_1 + m_2} v_0$$

これより，衝突直後の系の運動エネルギは次のように表される．

$$T = \frac{1}{2}(m_1 + m_2)v^2$$
$$= \frac{1}{2}(m_1 + m_2)\left(\frac{m_2}{m_1 + m_2} v_0\right)^2 = \frac{1}{2}\frac{m_2^2}{m_1 + m_2}v_0^2$$

衝突瞬間の運動エネルギと，ばねが最も縮むときのポテンシャルは等しいことから

$$\frac{1}{2}\frac{m_2^2}{m_1 + m_2}v_0^2 = \frac{1}{2}k\delta^2$$

$$\therefore \quad \delta = \sqrt{\frac{m_2^2}{k(m_1 + m_2)}}\, v_0$$

1.3 剛体の運動

剛体とは，有限の大きさ・質量を持ち，力を受けても変形しない物体のことである．剛体は質点が互いの位置を変えずに多数集まったものと見なすことができる．したがって，質点系の性質はそのまま引き継がれるが，剛体では並進運動に加えて回転運動を考える必要があり，そのために慣性モーメントを導入して回転の運動方程式が記述される．

1.3.1 剛体の重心

簡単のため，2次元平面上に質量が分布する剛体について考える（図1.6）．剛体の単位面積当たりの質量を $\rho\,[\mathrm{kg/m^2}]$，全質量を $m\,[\mathrm{kg}]$ とすると，剛体の重心は次式で求められる．

$$x_\mathrm{G} = \frac{1}{m}\iint \rho x\, dxdy, \quad y_\mathrm{G} = \frac{1}{m}\iint \rho y\, dxdy, \quad m = \iint \rho\, dxdy$$

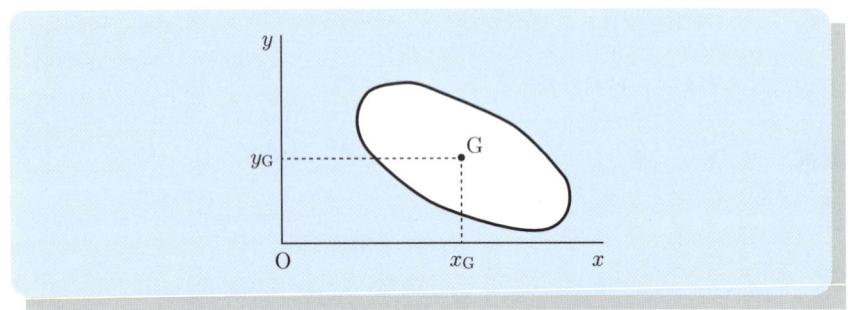

図1.6　平面上に質量が分布する剛体の重心

1.3.2 モデルと自由度

自由度とは，物体の位置を表す座標のうち，互いに独立に変化するものの数をいう．質点の場合，その運動が直線上に拘束されていれば自由度は1であり，3次元空間内を自由に動けるならば自由度は3である．さらに質点が n 個あれば，自由度は $3n$ となる．

剛体の場合，並進運動に関しては質点と同じく自由度は3であるが，さらに回転の自由度が3つ加わり，合計6の自由度を持つ．物体の運動を記述するには，自由度と同じ数だけの独立した運動方程式が必要になる．剛体の重心 $\boldsymbol{r}_\mathrm{G}$ に関する並進運動の方程式は次式となる．

$$M\frac{d^2\bm{r}_\mathrm{G}}{dt^2} = \sum_i \bm{F}_i = \bm{F}$$

また，回転軸まわりの回転運動に関する方程式は次のように表される．

$$\frac{d\bm{L}}{dt} = \sum_i \bm{r}_i \times \bm{F}_i = \sum_i \bm{N}_i = \bm{N}$$

ここで，$\bm{L}$ は剛体の角運動量，$\bm{r}_i$ は回転軸から力 $\bm{F}_i$ の作用点へ至る位置ベクトル，$\bm{N}$ は合成されたモーメントを表す．剛体の運動が平面内に限られる場合には，並進運動に対して2自由度，回転に関して1自由度，計3自由度となる．

1.3.3 固定軸まわりの回転運動

図1.7 のように，O点で固定され，角変位を θ としてその点まわりに回転運動する剛体にモーメント M が作用する状況を考える．剛体に微小要素 dm を考え，局所的な力 dF の作用によって加速度が生じるとすれば，その運動方程式は

$$dm\ddot{x} = dF$$

と表せる．図より，$x = r\theta$ が成り立ち，さらにこの式の両辺に r を乗じると

$$r^2 dm\ddot{\theta} = rdF = dM$$

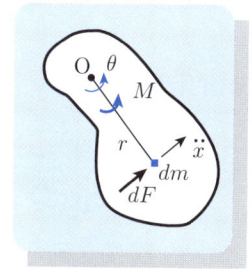

図1.7 固定軸まわりに回転運動する剛体

となり右辺は局所的に作用するモーメントとなる．この式を領域全体で積分すると

$$\int r^2 dm\ddot{\theta} = \int dM, \quad J\ddot{\theta} = M \quad \therefore \quad J = \int r^2 dm$$

ここで定義される J を**慣性モーメント**と呼び，[kg・m^2] の単位を持つ．これは，回転運動における質量に相当する量であるが，同じ剛体でも回転軸の位置によって異なる値となる．

図1.7 の剛体の質量を m とすると $m\kappa^2 = J$ が成り立つときの κ を**回転半径**と呼ぶ．これは，剛体を質点に置き換えたときの，回転軸から質点までの距離を表す．

1.3.4 様々な形状の物体についての慣性モーメント

基本的な形状の剛体について，重心まわりの慣性モーメントを表1.1 に示す．いずれの物体も質量は m としている．

表1.1 様々な形状を有する物体の重心まわりの慣性モーメント

形状	慣性モーメント
【細長い均一断面棒】	$J_z = \dfrac{ml^2}{12}$
【薄い矩形平板】	$J_x = \dfrac{mb^2}{12}, \quad J_y = \dfrac{ma^2}{12},$ $J_z = \dfrac{m(a^2+b^2)}{12}$
【薄い円板】	$J_x = J_y = \dfrac{mr^2}{4},$ $J_z = \dfrac{mr^2}{2}$
【直方体】	$J_x = \dfrac{m(b^2+c^2)}{12}, \quad J_y = \dfrac{m(a^2+c^2)}{12},$ $J_z = \dfrac{m(a^2+b^2)}{12}$
【円柱】	$J_x = J_y = \dfrac{m(3r^2+l^2)}{12},$ $J_z = \dfrac{mr^2}{2}$
【球】	$J_x = J_y = J_z = \dfrac{2mr^2}{5}$

1.3.5 直交軸の定理

剛体が薄い平板の場合，平板を含む平面内において直交する 2 軸まわりの慣性モーメントの和は，それらの軸の交点において面と直交する軸まわりの慣性モーメントに等しくなる．これを，**直交軸の定理**という．面内の 2 軸を x, y 軸，面に直交する軸を z 軸とすると，次式が成り立つ．

$$J_z = J_x + J_y$$

1.3.6 平行軸の定理

剛体の任意軸 O まわりの慣性モーメントは，剛体の重心 G を通り，その軸に平行な軸まわりの慣性モーメントを J_G，剛体の質量を m，2 つの平行な軸間の距離を h とすると，次式によって求められる．これを，**平行軸の定理**と呼ぶ．

$$J_O = J_G + mh^2$$

―― 例題 4 ―――――――――――――――――――― 慣性モーメント ――

図 1.8 のクランクシャフトの簡略モデルについて，回転軸 O まわりの慣性モーメントを求めよ．

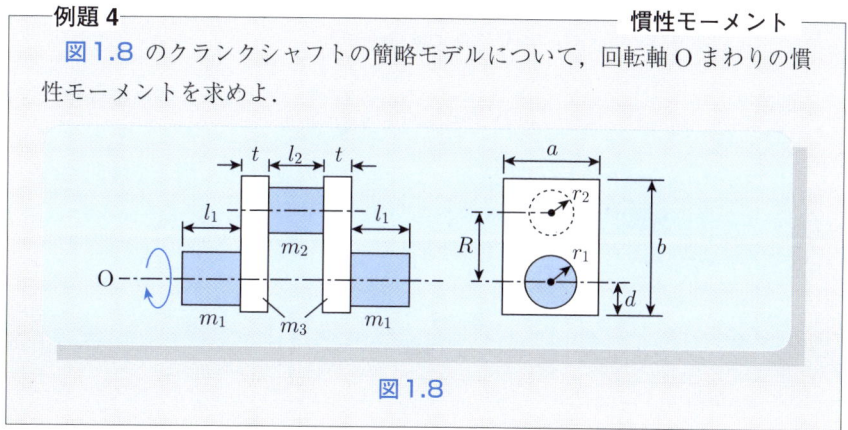

図 1.8

解答 質量 m_1 の円柱部，質量 m_2 の円柱部，質量 m_3 の矩形板について，重心まわりの慣性モーメントをそれぞれ J_1, J_2, J_3 とおくと

$$J_1 = \frac{m_1 r_1^2}{2}, \quad J_2 = \frac{m_2 r_2^2}{2}, \quad J_3 = \frac{m_3(a^2 + b^2)}{12}$$

それぞれの数と，回転軸に対する位置を考慮して，クランクシャフト全体の慣性モーメント J は

$$\begin{aligned}J &= 2 \times J_1 + (J_2 + m_2 R^2) + 2 \times \left\{ J_3 + m_3 \left(\frac{b}{2} - d \right)^2 \right\} \\ &= m_1 r_1^2 + m_2 \left(\frac{r_2^2 + 2R^2}{2} \right) + 2m_3 \left\{ \frac{(a^2 + b^2)}{12} + \left(\frac{b}{2} - d \right)^2 \right\}\end{aligned}$$

1.3.7 角運動量

ある軸まわりに剛体が回転運動しているとき，その軸まわりの単位時間当たりの角変位の変化量を**角速度**と呼ぶ．また，この軸まわりの剛体の慣性モーメントを J，角速度を ω とすると，剛体は次の角運動量を持つ．

$$L = J\omega$$

並進運動の場合と同じように，回転運動の場合にも角運動量を用いた運動方程式表現が可能である．

$$\begin{aligned} \frac{dL}{dt} &= J\frac{d\omega}{dt} \\ &= J\frac{d^2\theta}{dt^2} \\ &= M \end{aligned}$$

ここで，$d\omega/dt$ もしくは $d^2\theta/dt^2$ は**角加速度**と呼ばれる．

例題 5 　　　　　　　　　　　　　　　　　　　　　　　　　　　　　　角運動量保存

図1.9 のように同じ軸 O のまわりに一定角速度 ω_1, ω_2 で回転する 2 つの円板があり，それぞれの慣性モーメントを I_1, I_2 とする．両者を瞬間的に結合した後の角速度 ω はいくらになるか．

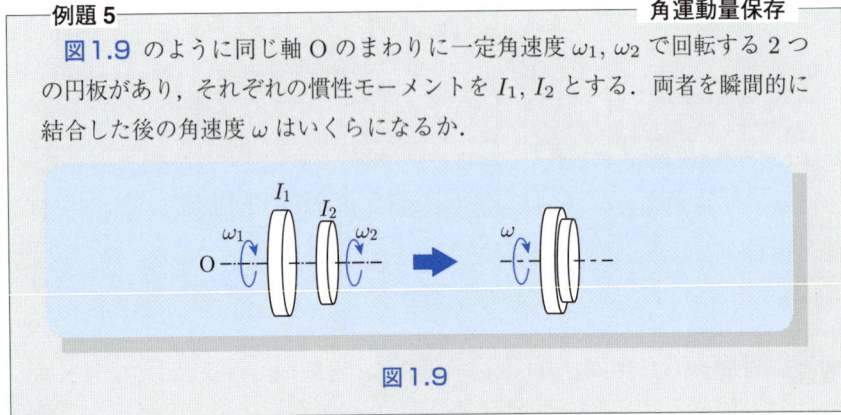

図1.9

解答　角運動量の保存則より，結合する前後の関係として

$$I_1\omega_1 + I_2\omega_2 = (I_1 + I_2)\omega$$

よって，結合後の角速度 ω は次となる．

$$\omega = \frac{I_1\omega_1 + I_2\omega_2}{I_1 + I_2}$$

1.3.8 剛体の平面運動

図1.10 のように，剛体の運動が平面内に限定されている場合は，考慮すべき運動方程式は x, y 方向の並進運動について 2 つ，回転運動について 1 つの合計 3 つとなる．通常，剛体の重心を代表点として，その運動を考える．

質量 m の剛体に作用する外力を合成した力の x, y 方向成分を f_x, f_y とした場合，重心についての並進運動は以下の式で記述される．

$$m\frac{d^2x}{dt^2} = f_x$$
$$m\frac{d^2y}{dt^2} = f_y$$

また，剛体の重心まわりの慣性モーメントを J とすると，重心を通り，平面に垂直な軸まわりの回転運動を表す方程式は次式となる．

$$J\frac{d^2\theta}{dt^2} = f_y(x_f - x_G) - f_x(y_f - y_G)$$

ただし，(x_f, y_f) は力の作用点の座標を表す．さらに，平面運動する剛体の運動エネルギの総和は次式で表される．

$$T = \frac{1}{2}m\left(\frac{dx}{dt}\right)^2 + \frac{1}{2}m\left(\frac{dy}{dt}\right)^2 + \frac{1}{2}J\left(\frac{d\theta}{dt}\right)^2$$

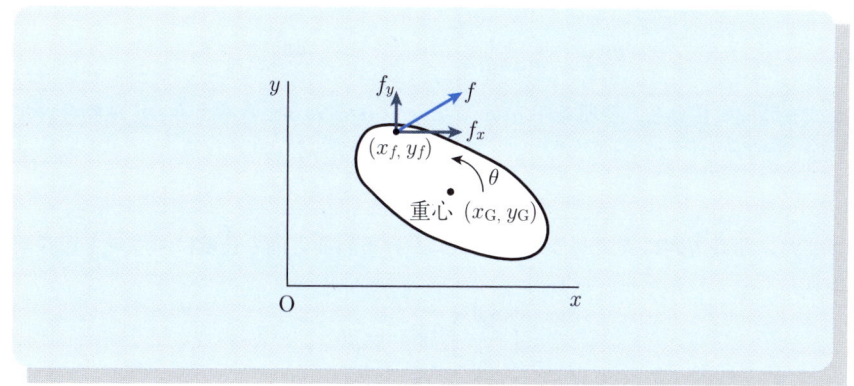

図1.10　剛体の平面運動

例題 6 ── 剛体の平面運動

重力場において，図 1.11 のように静止状態から斜面を転がり落ちる円板がある．円板は滑らずに転がり，その運動は平面内に限られるとして，運動方程式を求めよ．また，方程式を解いて，時刻 t における円板の斜面上の位置を求めよ．さらに，初期位置から高さ h だけ下った位置における角速度はいくらか．ただし，円板の質量を m，半径を r，重力加速度を g とする．

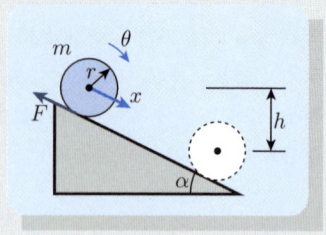

図 1.11

解答 斜面に沿う並進運動の変位を x，角変位を θ とする．また，斜面と円板との間に働く摩擦力を F とすると，円板の並進運動および回転運動について，運動方程式はそれぞれ次のように書ける．

$$m\ddot{x} = mg\sin\alpha - F$$

$$\frac{mr^2}{2}\ddot{\theta} = rF$$

これら 2 式から F を消去し，$x = r\theta$ の関係を考慮して x に関する運動方程式を導くと次式が得られる．

$$\frac{3m}{2}\ddot{x} = mg\sin\alpha \quad \therefore \quad \ddot{x} = \frac{2g}{3}\sin\alpha$$

上式を時間で積分し，初期条件：$t = 0$ で $x = 0, \dot{x} = 0$ を考慮すると，運動を表す解は

$$x = \frac{g\sin\alpha}{3}t^2$$

また，鉛直方向に h だけ下った位置における斜面方向の速度はエネルギ保存則より

$$\frac{1}{2}\left(\frac{3m}{2}\right)\dot{x}_h^2 = mgh$$

$$\dot{x}_h = \sqrt{\frac{4gh}{3}}$$

ここで，$\dot{x}_h = r\dot{\theta}_h$ より，このときの角速度 $\dot{\theta}_h$ は

$$\dot{\theta}_h = \frac{1}{r}\sqrt{\frac{4gh}{3}}$$

第1章の問題

☐ **1** 地上において，質量 1 kg の物体を水平から 30° 上方に向けて初速度 30 m/s で打ち上げる．水平方向の到達距離を求めよ．また，打ち上げ角度が 45° のときの到達距離はその何倍となるか．ただし，空気抵抗は考えない．

☐ **2** 反発係数 e のボールを，h_0 の高さから地面に自由落下させた場合，何回かの跳ね返りの後に，ボールは地面の上に静止する．
(1) 高さ h_0 に保持されている状態から自由落下して，初めて地面と接触するまでの時間 t_0 を求めよ．
(2) 地面との 1 回目の接触後，ボールが到達する最大跳ね上がり高さ h_1 を求めよ．
(3) 高さ h_1 からボールは再び落下し，地面と衝突する．ボールが高さ h_1 にある瞬間の時刻をゼロとして，地面と 2 回目の衝突をするまでの時間を求めよ．また，それは (1) とどのような関係にあるか．
(4) 初期高さ h_0 での時刻をゼロとして自由落下させ，繰り返しボールを跳ね返らせると，ボールはやがて地面の上に静止する．ボールが静止するまでに要する時間は

$$T = \frac{1+e}{1-e}\sqrt{\frac{2h_0}{g}}$$

となることを示せ．

☐ **3** 図 1 のように振動台の上に質量 $m = 1\,[\mathrm{kg}]$ の物体を載せ，振動台に 50 Hz の振動を与える．また，物体には鉛直下方への押し付け力 $P = 10\,[\mathrm{N}]$ を加えておく．振動台の変位振幅を次第に大きくしていったとき，物体が振動台表面から離れて飛び上がり始める振幅は何 mm か．

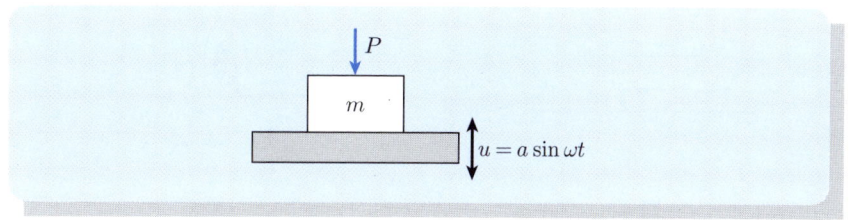

図 1

□**4** 図2のように重力場において，天井から吊り下げられたばねの下に質量 m のおもりを連結し，ばねの自然長を保った状態から瞬間的におもりを離すと，系は振動する．このとき，ばねは最大でどれだけ変形するか．また，それは振動系が静止しているときの自然長からの変形量に対して何倍か．

□**5** 図3のように，質量 m，長さ l のひもからなる振子をO点で吊るし，鉛直軸まわりに角速度 ω で回転させたとき，ひもと鉛直軸とがなす角度 α はいくらになるか．

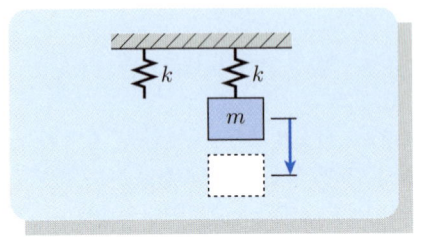

図2

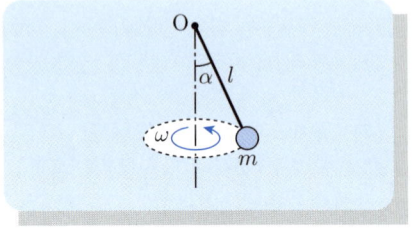

図3

□**6** 図4のように，砲弾が水平方向に発射される台車がある．砲弾の質量を m，砲身を含めた台車の全質量を M とし，台車が動かないように固定された状態での砲弾の打ち出し速度が v_0 であったとする．台車が自由に動けるとしたとき，砲弾発射後の台車と砲弾の速度を求めよ．

□**7** 図5のように，中央が円形にくり抜かれた円板について，次の値を求めよ．円板の質量 m，厚さ t とする．
(1) x 軸まわりの慣性モーメント
(2) z 軸まわりの慣性モーメント

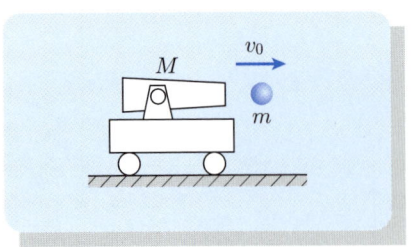

図4

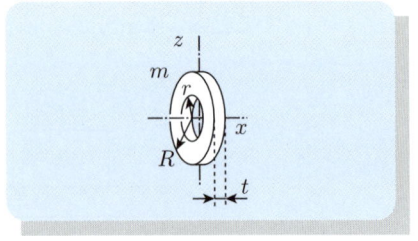

図5

第 1 章の問題　　　　　　　　　　　　　　　　　**15**

☐ **8**　図 6 のように，中心から d だけずれた位置において円形にくり抜かれた円板が平面内で支点 O まわりに回転運動する．O 点まわりの慣性モーメント，および支点 O を基準とした重心位置を求めよ．ただし，大円板の半径 R，小円板の半径 r，小円板の質量を m，くり抜かれる前の大円板の質量を M とする．

☐ **9**　図 7 のように吊り下げられた矩形平板の支持点まわりの慣性モーメントを求めよ．平板の質量は m とする．

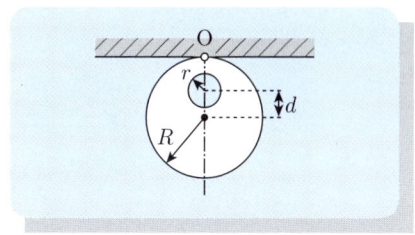

図 6

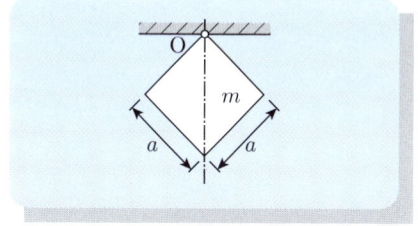

図 7

☐ **10**　図 8 のように吊り下げられた半円形状の平板について，O 点を基準とした重心の位置，および支点 O まわりの慣性モーメントを求めよ．平板の質量は m とする．

☐ **11**　図 9 のように，半径 r の半円状のアームの両端に質量 m のおもりが，アームの中央に長さ a のはりが取り付けられた系がある．この系は重力場において，はり先端の O 点を支点にして平面内で回転運動する．この系の鉛直方向の重心位置，および O 点まわりの慣性モーメントを求めよ．ただし，アームおよびはりの質量は無視する．

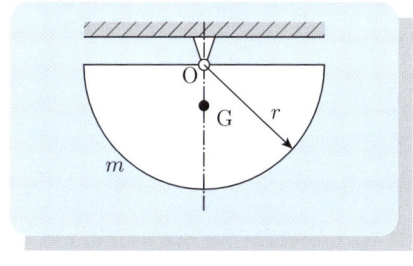

図 8

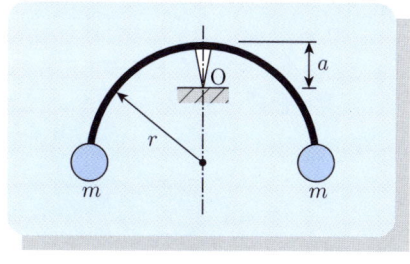

図 9

12 図 10 のように，鉛直方向の回転軸から角度 α だけ軸線が傾いた質量 m，長さ $2l$ の均一断面棒が，その回転軸まわりに回転運動する．このときの回転軸まわりの棒の慣性モーメントを求めよ．ただし，回転軸と棒の中心軸とは棒の中央にて交差するものとする．

13 図 11 のように，重力場において，質量 M，重心まわりの慣性モーメント I_G の剛体が，支点 O まわりに回転運動する．また，支点 O と重心 G との距離は d である．剛体を水平に支持した状態から静かに離して振子運動させたとき，任意の角変位における角速度はいくらか．ただし，エネルギの減少はないとする．

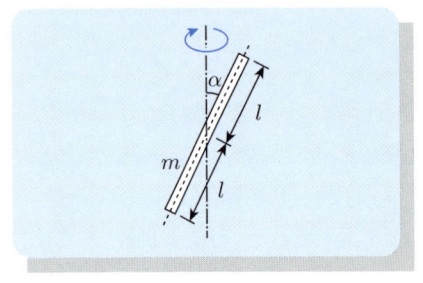

図 10

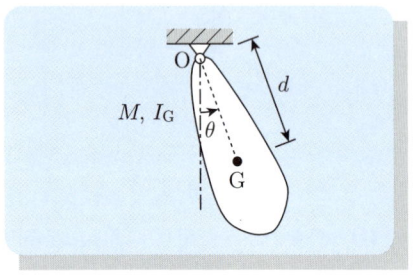

図 11

14 図 12 のように，鉛直方向に吊り下げられた質量 m，長さ l の均一断面剛体棒の先端に，質量 m_0 が速度 v_0 で衝突する．衝突後，棒と質量 m_0 は一体化するとして，衝突直後の棒の支点まわりの角速度 ω，最大振り上げ角度 α を求めよ．

15 図 13 のように，半径 r の 2 枚の円板と半径 a の円柱で構成されるヨーヨーがあり，ヨーヨーの全質量を M，ヨーヨーの重心まわりの慣性モーメントを J とする．ヨーヨーには糸が巻き付けられており，糸の先端を掴んだまま本体を静かに離すと，鉛直下方に回転しながら落下する．
(1) 離す瞬間の位置を原点として，時刻 t におけるヨーヨーの位置を求めよ．
(2) $x = L$ におけるヨーヨーの重心速度を求めよ．

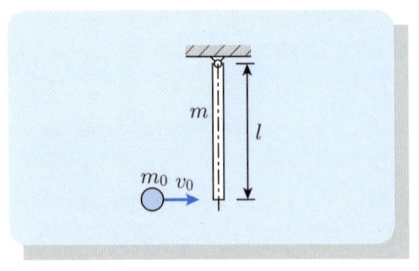

図 12

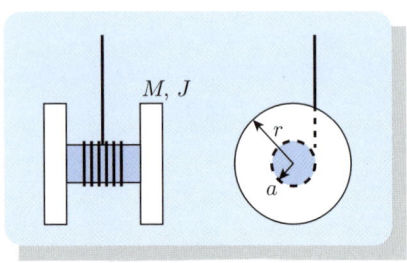

図 13

2 振動系を構成する要素

2.1 振動系のモデル化

通常,振動問題に直面した場合,できる限り簡単に振動系の特徴を表すことができるモデルを考え,そのモデルの運動を支配する運動方程式を解いて,現象に与える影響を考察していくことが行われる.

モデルを構成する要素としては,

① ポテンシャルエネルギを貯える要素(ばねや弾性)
② 運動エネルギを貯える要素(質量や慣性モーメント)
③ エネルギを消散する要素(減衰)

などがある.図2.1 に,それらの各要素の記号を示す.

さて,次にいくつかの例題を通して,モデル化の方法について眺めていこう.

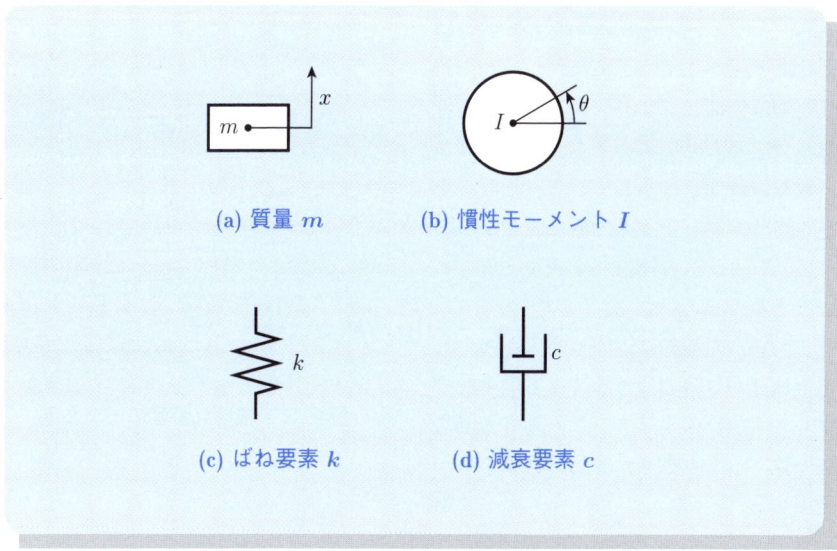

図2.1　振動系を構成する代表的な各要素

例題 1 ── S字カーブを走行するトラックの横揺れ振動

図2.2 は，カーブが連続するS字カーブを走行中のトラックを示している．図に示すように，S字カーブの状況やトラックの走行速度によっては，トラックは横揺れし，横転事故が発生する場合もある．トラックの横揺れの振動を表す簡単なモデルを示せ．

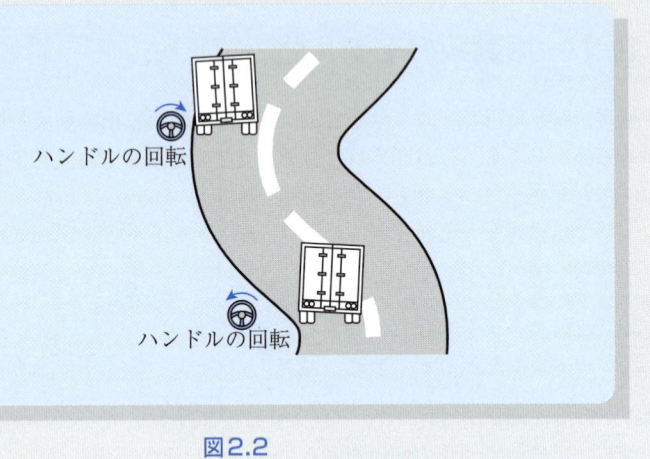

図2.2

解答 トラックの振動を表すモデルは図2.3のようになる．ここで，ばねや減衰要素はサスペンションやタイヤの弾性や減衰をあわせて考慮した，等価なばね定数や減衰要素を示している．それらを左右のサスペンション位置に設定することで，トラックの横揺れを表現することができる．

こういった振動は，カーブが緩やかで，走行速度がさほど速くなくても発生しやすく，横揺れのタイミングと固有振動数が一致すると共振し，容易に横転事故が発生する．

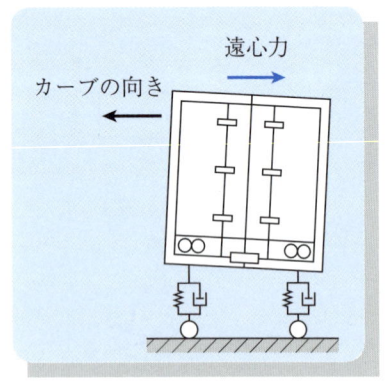

図2.3　横揺れ振動のモデル図

2.1 振動系のモデル化　　19

例題 2　　　　　　　　　　　　　　　　悪路を走行する乗用車の振動

　図2.4 は，悪路を走行する乗用車を示している．道路の状況により，乗用車の運転席と後部座席が上下に揺れる振動が発生するとき，乗用車の振動を表す簡単なモデルを示せ．

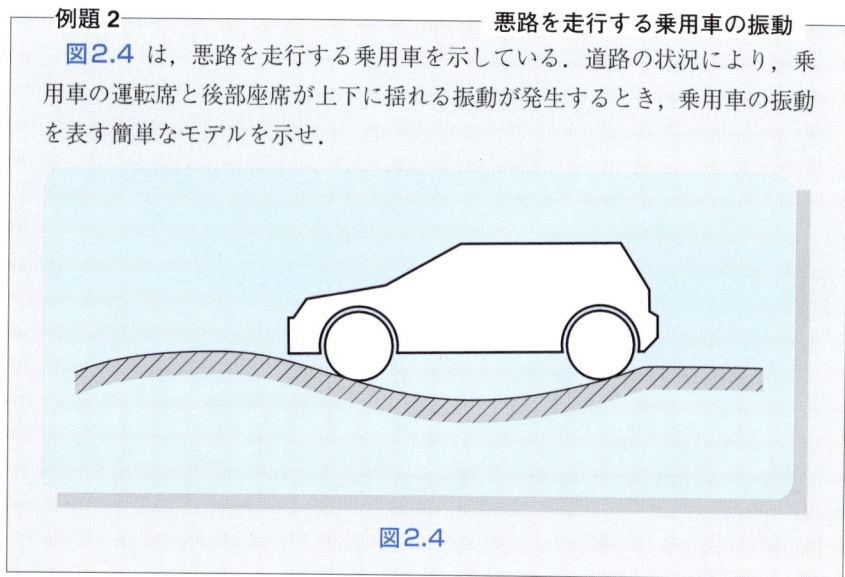

図2.4

解答　乗用車の運転席と後部座席が上下に揺れる振動を表す簡単なモデルは図2.5 (a) となる．一方，運転席側と助手席側の揺れの違いを考慮する場合には，前後左右のタイヤの弾性や減衰を考慮し，図2.5 (b) に示すようなモデルが必要となる．

　なお，[例題 1] および [例題 2] では，いずれも車体を剛体と見なしたモデルを示したが，より詳細な解析が必要となる場合には車体の変形を考慮したモデルが必要となる．

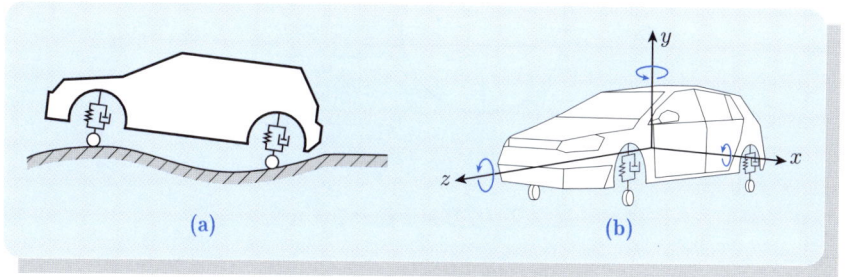

図2.5　乗用車の振動モデル

例題 3 — 旋削加工時の振動

図2.6 は素材を旋削加工する様子を示している．加工時の条件によっては，**びびり振動**と呼ばれる振動が発生することがある．このびびり振動は工具と被削材の品質を低下させ，工作機械自体にも悪影響を及ぼすこともある．工具に曲げ振動が起こり，切削厚さが変動するときの状況を表す簡単なモデルを示せ．

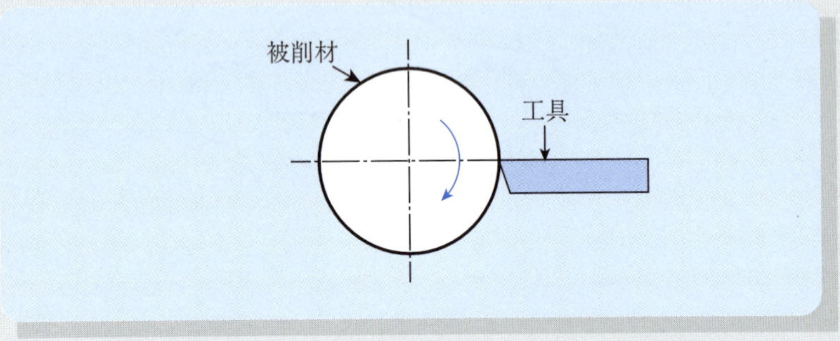

図2.6

解答 びびり振動を表す簡単なモデルは 図2.7 となる．びびり振動は古くから研究課題として扱われ，特に発振限界の観点から，その機構を明らかにしようとする多くの報告例がある．

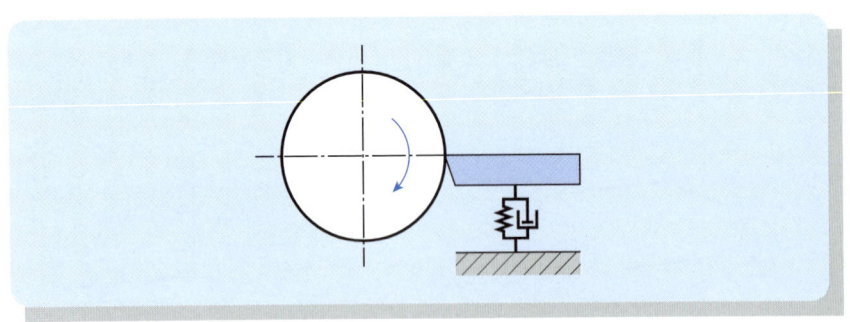

図2.7 びびり振動のモデル図

2.1 振動系のモデル化

作成したモデルから運動方程式を導出する場合，運動方程式を記述するために必要な自由度に注意する必要がある．以下の例題では自由度の数について考える．

例題 4 ━━━━━━━━━━━━━━━━━ 様々な振動系

図2.8 (a)〜(d) において，各物体の運動を考慮して，自由度の数を示せ．

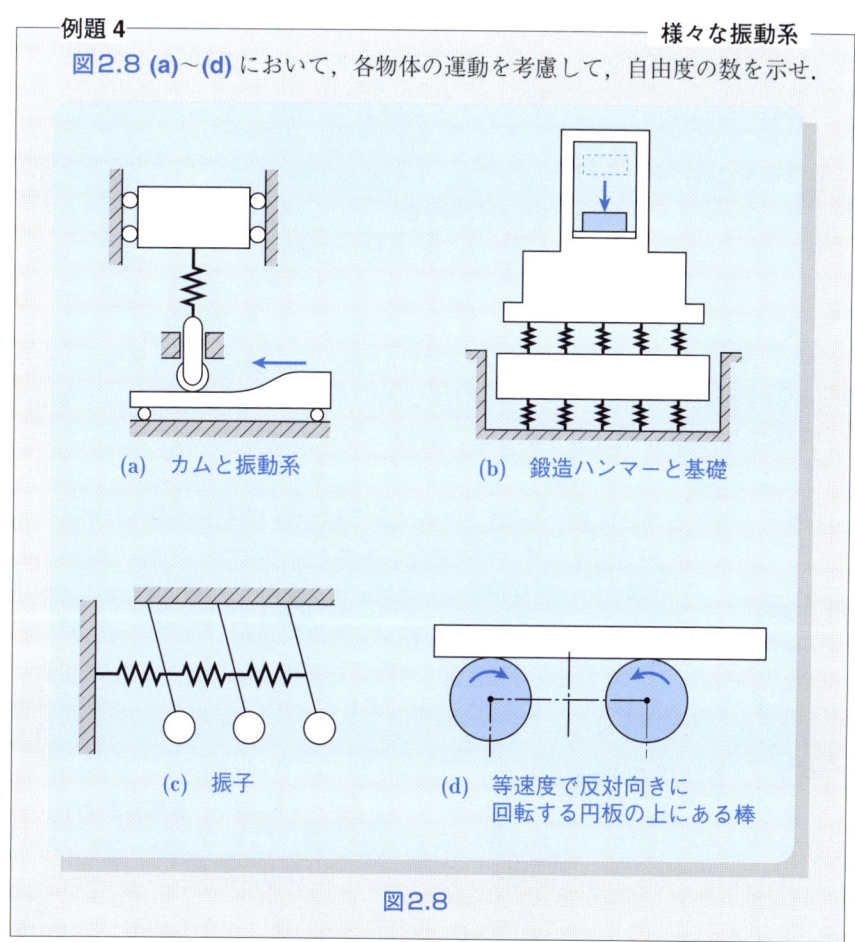

図2.8

解答 (a) 物体の上下方向の運動より，1自由度．
(b) 鍛造ハンマーおよび基礎の上下方向の運動より，2自由度．
(c) 3つの振子の回転運動より，3自由度．
(d) 棒の左右方向の運動より，1自由度．

2.2 質量と慣性モーメント

第1章で述べたように，運動の第2法則において，物体に作用する力 f とそのときに発生する加速度 $\ddot{x}$ との関係を表す以下の式の比例定数が質量 m である．

$$f = m\ddot{x}$$

これは並進運動における関係式であり，質量 m は振動の運動方程式の重要な要素である．また，ある軸回りの剛体の回転運動においては，物体に作用する外力モーメント M と角加速度 $\ddot{\theta}$ とを関係付ける比例定数が**慣性モーメント** J である．

$$M = J\ddot{\theta}$$

慣性モーメントは回転の振動やねじり振動における要素になる．単一要素からなる物体の運動は基本的に，これらのいずれか，もしくは両方の式を用いてモデル化される．剛体の質量 m は不変であるが，慣性モーメント J は回転軸の位置によって異なる値となる．

振動系が複数の質量要素から構成される場合でも，その振動系が単一自由度であれば，ある1点の動きによって他点の運動も決まる．そこで，系全体の質量を代表点に集中させ，代表点での速度で表した運動エネルギが系全体の運動エネルギと等しくなるよう集中質量系に置き換えて，問題を簡略化することができる．そのとき，代表点に集中させた質量を**等価質量**と呼ぶ．置換点において回転運動を考慮するならば，**等価慣性モーメント**として置き換えることになる．

2.2.1 剛体系の等価質量

例題 5 — 等価質量 (1)

図2.9 のようにてこで結ばれた質点系を，1質点系として質量 m_1 の1点に簡略化する場合の等価質量を求めよ．

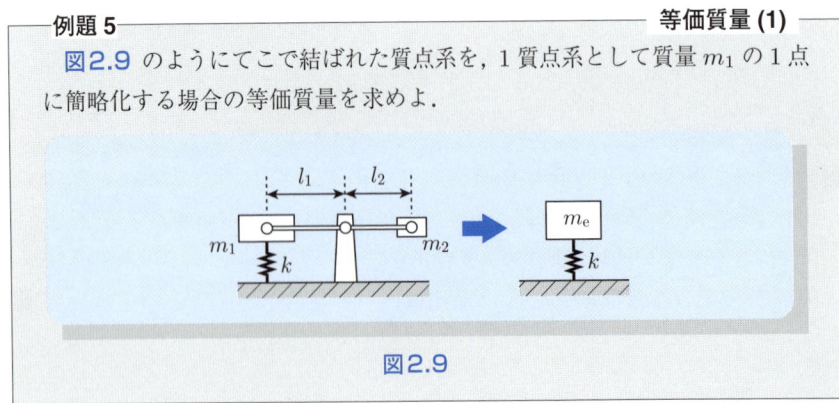

図2.9

2.2 質量と慣性モーメント

解答 質量 m_1 の変位を x とする．系の全運動エネルギは

$$T = \frac{1}{2}m_1\dot{x}^2 + \frac{1}{2}m_2\left(\frac{l_2}{l_1}\dot{x}\right)^2$$

$$= \frac{1}{2}\left\{m_1 + m_2\left(\frac{l_2}{l_1}\right)^2\right\}\dot{x}^2$$

より等価質量は，$m_e = m_1 + m_2\left(\frac{l_2}{l_1}\right)^2$ となる． ■

例題 6 ────────── **等価質量 (2)**

質量 m，半径 r の動滑車を介して質量 M が図2.10 のように吊り下げられている．質量 M に系の全質量を集中させた場合の等価質量を求めよ．また，動滑車の等価慣性モーメントとしてまとめた場合はどうか．

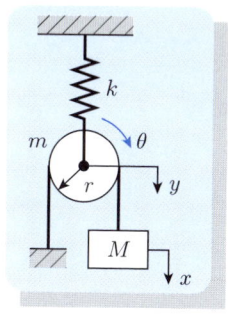

図2.10

解答 質量の変位を x，円板中心の変位を y，角変位を θ とする．全運動エネルギは

$$T = \frac{1}{2}M\dot{x}^2 + \frac{1}{2}m\dot{y}^2 + \frac{1}{2}\frac{mr^2}{2}\dot{\theta}^2$$

ここで，系の全質量を集中させる代表点を質量 M に置く場合，$x = 2y$, $y = r\theta$ の関係より

$$T = \frac{1}{2}M\dot{x}^2 + \frac{1}{2}m\left(\frac{\dot{x}}{2}\right)^2 + \frac{1}{2}\frac{mr^2}{2}\left(\frac{\dot{x}}{2r}\right)^2$$

$$= \frac{1}{2}\left(M + \frac{3m}{8}\right)\dot{x}^2$$

よって，質量 M の位置における系の等価質量は，$m_e = M + \frac{3m}{8}$ となる．

なお，円板の回転運動に着目して，等価慣性モーメントとして整理する場合には

$$T = \frac{1}{2}M\left(2r\dot{\theta}\right)^2 + \frac{1}{2}m\left(r\dot{\theta}\right)^2 + \frac{1}{2}\frac{mr^2}{2}\dot{\theta}^2$$

$$= \frac{1}{2}\left(4M + \frac{3m}{2}\right)r^2\dot{\theta}^2$$

より，円板の回転運動に関する等価慣性モーメントは，$J_e = (4M + 3m/2)r^2$ となる． ■

例題 7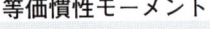

図2.11 のように軸回りの慣性モーメント I_r のシャフトと質量 m のナットから構成される送りねじ機構があり, 送りねじのリード（軸1回転当たりのナット送り量）は L とする. ナットの質量を考慮した, ねじ軸の等価慣性モーメントを求めよ.

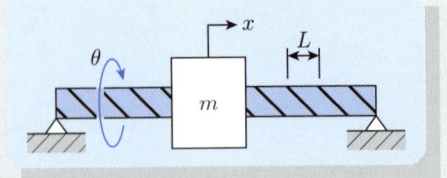

図2.11

解答 ナットの変位を x, 送りねじの角変位を θ とする. 運動エネルギの総和は, $x = \frac{L}{2\pi}\theta$ を考慮して

$$T = \frac{1}{2}m\dot{x}^2 + \frac{1}{2}I_r\dot{\theta}^2 = \frac{1}{2}\left(I_r + \frac{mL^2}{4\pi^2}\right)\dot{\theta}^2$$

となる. よって, ナットの質量を考慮した軸の等価慣性モーメントは

$$I_e = I_r + \frac{mL^2}{4\pi^2}$$

2.2.2 分布系の等価質量

はりなどの**連続体（分布系）**でも, その質量を集中質量系としての等価質量に置き換えることが可能である. その場合は以下の手順に従う.

① 分布質量系の変形（通常は静的変形）を仮定する.
② 分布系の運動エネルギを計算する.
③ 集中させる点の速度で運動エネルギを表し, その点での等価質量を導出する.

例題 8 等価質量(3)

図2.12 のコイルばねの等価質量を求めよ.

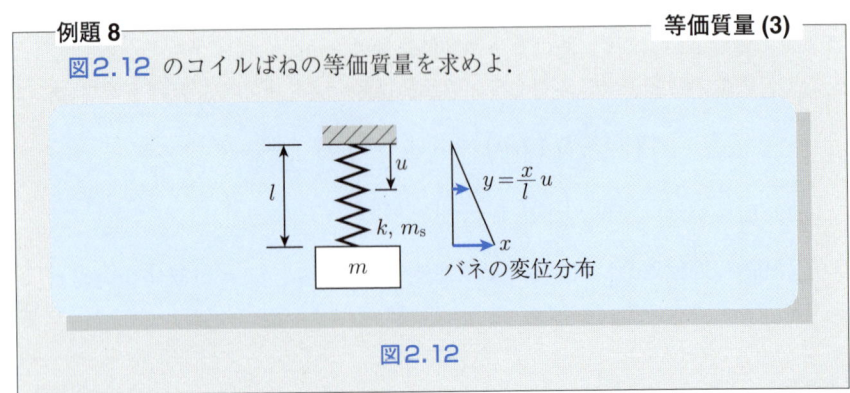

図2.12

2.2 質量と慣性モーメント

解答 位置 u のばね変位を y, 運動エネルギを T として

$$y = \frac{u}{l}x$$

$$T = \frac{1}{2}m\dot{x}^2 + \int_0^l \frac{1}{2}\frac{m_s}{l}\dot{y}^2 du$$

$$= \frac{1}{2}m\dot{x}^2 + \frac{1}{2}\frac{m_s}{l}\int_0^l \left(\frac{u}{l}\dot{x}\right)^2 du$$

$$= \frac{1}{2}\left(m + \frac{m_s}{3}\right)\dot{x}^2$$

よって等価質量は $m_e = m + \frac{m_s}{3}$ ∎

例題 9 ― **等価質量 (4)**

図2.13 の片持ちはりの等価質量を求めよ．

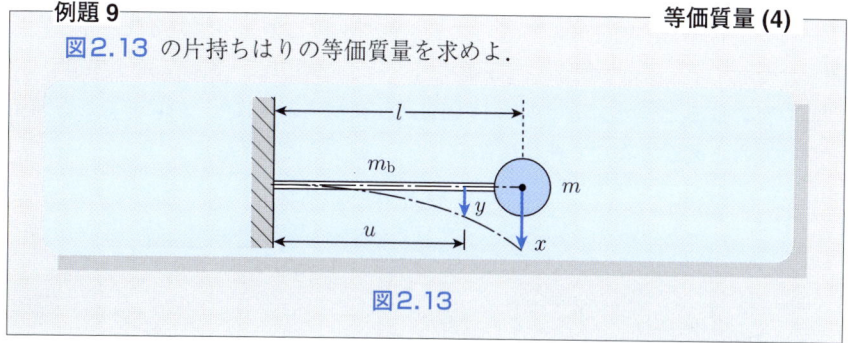

図2.13

解答 片持ちはりの先端に集中荷重 P が作用したときの先端の変位を x とすると

$$x = \frac{l^3}{3EI}P$$

固定端より u 離れた位置でのはりのたわみ y を, x を用いて表すと

$$y = \frac{1}{2}x\left\{3\left(\frac{u}{l}\right)^2 - \left(\frac{u}{l}\right)^3\right\}$$

系の運動エネルギは, A をはりの断面積, ρ をはりの密度として

$$T = \frac{1}{2}m\dot{x}^2 + \frac{1}{2}\int_0^l \rho A \dot{y}^2 du$$

$$= \frac{1}{2}\left(m + \frac{33}{140}\rho Al\right)\dot{x}^2$$

$$= \frac{1}{2}\left(m + \frac{33}{140}m_b\right)\dot{x}^2$$

よって，先端の集中質量に付加されるはりの等価質量は, $m_e = m + \frac{33}{140}m_b$ ∎

2.3 ばね

設計時には変形が微小と見なされていたはりや，ケーブル，棒などの部材は，実際の機械に組み込まれて作動する場合，当初の予想と異なり，見逃せない変形を生じることがまれにある．一方，車のサスペンションのコイルばねのように，あえて弾性要素を機械系に用いる場合もある．

本節では，こういった要素の弾性的な特性，すなわち，ばね要素について取り上げる．

2.3.1 力と変形の関係

ばね要素は通常，図2.14 のように表される．ばね要素が圧縮されたり，引っ張られたりすると，ばね要素には圧縮や引っ張りに対して，復元力 F が作用する．ばねの変形量 x と復元力 F の関係は図2.15 に示すように，一般に非線形な関係となり，たとえば，次式で表される．

$$F = kx + \alpha x^3$$

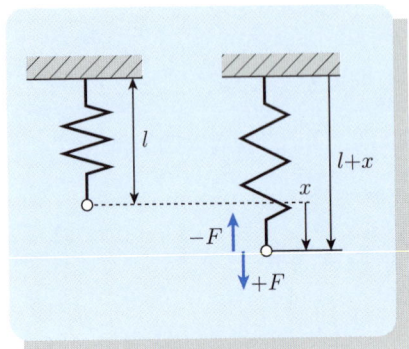

図2.14 ばねの変形

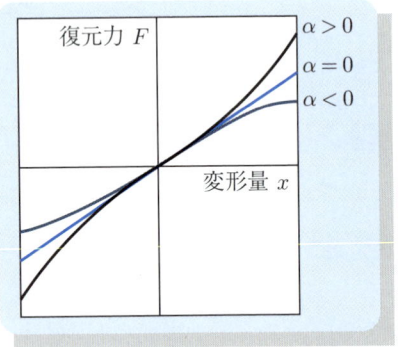

図2.15 非線形ばねと線形ばね

変形量が微小な場合には，ばねの変形量 x と復元力は線形な関係と見なすことができ，$\alpha = 0$ とした次式で表される．

$$F = kx$$

一方，軸を平衡の位置から θ だけ回転すると，図2.15 で示したばねと同様に，軸も弾性的な特性を有するため，次式で表される復元モーメント T が作用する．

$$T = K\theta$$

上式において，K は**ねじり剛性**と呼ばれる．

表2.1 に，様々なばね要素に対するばね定数の例を示す．

表2.1 ばね定数

ばねの種類（並進運動）	ばね定数 K
【コイルばね】	$\dfrac{\pi G d^4}{8ND^3}$ $\begin{pmatrix} d：線素径 & D：コイル径 \\ N：巻数 & G：横弾性率 \end{pmatrix}$
【片持ちはり】	$\dfrac{3EI}{l^3}$ $\begin{pmatrix} E：縦弾性率 \\ I：断面2次モーメント \end{pmatrix}$
【両端単純支持はり】	$\dfrac{48EI}{l^3}$ $\dfrac{3EIl}{l_1^2 l_2^2}$ $(l = l_1 + l_2)$
【両端固定はり】	$\dfrac{192EI}{l^3}$
ばねの種類（回転運動）	ねじり剛性 K
【円柱】	$\dfrac{\pi G D^4}{32l}$ $(G：横弾性率)$
【円筒】	$\dfrac{\pi G(D_0^4 - D_1^4)}{32l}$ $(G：横弾性率)$

例題 10 ──────────────────── 並列ばね (1)

図2.16 に示す 2 つのばねを 1 つのばねに置き換えるとしたとき，その等価なばね定数 k_e を求めよ．

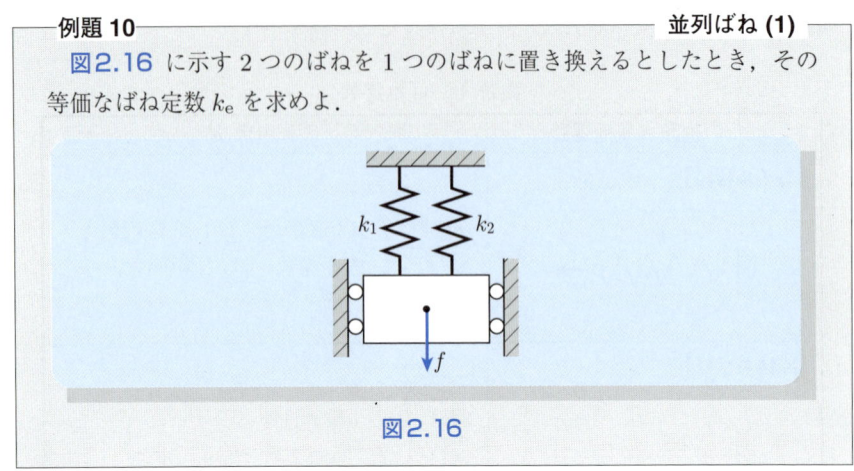

図2.16

解答 力 f が作用したときの変位を x とすると

$$f = k_1 x + k_2 x = (k_1 + k_2)x = k_e x$$

よって，$k_e = k_1 + k_2$．すなわち，並列ばねの合成ばね定数は各ばね定数の和となる．　■

例題 11 ──────────────────── 並列ばね (2)

図2.17 の色付けされた円板において，力のモーメント T が作用するときのねじり剛性 K_e を求めよ．

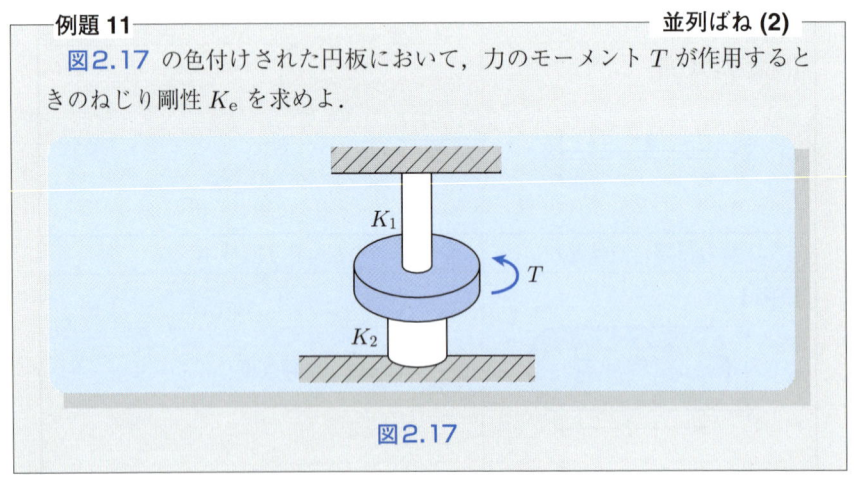

図2.17

解答 円板を θ だけ回転すると，力のモーメント T は

$$T = K_1 \theta + K_2 \theta = (K_1 + K_2)\theta = K_e \theta$$

よって，$K_e = k_1 + k_2$．[例題 10] と同様に，並列した軸の合成したねじり剛性は各軸のねじり剛性の和となる．　■

2.3 ばね

―― 例題 12 ――――――――― 直列ばね (1) ――
図2.18 に示す 2 つのばねを 1 つのばねに置き換えるとしたとき，その等価なばね定数 k_e を求めよ．

解答 力 f が作用したときの変位を x とする．2 つのばねの変形量 x_1, x_2 の和は全体の変形量 x に等しい．

$$x = \frac{f}{k_1} + \frac{f}{k_2}$$
$$= f\left(\frac{1}{k_1} + \frac{1}{k_2}\right) = f\frac{1}{k_\mathrm{e}}$$
$$\frac{1}{k_\mathrm{e}} = \frac{1}{k_1} + \frac{1}{k_2}$$

よって，$k_\mathrm{e} = \frac{k_1 k_2}{k_1 + k_2}$. すなわち，直列ばねの合成ばね定数の逆数は各ばね定数の逆数の和となる．

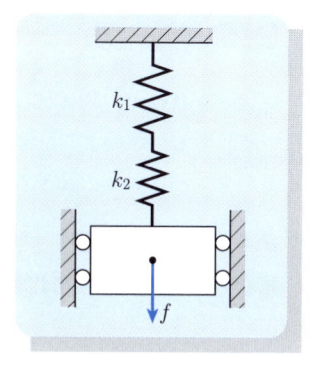

図2.18

―― 例題 13 ――――――――― 直列ばね (2) ――
図2.19 の色付けされた円板において，力のモーメント T が作用するときのねじり剛性 K_e を求めよ．

解答 力のモーメント T が作用したときの角変位を θ とする．2 つのばねのねじり角度 θ_1, θ_2 の和は全体の角度 θ に等しい．

$$\theta = \frac{T}{K_1} + \frac{T}{K_2}$$
$$= T\left(\frac{1}{K_1} + \frac{1}{K_2}\right) = T\frac{1}{K_\mathrm{e}}$$
$$\frac{1}{K_\mathrm{e}} = \frac{1}{K_1} + \frac{1}{K_2}$$

よって，$K_\mathrm{e} = \frac{K_1 K_2}{K_1 + K_2}$.

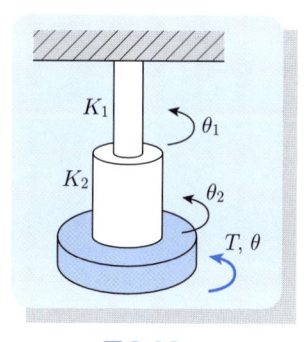

図2.19

2.4 減衰

流体中を移動する物体には抵抗力が作用し，物体の運動エネルギを熱エネルギとして消散する．このような現象を**減衰**，抵抗力を**減衰力**と呼ぶ．また減衰に関わる要素を**ダンパ**という．減衰の現象は以下のようにモデル化されている．

2.4.1 粘性減衰

減衰力は物体の速度に比例すると考える．物体が流体中を運動するときの粘性によって発生する減衰力をモデル化している．流体で満たされたシリンダ内を移動するピストンにも同様の減衰力が作用するので，粘性減衰力を発生するダンパを**図2.20 (a)** のようなピストンシリンダの略図で表す．

図2.20 (b) のように左端が固定され右端に力 f が作用するときの右端の速度 $\dot{x}$ との関係は次の式になる．

$$f = c\dot{x}$$

この比例定数 c を**粘性減衰係数**と呼ぶ．右端が $x = X\cos\omega t$ のように調和的に変位するときの1周期に必要とするエネルギ E_d は次のようになる．

$$\begin{aligned}
E_\mathrm{d} &= \int_0^{2\pi/\omega} f\dot{x}\,dt \\
&= \int_0^{2\pi/\omega} c\dot{x}\dot{x}\,dt \\
&= \int_0^{2\pi/\omega} c\omega^2 X^2 \sin^2\omega t\,dt \\
&= \pi c\omega X^2
\end{aligned}$$

この E_d は1周期間に消費されるエネルギに等しい．E_d は角振動数 ω，および X^2 に比例することがわかる．

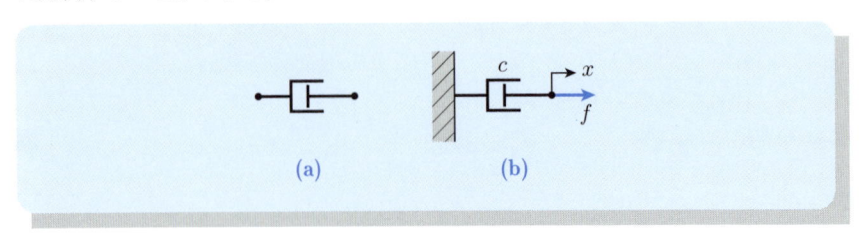

図2.20　ダンパ

2.4.2 クーロン減衰

図2.21 (a) のように固体同士が相対的に滑りを生じ，そのときに発生する摩擦力 F_C が物体の運動に対する抵抗力となり，運動を減衰させる．静止摩擦力と動摩擦力が等しいものを**クーロン減衰**という．この特性を持つダンパをモデル図として表したものを図2.21 (b) に示す．力 f によって物体が速度 $\dot{x}$ で動くとき，物体の運動方向と逆に大きさ F_C の摩擦力が作用するので，力 f と摩擦力の関係は次のようになる．

$$f = F_C \quad (\dot{x} > 0)$$
$$f = -F_C \quad (\dot{x} < 0)$$

図2.21 (a) において物体が $x = X\cos\omega t$ で変位するときの1周期に必要とするエネルギ E_C は，物体の速度の正負を考慮すると次式のようになる．

$$E_C = \int_0^{\pi/\omega} (-F_C)\dot{x}\,dt + \int_{\pi/\omega}^{2\pi/\omega} F_C \dot{x}\,dt$$
$$= 4F_C X$$

これより E_C は振幅 X に比例することがわかる．

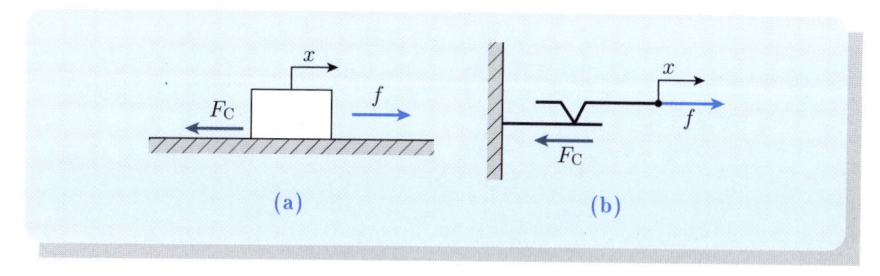

図2.21 クーロン減衰

クーロン減衰を等価的に粘性減衰で置き換えることを考える．クーロン減衰によって1周期に消費されるエネルギと，粘性減衰によるエネルギが等しくなるような粘性減衰係数を決定することができる．これを**等価粘性減衰係数**と呼び，c_e で表す．$E_d = E_C$ から c_e は次のようになる．

$$c_e = \frac{4F_C}{\pi\omega X}$$

これより c_e は X に反比例することがわかる．

2.4.3 材料減衰（構造減衰）

材料が変形するときに材料の内部摩擦によって生じる減衰であり，ばね力と減衰力をあわせて $k(1+j\gamma)x$ のように虚数 j を用いた複素数で表す．γ は**損失係数**といわれる減衰に関する定数である．構造物が変形するときの結合部の摩擦による減衰も同じ特性であると考える．これを**構造減衰**という．この減衰力だけを抜き出すと次のようになる．

$$f = jk\gamma x$$

$x = Xe^{j\omega t}$ のように調和的に変位するとき

$$\dot{x} = j\omega x$$

となるので f は次のようになる．

$$f = \frac{k\gamma}{\omega}\dot{x}$$

x の実部 $X\cos\omega t$ のみを使って1周期のエネルギ E_g を求めると次式が得られる．

$$\begin{aligned}E_g &= \int_0^{2\pi/\omega} f\,\dot{x}\,dt \\ &= \int_0^{2\pi/\omega} \frac{k\gamma}{\omega}\,\dot{x}\,\dot{x}\,dt \\ &= \pi k\gamma X^2\end{aligned}$$

粘性減衰の場合とは違い，E_g は角振動数 ω に依存しないことがわかる．$E_d = E_g$ より等価粘性減衰係数 c_e は次のようになる．

$$c_e = \frac{k\gamma}{\omega}$$

これより c_e は ω に反比例する．

例題 14 ― 並列ダンパ

図2.22 のように粘性減衰係数 c_1 と c_2 のダンパが並列に配置されている．一端に力 f が作用するときの f と一端の速度 $\dot{x}$ との関係を示せ．

図2.22

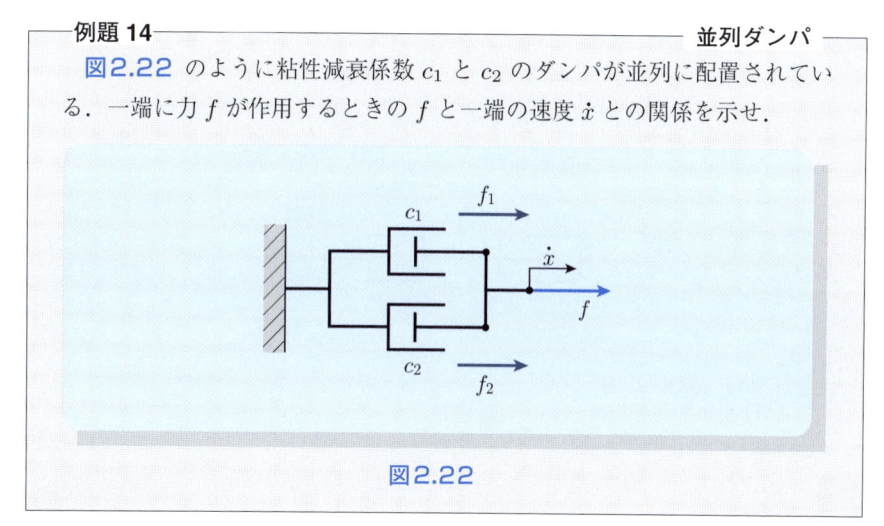

[解答] c_1 と c_2 のダンパの端に作用する力をそれぞれ f_1 と f_2 とすると次式を得る．

$$f_1 = c_1 \dot{x},$$
$$f_2 = c_2 \dot{x}$$

よって，f は次のようになる．

$$f = f_1 + f_2$$
$$= (c_1 + c_2)\dot{x}$$

並列のダンパの場合には $c_1 + c_2$ の粘性減衰係数を持つ1つのダンパに置き換えられることがわかる．

例題 15 ──直列ダンパ

図2.23 のように粘性減衰係数 c_1 と c_2 のダンパが直列につながれている．一端に力 f が作用するときの f と一端の速度 $\dot{x}$ の関係を示せ．

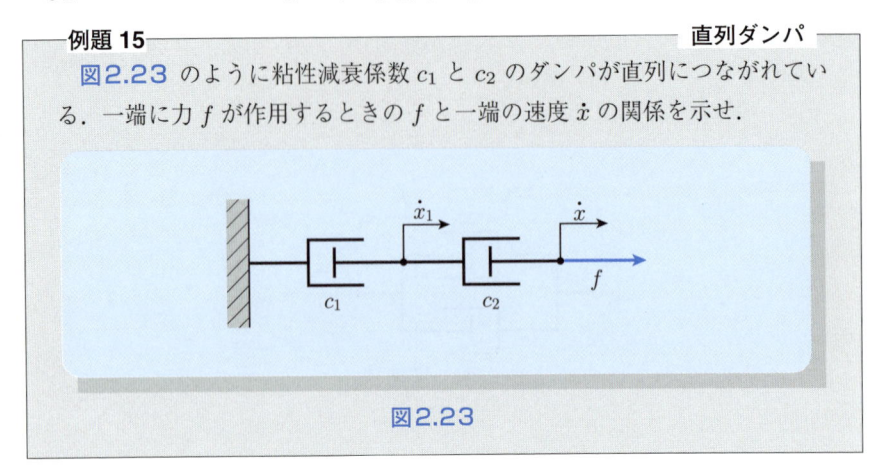

図2.23

解答 c_1 のダンパの端の速度を $\dot{x}_1$ とすると 2 つのダンパについて次式を得る．

$$f = c_1 \dot{x}_1,$$
$$f = c_2(\dot{x} - \dot{x}_1)$$

これらの式から $\dot{x}_1$ を消去すると次のようになる．

$$f = \frac{c_1 c_2}{c_1 + c_2} \dot{x}$$

または

$$f = \frac{1}{1/c_1 + 1/c_2} \dot{x}$$

直列の場合には $c_1 c_2 / (c_1 + c_2)$ の粘性減衰係数を持つ 1 つのダンパによって表すことができる．

第2章の問題

1 図1のように一端が壁面にピン支持，他端がばね定数 k のばねに支えられた質量 m，長さ l の均一断面剛体棒がある．この系を質点系に置き換えたときの等価質量 m_e を求めよ．

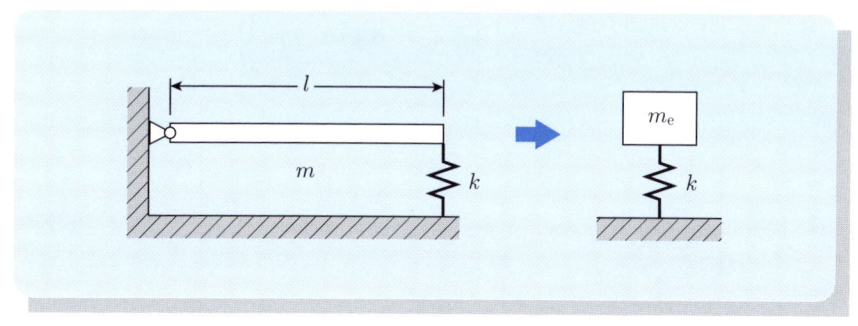

図1

2 図2の系において，質量 m_1 に付加される質量 m_2 の等価質量を求めよ．ただし，動滑車の質量および慣性モーメントは無視する．

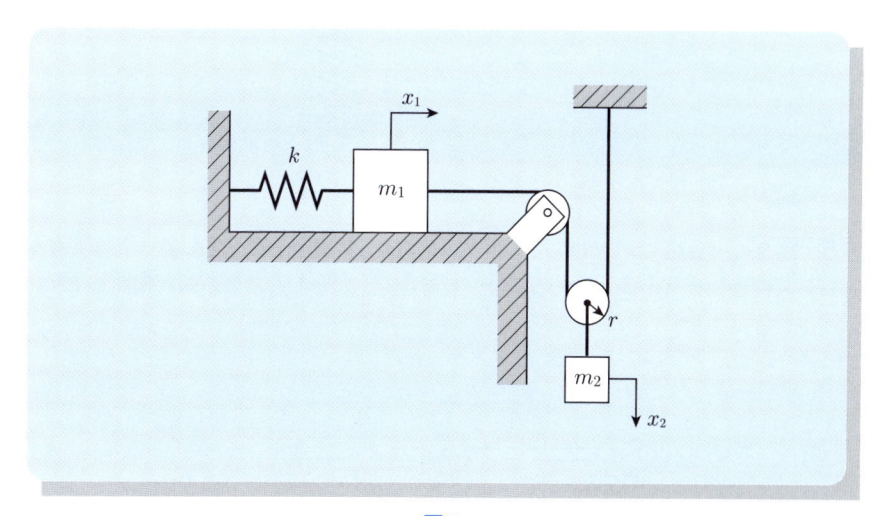

図2

□**3** 図3(a) に示すように，右端の入力トルク T_F によって，左端のホイールが歯車を介して駆動される系がある．これを図3(b)のように置き換えた場合の等価慣性モーメント I_e を求めよ．また，運動方程式も示せ．歯数比 $n_b : n_c = 1 : N$ とする．

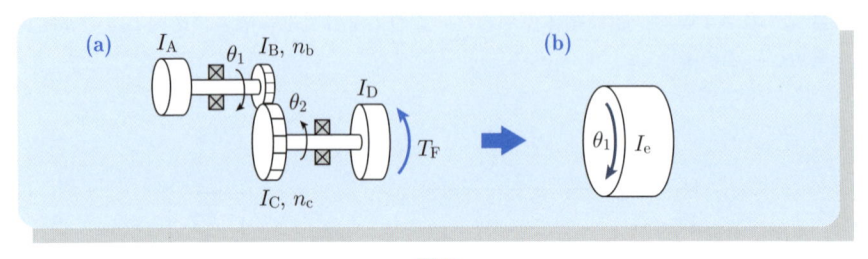

図3

□**4** 図4はエンジン吸排気システムの簡略モデルである．ロッカーアームの回転軸まわりの慣性モーメントを J_r，巻きばねの質量を m_s，バルブの質量を m_v としたとき，図のA点における等価質量を求めよ．

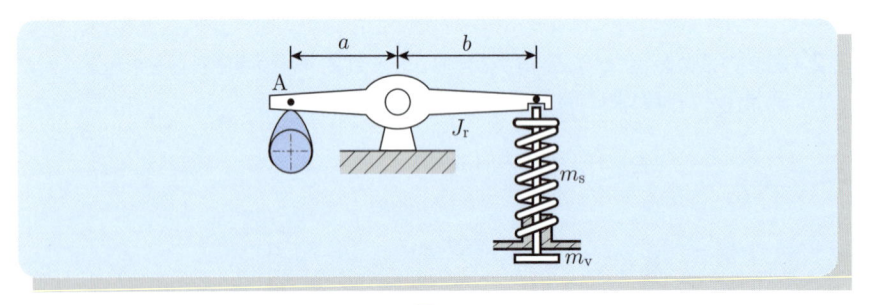

図4

□**5** 図5の中央部に集中質量 m の取り付けられた，質量 m_b，長さ $2l$ の両端単純支持はりの等価質量をはり中央部について求めよ．ただし，はりの曲げ剛性を EI とする．

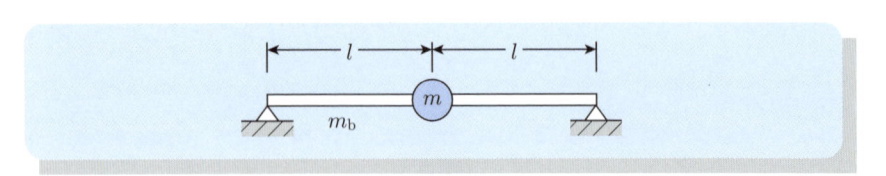

図5

第2章の問題

□6 図6に示す3つのばねを1つのばねに置き換えるとしたとき，その等価なばね定数 k_e を求めよ．

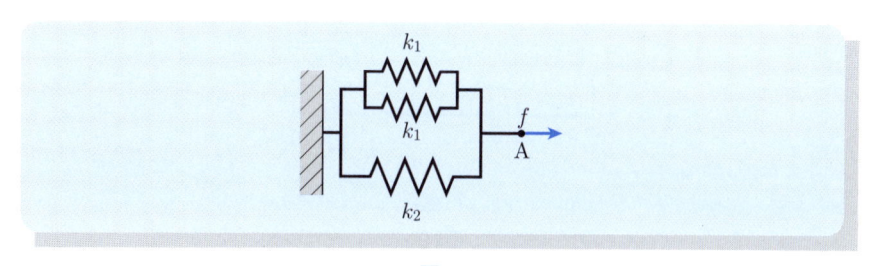

図6

□7 図7の色付けされた円板（半径 r）において，力のモーメント T が作用するときのねじり剛性 K_e を求めよ．ここで，ばね k_1 は円板の接線方向に取り付けられている．

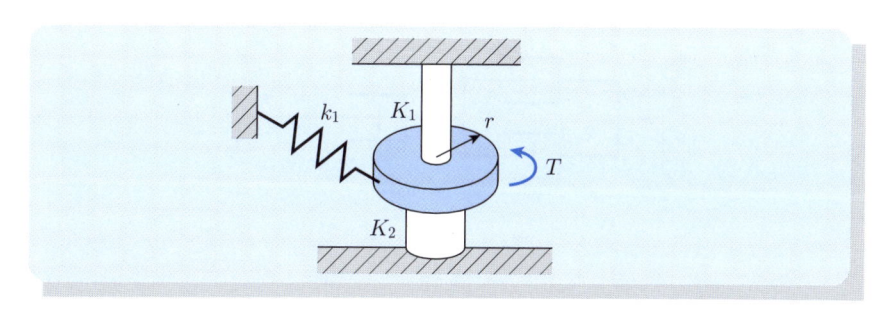

図7

□8 図8(a)と(b)のように，縦弾性率 E，断面2次モーメント I の両端固定はりの中央にばねが取り付けられている．それぞれについて等価なばね定数 k_e を求めよ．

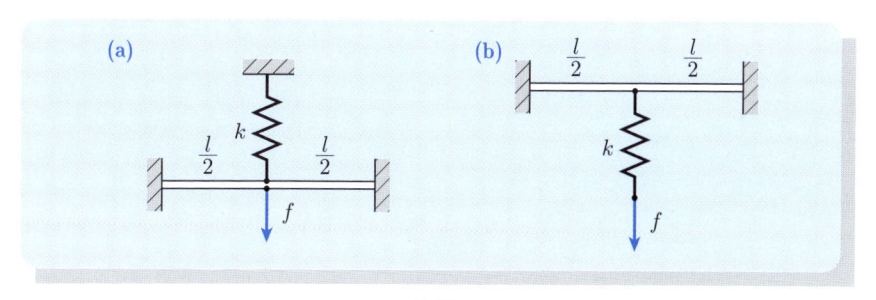

図8

9 図9のように粘性減衰特性を持つダンパの一端に $10\,\mathrm{N}$ の力 f を作用させたところ,この一端は速度 $2\,\mathrm{m/s}$ で力方向に移動した.粘性減衰係数 c を求めよ.

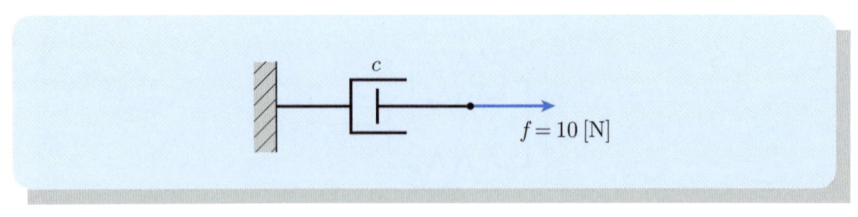

図9

10 図10のように粘性減衰係数 c_1 と c_2 のダンパが並列に,さらに直列に c_3 のダンパが配置されている.一端に力 f が作用するときの f と一端の速度 $\dot{x}$ の関係を示せ.

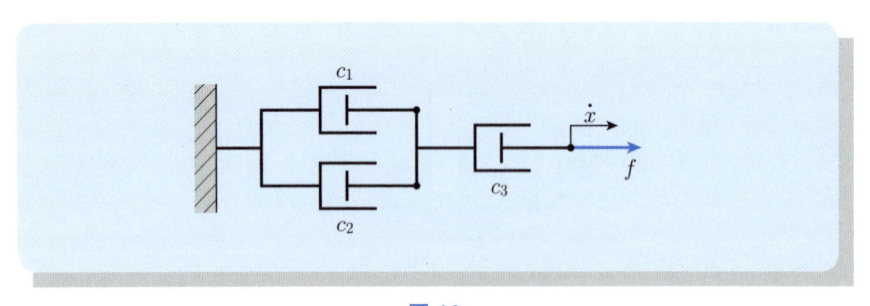

図10

3 1自由度系の自由振動

3.1 様々な復元力

振動系においては，慣性体が平衡位置からずれると，元の位置に戻そうとする力，すなわち**復元力**が作用する．振動系を考える上では復元力の扱いが重要となることから，まず，復元力に関するいくつかの例題を紹介する．

―― 例題 1 ――――――――――――― 糸の復元力 ――
図3.1 に示すように，長さ $2l$ の糸の中央に小さな球が結びつけられ，糸が張力 T できつく張られている状態を考える．いま，球を x だけ右に移動させたときに働く復元力 F を求めよ．

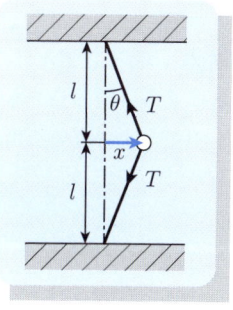

図3.1

解答
$$F = 2T\sin\theta$$

また，$\sin\theta = \frac{x}{\sqrt{l^2+x^2}} = f(x)$ とおく．ここで，$f(x)$ を $x=0$ のまわりでテイラー展開して，1次の項まで近似する．まず，$f(x)$ を x で微分すると

$$f'(x) = \frac{1}{\sqrt{l^2+x^2}} - \frac{x^2}{\sqrt{(l^2+x^2)^3}}$$

となる．なお，プライムは x に関する微分を示す．$f(0)=0$, $f'(0)=1/l$ より

$$f(x) = f(0) + f'(0)x + \cdots \cong \frac{x}{l}$$

よって，復元力 F は

$$F = \frac{2T}{l}x$$

例題 2 ──────────────── **ばねによる復元モーメント** ──

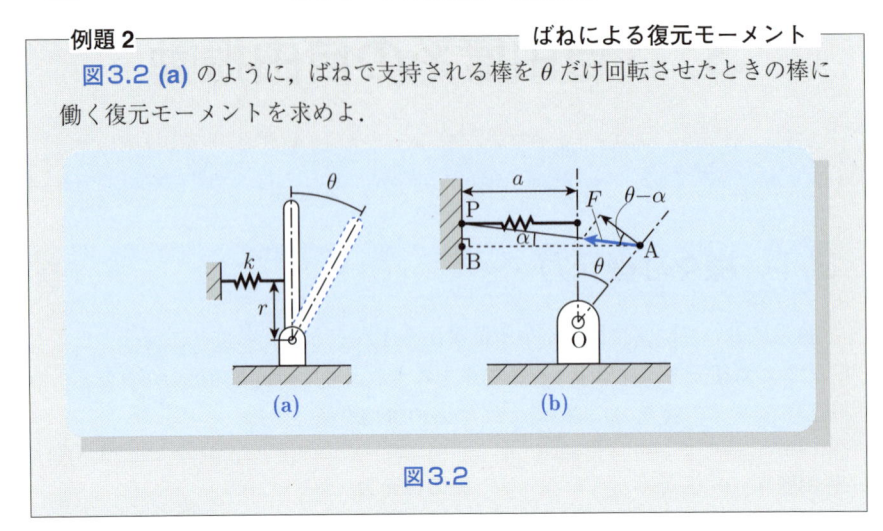

図3.2 (a) のように，ばねで支持される棒を θ だけ回転させたときの棒に働く復元モーメントを求めよ．

図3.2

解答 図3.2 (b) は，棒を θ だけ回転させたときのばねと棒との関係を示している．元のばねの長さを a，ばねの伸びを δ とすると，伸びたばねの長さ PA ($= X$) を斜辺とする直角三角形から，次のようなばねの伸び δ と棒の角度 θ の関係が得られる．

$$\delta = X - a = \sqrt{(a + r\sin\theta)^2 + \{r(1-\cos\theta)\}^2} - a$$
$$= \sqrt{a^2 + 2ar\sin\theta + 2r^2(1-\cos\theta)} - a = f(\theta)$$

とおく．上式を $\theta = 0$ のまわりでテイラー展開して，1次の項まで近似する．まず，$f(\theta)$ を θ で微分すると

$$f'(\theta) = \frac{2r\cos\theta(r\sin\theta + a) + 2r^2(1-\cos\theta)\sin\theta}{2\sqrt{(r\sin\theta+a)^2 + r^2(1-\cos\theta)^2}}$$

となる．なお，プライムは θ に関する微分を示す．$f(0) = 0, f'(0) = r$ より

$$\delta = f(\theta) = f(0) + f'(0)\theta + \cdots \cong r\theta$$

よって，ばね力 F は

$$F = k\delta = kr\theta$$

となる．一方，棒に働く復元モーメント T は

$$T = F\cos(\theta - \alpha) \times r$$
$$= kr\theta \times \cos(\theta - \alpha) \times r = kr^2\theta\cos(\theta - \alpha)$$

3.1 様々な復元力

ここで，$\cos(\theta-\alpha)$ については

$$g(\theta) = \cos(\theta-\alpha)$$
$$= \cos\theta\cos\alpha + \sin\theta\sin\alpha$$

また

$$\cos\alpha = \frac{a+r\sin\theta}{X},$$
$$\sin\alpha = \frac{r(1-\cos\theta)}{X},$$
$$X = \sqrt{(a+r\sin\theta)^2 + \{r(1-\cos\theta)\}^2}$$

したがって

$$g(\theta) = \frac{a\cos\theta + r\sin\theta}{\sqrt{(a+r\sin\theta)^2 + \{r(1-\cos\theta)\}^2}}$$

上式を $\theta=0$ のまわりでテイラー展開して，1次の項まで近似する．まず，$g(\theta)$ を θ で微分すると

$$g'(\theta) = \frac{r\cos\theta - a\sin\theta}{\sqrt{(a+r\sin\theta)^2 + r^2(1-\cos\theta)^2}}$$
$$- \frac{2r\cos\theta(r\sin\theta + a\cos\theta)(r\sin\theta+a) + 2r^2(1-\cos\theta)\sin\theta}{2\sqrt{\{(r\sin\theta+a)^2 + r^2(1-\cos\theta)^2\}^3}}$$

となる．なお，プライムは θ に関する微分を示す．$g(0)=1, g'(0)=0$ より

$$\cos(\theta-\alpha) = g(\theta) = g(0) + g'(0)\theta + \cdots \cong 1$$

したがって，復元モーメント T は

$$T \cong kr^2\theta$$

■

参考 回転角が小さい場合，ばねの伸びは円弧の長さ $r\theta$ であり，ばね力は OA に垂直に働くと見なして差し支えない．なお，本書では以降の問題では同様の近似ができるものとして扱う．

□

例題 3 ── 2つのばねと復元モーメント

図3.3 のように，2つのばねで支持される棒を θ だけ回転させたとき棒に働く復元モーメントを求めよ．ここで，θ は微小量とする．

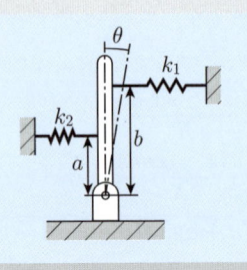

図3.3

解答 $T = k_1 b^2 \theta + k_2 a^2 \theta = (k_1 b^2 + k_2 a^2)\theta$

例題 4 ── 滑車と復元力

図3.4 のように，動滑車と定滑車からなる系において，ロープの一端を x_1 だけ右に移動させた．x_1 と x_2 の関係を求めよ．また，そのときに働く復元力 f を求めよ．

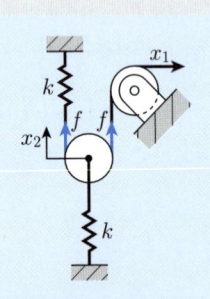

図3.4

解答 $f = k(x_1 - 2x_2)$ ①

$k x_2 = 2f$ ②

式①，②から，f を消去すると $x_2 = \frac{2}{5} x_1$ となる．また，復元力 f は式①，②から，x_2 を消去すると

$$f = \frac{1}{5} k x_1$$

3.2 不減衰系の自由振動

3.2.1 並進運動に関する振動

外部から力が作用しないときの振動を**自由振動**という．いま，図3.5 に示すモデルについて運動方程式を求めると，次式のようになる．

$$m\ddot{x} = mg - k(x + \delta_{\mathrm{st}}) \tag{3.1}$$

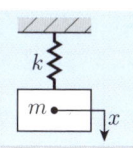

図3.5 不減衰系の振動モデル

ここで，δ_{st} は**静たわみ**と呼ばれ，次式で求められる．

$$\delta_{\mathrm{st}} = \frac{mg}{k} \tag{3.2}$$

したがって，式 (3.1) は次式となる．

$$m\ddot{x} = -kx$$

さらに，上式を次式のように置き換える．

$$\ddot{x} + \omega_{\mathrm{n}}^2 x = 0 \tag{3.3}$$

ここで ω_{n} は

$$\omega_{\mathrm{n}} = \sqrt{\frac{k}{m}}$$

であり，[rad/s] の単位を持つ．式 (3.3) の一般解は

$$x = A \cos \omega_{\mathrm{n}} t + B \sin \omega_{\mathrm{n}} t \tag{3.4}$$

である．ここで，A, B は系の初期条件が与えられると一意に決まる値である．また，式 (3.4) は同一の角振動数を持つ正弦（または余弦）関数で表される周期運動（**調和振動**）の合成となる．したがって，合成された振動もやはり ω_{n} の角振動数を持つ調和振動となる．このときの振動数を f_{n}，周期を T_{n} とすると，それぞれ

$$f_{\mathrm{n}} = \frac{\omega_{\mathrm{n}}}{2\pi} = \frac{1}{2\pi}\sqrt{\frac{k}{m}} \; [\mathrm{Hz}] \tag{3.5}$$

$$T_{\mathrm{n}} = \frac{1}{f_{\mathrm{n}}} \; [\mathrm{sec}]$$

のように求められる．f_n は**固有振動数**，T_n は**固有周期**と呼ばれる．なお，ω_n も固有振動数といわれることがあるので注意を要する．

　質量 m が重力場において鉛直方向に吊るされている限りにおいて，式 (3.5) は式 (3.2) による静たわみを用いて次のように書き換えることができる．

$$f_\mathrm{n} = \frac{1}{2\pi}\sqrt{\frac{g}{\delta_\mathrm{st}}}$$

この式より静たわみ δ_st がわかれば，容易に固有振動数を計算することができる．

　次に質量 m の振幅について考える．式 (3.4) に示した任意定数 A, B は，系の初期条件が与えられると一意に決まる．いま，初期条件を $t=0$ のとき

$$x = x_0, \quad \dot{x} = v_0$$

とすると，この条件を満たす A, B は

$$A = x_0,$$
$$B = \frac{v_0}{\omega_\mathrm{n}}$$

となり，したがって運動の式は

$$x = x_0 \cos\omega_\mathrm{n} t + \frac{v_0}{\omega_\mathrm{n}} \sin\omega_\mathrm{n} t \tag{3.6}$$

または

$$x = X_0 \cos(\omega_\mathrm{n} t - \varphi_0) \tag{3.7}$$

ここで

$$X_0 = \sqrt{x_0^2 + \left(\frac{v_0}{\omega_\mathrm{n}}\right)^2},$$
$$\varphi_0 = \tan^{-1}\left(\frac{v_0}{\omega_\mathrm{n} x_0}\right)$$

3.2 不減衰系の自由振動

例題 5 ────────────── 静たわみと固有振動数 ──

物体が重力場で，鉛直方向にばねで吊り下げられている振動系において，静たわみが $0.8\,\mathrm{cm}$ のときの固有振動数を求めよ．

解答 $f_\mathrm{n} = \dfrac{\omega_\mathrm{n}}{2\pi} = \dfrac{1}{2\pi}\sqrt{\dfrac{k}{m}}$，さらに $\delta_\mathrm{st} = \dfrac{mg}{k}$ より

$$f_\mathrm{n} = \frac{1}{2\pi}\sqrt{\frac{g}{\delta_\mathrm{st}}}$$

$$= \frac{1}{2\pi}\sqrt{\frac{9.81}{0.008}} = 5.57\,[\mathrm{Hz}]$$

例題 6 ────────────── 系の振幅と位相 ──

鉛直方向にばねで吊り下げられている振動系において，固有振動数は $2\,\mathrm{Hz}$ であるとする．いま，初期変位 $x_0 = 1\,[\mathrm{mm}]$，初期速度 $v_0 = 6.28\,[\mathrm{mm/s}]$ で運動を始めた．系の変位振幅，速度振幅，および加速度振幅を求めよ．また，初期位相を求めよ．

解答   固有振動数は

$$\omega_\mathrm{n} = 2\pi f_\mathrm{n} = 2\pi \times 2 = 12.6\,[\mathrm{rad/s}]$$

変位振幅は式 (3.7) より

$$X_0 = \sqrt{x_0^2 + \left(\frac{v_0}{\omega_\mathrm{n}}\right)^2} = \sqrt{1^2 + \left(\frac{6.28}{12.6}\right)^2} = 1.12\,[\mathrm{mm}]$$

速度振幅は

$$\dot{X}_0 = X_0 \omega_\mathrm{n} = 1.12 \times 12.6 = 14.1\,[\mathrm{mm/s}]$$

加速度振幅は

$$\ddot{X}_0 = X_0 \omega_\mathrm{n}^2 = 1.12 \times 12.6^2 = 178\,[\mathrm{mm/s^2}]$$

初期位相は式 (3.7) より

$$\varphi_0 = \tan^{-1}\left(\frac{v_0}{\omega_\mathrm{n} x_0}\right)$$

$$= \tan^{-1}\left(\frac{6.28}{12.6 \times 1}\right) = 0.462\,[\mathrm{rad}] = 26.5°$$

例題 7 ― 斜めのばね

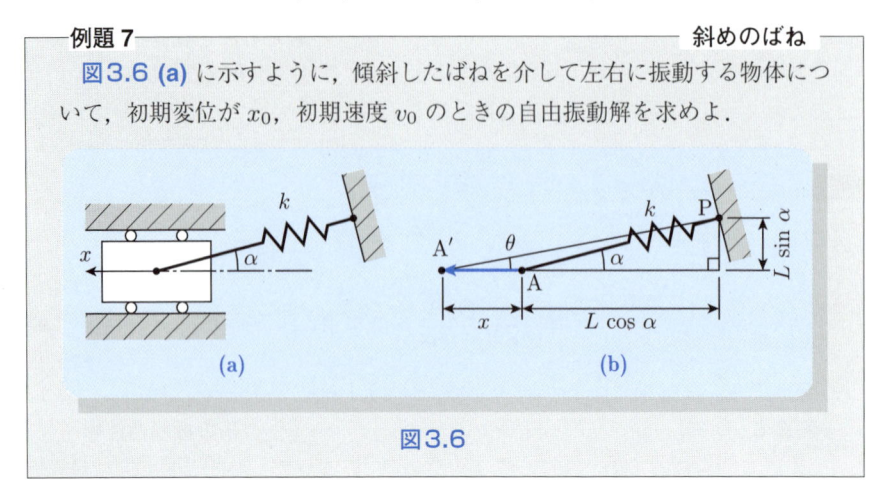

図3.6 (a) に示すように，傾斜したばねを介して左右に振動する物体について，初期変位が x_0，初期速度 v_0 のときの自由振動解を求めよ．

図3.6

解答 図3.6 (b) は，物体を x だけ左に動かしたときのばねと物体との関係を示した図である．元のばねの長さ PA を L，ばねの伸びを δ とすると，PA′ を斜辺とする直角三角形から，次のようなばねの伸び δ と物体の変位 x の関係が得られる．

$$(L+\delta)^2 = (x+L\cos\alpha)^2 + (L\sin\alpha)^2$$

$$\delta = \sqrt{(x+L\cos\alpha)^2 + (L\sin\alpha)^2} - L = f(x)$$

上式を $x=0$ のまわりでテイラー展開して，1次の項まで近似する．まず，$f(x)$ を x で微分すると

$$f'(x) = \frac{x+L\cos\alpha}{\sqrt{x^2+2Lx\cos\alpha+L^2}}$$

となる．なお，プライムは x に関する微分を示す．$f(0)=0, f'(0)=\cos\alpha$ より

$$\delta = f(x) = f(0) + f'(0)x + \cdots \cong x\cos\alpha$$

ばね力の水平方向成分 $F(x)$ は

$$F(x) = k\delta \times \cos\theta = kx\cos\alpha \times \cos\theta = kx\cos\alpha \frac{x+L\cos\alpha}{\sqrt{(x+L\cos\alpha)^2+(L\sin\alpha)^2}}$$

ここで，上式を $x=0$ のまわりでテイラー展開して，1次の項まで近似する．まず，$F(x)$ を x で微分すると

$$F'(x) = \frac{k\cos\alpha(2x+L\cos\alpha)}{\sqrt{x^2+2Lx\cos\alpha+L^2}} - \frac{k\cos\alpha(x^2+xL\cos\alpha)(x+L\cos\alpha)}{\sqrt{(x^2+2Lx\cos\alpha+L^2)^3}}$$

となる．なお，プライムは x に関する微分を示す．$F(0)=0, F'(0)=k\cos^2\alpha$ より

3.2 不減衰系の自由振動

$$F(x) = F(0) + F'(0)x + \cdots \cong k\cos^2\alpha\, x$$

したがって，運動方程式は次式となる．

$$m\ddot{x} + k\cos^2\alpha\, x = 0$$

また，固有振動数は

$$\omega_\mathrm{n} = \sqrt{\frac{k\cos^2\alpha}{m}} = \cos\alpha\sqrt{\frac{k}{m}}$$

一方，運動方程式の一般解は

$$x = A\cos\omega_\mathrm{n} t + B\sin\omega_\mathrm{n} t$$

となり，初期条件は $t=0$ のとき，$x=x_0$ であることから

$$A\cos(\omega_\mathrm{n} \times 0) + B\sin(\omega_\mathrm{n} \times 0) = x_0$$

$$A = x_0$$

また，x の式を時間 t で微分すると

$$\dot{x} = -\omega_\mathrm{n} A\sin\omega_\mathrm{n} t + \omega_\mathrm{n} B\cos\omega_\mathrm{n} t$$

となり，初期条件は $t=0$ のとき，$\dot{x}=v_0$ であることから

$$-\omega_\mathrm{n} A\sin(\omega_\mathrm{n} \times 0) + \omega_\mathrm{n} B\cos(\omega_\mathrm{n} \times 0) = v_0$$

$$\omega_\mathrm{n} B = v_0$$

が得られる．以上をまとめると，A, B は

$$A = x_0,$$
$$B = \frac{v_0}{\omega_\mathrm{n}}$$

となることから，運動方程式の解は

$$x = x_0\cos\omega_\mathrm{n} t + \frac{v_0}{\omega_\mathrm{n}}\sin\omega_\mathrm{n} t$$

となる．

例題 8 ──────── ばねの合成 (1)

図3.7 に示すように 3 つのばね（ばね定数 k_a, k_b）に吊るされた質量 m の物体の運動方程式を求めよ．ここで，すべてのばね自身の質量は m に比べて十分に小さく無視できるものとし，質量 m の物体には外力は作用していないものとする．

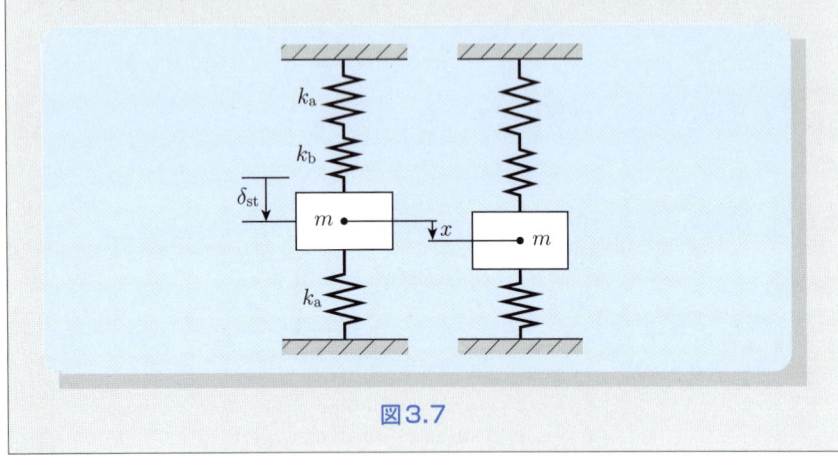

図3.7

解答 まず，上 2 つのばね k_a, k_b は直列であることから，それを 1 つのばね k_1 に置き換えると

$$\frac{1}{k_1} = \frac{1}{k_\mathrm{a}} + \frac{1}{k_\mathrm{b}}, \quad k_1 = \frac{k_\mathrm{a} k_\mathrm{b}}{k_\mathrm{a} + k_\mathrm{b}}$$

また，上のばねと下のばねは並列であることから，それを 1 つのばね K に置き換えると

$$K = k_1 + k_\mathrm{a}, \quad K = \frac{k_\mathrm{a}(k_\mathrm{a} + 2k_\mathrm{b})}{k_\mathrm{a} + k_\mathrm{b}}$$

平衡位置からの質量の変位を x で表し，静たわみを δ_st とする．質量には重力 mg とばねの復元力 $-K(x + \delta_\mathrm{st})$ が作用するため，ニュートンの運動法則から次の運動方程式が得られる．

$$m\ddot{x} = mg - K(x + \delta_\mathrm{st})$$

さらに，静たわみ δ_st は次式で求められる．

$$\delta_\mathrm{st} = \frac{mg}{K}$$

したがって，運動方程式は，$m\ddot{x} = -Kx$ となる．ここで，ω_n は

$$\omega_\mathrm{n} = \sqrt{\frac{K}{m}} = \sqrt{\frac{k_\mathrm{a}(k_\mathrm{a} + 2k_\mathrm{b})}{m(k_\mathrm{a} + k_\mathrm{b})}}$$

3.2 不減衰系の自由振動

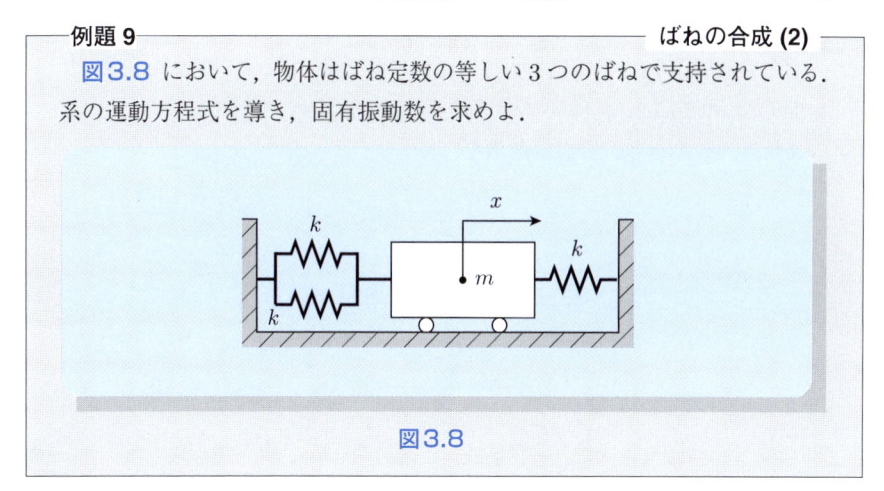

---**例題 9**---------------------------------**ばねの合成 (2)**---

図3.8 において，物体はばね定数の等しい 3 つのばねで支持されている．系の運動方程式を導き，固有振動数を求めよ．

図3.8

解答 3 つのばねは並列であることから，運動方程式は次式となる．

$$m\ddot{x} = -2kx - kx$$
$$m\ddot{x} + 3kx = 0$$

したがって，固有振動数は

$$\omega_\mathrm{n} = \sqrt{\frac{3k}{m}}$$

となる．

例題 10 ── はりとコイルばねの合成

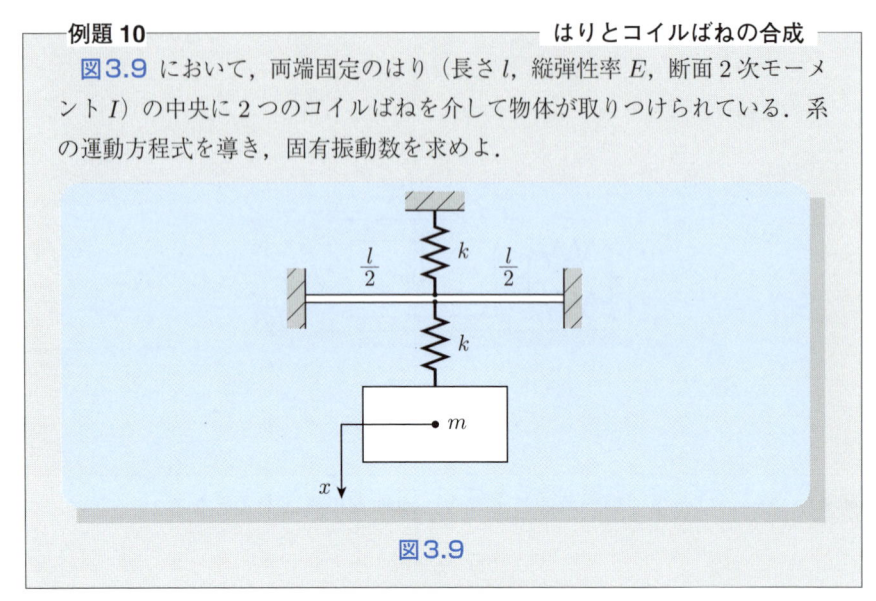

図3.9 において，両端固定のはり（長さ l，縦弾性率 E，断面2次モーメント I）の中央に2つのコイルばねを介して物体が取りつけられている．系の運動方程式を導き，固有振動数を求めよ．

図3.9

解答 はりとその上にあるコイルばねは，変位を共有するため並列である．はりのばね定数を k_p とし，はりとコイルばねを1つのばね k_u に置き換えると

$$k_\mathrm{u} = k_\mathrm{p} + k$$

ここで 表2.1 より

$$k_\mathrm{p} = \frac{192EI}{l^3}$$

さらに，ばね k_u と下のコイルばねは直列であることから，それを1つのばね k_e に置き換えると

$$\frac{1}{k_\mathrm{e}} = \frac{1}{k_\mathrm{u}} + \frac{1}{k}$$

$$k_\mathrm{e} = \frac{k(kl^3 + 192EI)}{2kl^3 + 192EI}$$

したがって，運動方程式は次式となる．

$$m\ddot{x} + k_\mathrm{e}x = 0$$

よって，固有振動数は

$$\omega_\mathrm{n} = \sqrt{\frac{k_\mathrm{e}}{m}} = \sqrt{\frac{k(kl^3 + 192EI)}{m(2kl^3 + 192EI)}}$$

例題 11 ── 質量とばね定数の同定

図3.10 (a) の振動系において，質量 m およびばね定数 k がわかっていない．そこで，両者を実験により求めようと考えた．まず，図3.10 (a) の振動系を自由振動させ，振動数を計測したところ，f_a であった．次に，図3.10 (b) のように，既知の質量 Δm を図3.10 (a) の振動系に取りつけ，自由振動させ，振動数を計測したところ，f_b であった．次の問に答えよ．

(1) m を求めよ．
(2) k を求めよ．

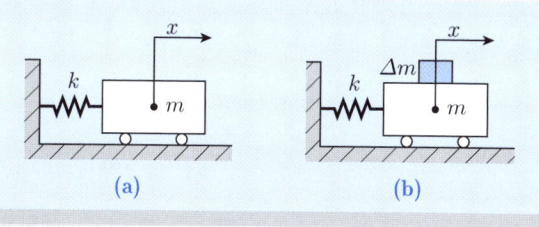

図3.10

解答 (1) 図3.10 (a) について

$$f_\mathrm{a} = \frac{1}{2\pi}\sqrt{\frac{k}{m}}$$

$$k = m(2\pi f_\mathrm{a})^2 \quad \text{①}$$

図3.10 (b) について

$$f_\mathrm{b} = \frac{1}{2\pi}\sqrt{\frac{k}{m+\Delta m}}$$

$$k = (m+\Delta m)(2\pi f_\mathrm{b})^2 \quad \text{②}$$

①, ②の2つの式から

$$m(2\pi f_\mathrm{a})^2 = (m+\Delta m)(2\pi f_\mathrm{b})^2$$

$$m = \frac{f_\mathrm{b}^2}{f_\mathrm{a}^2 - f_\mathrm{b}^2}\Delta m$$

(2) 図3.10 (a) で求めたばね定数 k の式①から

$$k = m(2\pi f_\mathrm{a})^2$$

$$= \frac{(2\pi f_\mathrm{a} f_\mathrm{b})^2}{f_\mathrm{a}^2 - f_\mathrm{b}^2}\Delta m$$

3.2.2 ねじり振動と回転振動

例題 12 ― ねじり振動 ―

図3.11 に示すように,慣性モーメント J の円板が,2つのねじり剛性 K_1, K_2 の軸に取りつけられている.このねじり振動系について,運動方程式を導き,固有振動数を求めよ.

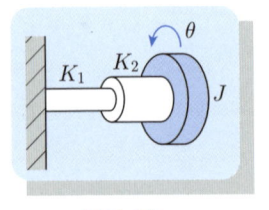

図3.11

解答 2つのねじり剛性 K_1, K_2 の軸は直列であることから,それを1つのねじり剛性 K に置き換えると,$K = \frac{K_1 K_2}{K_1 + K_2}$ となる.したがって,次の運動方程式が得られる.

$$J\ddot{\theta} = -K\theta$$

また,ここで固有振動数 ω_n は,$\omega_n = \sqrt{\frac{K}{J}} = \sqrt{\frac{K_1 K_2}{J(K_1 + K_2)}}$ ■

例題 13 ― 回転振動系 (1) ―

図3.12 に示すように,質量 m の物体が長さ L の棒を介して,支点 O を中心に回転運動するときの運動方程式を導き,固有振動数を求めよ.ここで,棒の質量は無視できるものとし,物体の重力によるモーメントとばね力によるモーメントが釣り合っているときの角度を α とする.

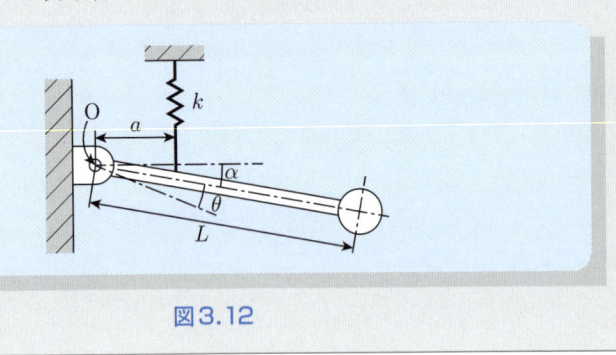

図3.12

解答 力のモーメントの釣り合いから静釣り合い位置では

$$mgL\cos\alpha = ka^2\alpha \qquad ①$$

いま,物体が,静釣り合い位置から θ だけ振動したときの状態を考えると,運動方程式は次式となる.

3.2 不減衰系の自由振動

$$J\ddot{\theta} = mgL\cos(\theta + \alpha) - ka^2(\theta + \alpha)$$
$$= mgL(\cos\theta\cos\alpha - \sin\theta\sin\alpha) - ka^2(\theta + \alpha)$$

θ が微小とすると，$\cos\theta \cong 1, \sin\theta \cong \theta$ より

$$J\ddot{\theta} = mgL\cos\alpha - ka^2\alpha - (mgL\sin\alpha + ka^2)\theta$$

式①の関係から

$$J\ddot{\theta} + (mgL\sin\alpha + ka^2)\theta = 0$$

慣性モーメントは $J = mL^2$ より，固有振動数 ω_n は

$$\omega_n = \sqrt{\frac{mgL\sin\alpha + ka^2}{J}} = \sqrt{\frac{mgL\sin\alpha + ka^2}{mL^2}}$$

例題 14 — 回転振動系 (2)

図3.13 は，慣性モーメント J の棒の両端に2つのばねが結合されている回転振動系である．系の運動方程式を導き，固有振動数を求めよ．ここで，回転変位 θ は微小量とし，棒が水平な位置にあるときを静釣り合い位置とする．

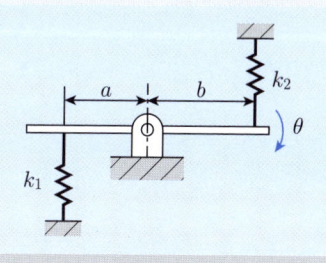

図3.13

解答 時計回りの回転変位 θ を正とすると，k_1, k_2 のばねによる復元モーメントは，それぞれ，$k_1a^2\theta, k_2b^2\theta$ となる．したがって，運動方程式は次式となる．

$$J\ddot{\theta} + (k_1a^2 + k_2b^2)\theta = 0$$

したがって，固有振動数は

$$\omega_n = \sqrt{\frac{k_1a^2 + k_2b^2}{J}}$$

例題 15 ── 車輪の回転振動 (1)

軸のまわりの慣性モーメントが J である車輪が円筒の上を滑ることなく転がり，図3.14 (a) のように振動する．車輪の半径および円筒の半径はそれぞれ，r, R である．また，車輪の質量は m である．回転振動に関する運動方程式と振動の周期を求めよ．

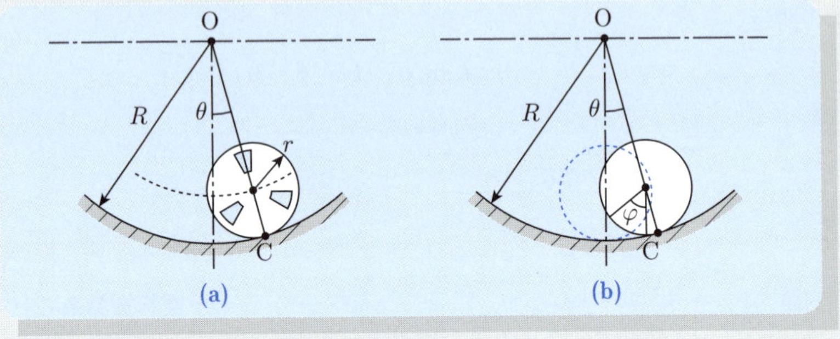

図3.14

解答 図3.14 (a) において，車輪の瞬間中心は C 点であり，車輪には大きさ $mgr\sin\theta$ の復元モーメントが作用する．また，瞬間中心 C 点まわりの慣性モーメントは $J + mr^2$ であることから，円板の回転角を φ とすると回転の運動方程式は

$$(J + mr^2)\ddot{\varphi} = -mgr\sin\theta$$

振動角が小さいとすると

$$(J + mr^2)\ddot{\varphi} = -mgr\theta$$

また，図3.14 (b) に示すように，破線の位置にあった車輪が実線の位置に移動するとき，垂直にあった半径は垂線と角度 φ を作る．φ と θ との間の関係は円弧成分が等しいことから $r(\theta + \varphi) = R\theta$ となり

$$\theta = \frac{r}{R-r}\varphi$$

したがって，運動方程式は

$$(J + mr^2)\ddot{\varphi} + mg\frac{r^2}{R-r}\varphi = 0$$

となる．振動の周期は $T = 2\pi\sqrt{\frac{(J+mr^2)(R-r)}{mgr^2}}$

3.2 不減衰系の自由振動

---**例題 16**--------------------------------**傾いた円板の振動**---

図3.15 に示すように,傾斜している軸に質量 m の円板が偏心して取りつけられている.軸は水平面と角度 α だけ傾斜しており,円板は回転することができる.円板の半径および偏心量をそれぞれ,r, e として,円板が回転振動するときの運動方程式を求め,固有周期を求めよ.なお,軸の質量は無視できるものとする.

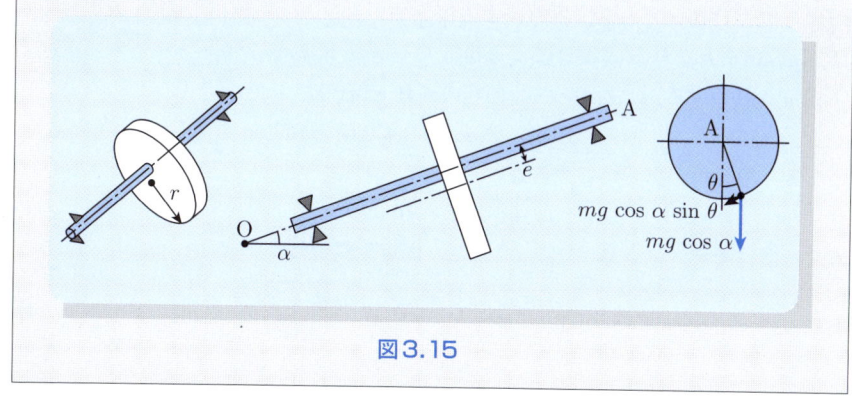

図3.15

解答 円板の回転運動には回転軸に垂直な成分 $mg\cos\alpha$ が関与する.したがって,円板に作用する復元モーメントは $mge\cos\alpha\sin\theta$ となることから,回転の運動方程式は次式となる.

$$J\ddot{\theta} = -mge\cos\alpha\sin\theta$$

振動角が小さいとすると

$$J\ddot{\theta} + mge\theta\cos\alpha = 0$$

となる.また,円板の慣性モーメント J は

$$J = \frac{1}{2}mr^2 + me^2$$
$$= \frac{1}{2}m(r^2 + 2e^2)$$

したがって,固有周期 T_n は

$$T_\mathrm{n} = 2\pi\sqrt{\frac{J}{mge\cos\alpha}}$$
$$= 2\pi\sqrt{\frac{r^2 + 2e^2}{2ge\cos\alpha}}$$

---例題 17--- **ばねを有する振子**

図3.16 のように，質量 m の物体と質量の無視できる棒に，ばねが結合されている振動系がある．系の自由振動の運動方程式を導き，固有振動数を求めよ．ここで，θ は微小量とする．

解答 θ だけ傾いたとき，重力による復元モーメントは $mgb\sin\theta$ となり，ばね力による復元モーメントは $(ka\theta)a$ が作用する．したがって，回転の運動方程式は

$$J\ddot{\theta} = -mgb\sin\theta - 2(ka\theta)a$$

となる．振動角が小さいとすると

$$J\ddot{\theta} + (mgb + 2ka^2)\theta = 0$$

また，慣性モーメントは $J = mb^2$ より，固有振動数は

$$\omega_n = \sqrt{\frac{mgb + 2ka^2}{J}} = \sqrt{\frac{mgb + 2ka^2}{mb^2}}.$$

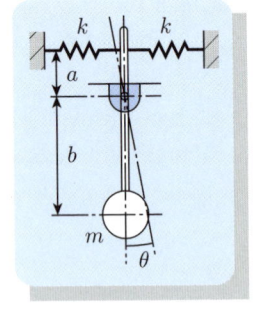

図3.16

---例題 18--- **3つのばねを持つ回転振動系**

図3.17 に示すように，質量 m の物体がばね k_1 を介して棒の一端につながっている．棒は支点 O を中心に回転することができ，2つのばね k_2, k_3 により支持されている．棒の質量は無視できるものとして，物体の運動方程式を導き，固有振動数を求めよ．ここで，棒が水平な位置にあるときを静釣り合い位置とする．

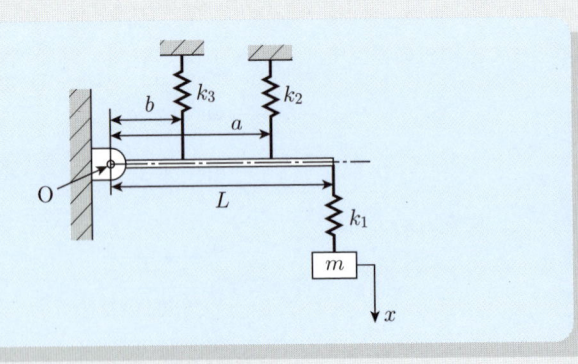

図3.17

3.2 不減衰系の自由振動

解答 棒の微小角変位を θ とし，釣り合いの位置からの物体の変位を x とすると，物体の運動方程式は次式となる．

$$m\ddot{x} = k_1(L\theta - x)$$

棒の質量が無視できるので，棒の慣性モーメントもゼロとなる．したがって，支点 O まわりのモーメントの釣り合いは

$$k_1(L\theta - x)L + (k_2 a\theta)a + (k_3 b\theta)b = 0$$

$$\theta = \frac{k_1 L x}{k_1 L^2 + k_2 a^2 + k_3 b^2}$$

上式を物体の運動方程式に代入すると

$$m\ddot{x} + \frac{k_1(k_2 a^2 + k_3 b^2)}{k_1 L^2 + k_2 a^2 + k_3 b^2} x = 0$$

固有振動数は

$$\omega_\mathrm{n} = \sqrt{\frac{k_1(k_2 a^2 + k_3 b^2)}{m(k_1 L^2 + k_2 a^2 + k_3 b^2)}}$$

■

例題 19 ─── **2 つの円板の振動**

図3.18 に示すような 2 つの円板 J_1, J_2 が，ねじり剛性 K の軸の両端に取りつけられている．運動方程式と固有振動数を求めよ．

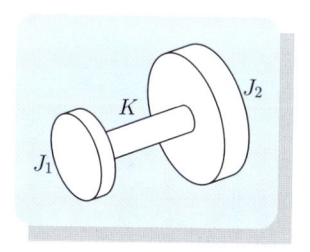

図3.18

解答 円板 J_1, J_2 の角変位を θ_1 と θ_2 とすると軸は $(\theta_1 - \theta_2)$ だけねじれているので，2 つの円板の運動方程式は次式となる．

$$J_1\ddot{\theta}_1 = -K(\theta_1 - \theta_2) \qquad ①$$
$$J_2\ddot{\theta}_2 = K(\theta_1 - \theta_2) \qquad ②$$

式①に J_2 を掛け，式②に J_1 を掛け，両辺の引き算を行うと

$$J_1 J_2(\ddot{\theta}_1 - \ddot{\theta}_2) = -(J_1 + J_2)K(\theta_1 - \theta_2)$$

ここで，$\theta = \theta_1 - \theta_2$ とおくと，$J_1 J_2 \ddot{\theta} + (J_1 + J_2)K\theta = 0$ となる．したがって，固有振動数は

$$\omega_\mathrm{n} = \sqrt{\frac{(J_1 + J_2)K}{J_1 J_2}}$$

■

例題 20 ─────────────────────────── 歯車系の移動 ───

図3.19 に示すような歯車系において，歯車 J_B, J_C の質量が円板 J_A, J_D に比べて小さく，省略して差し支えないとき，系の固有振動数を求めよ．ここで，K_1, K_2 は軸のねじり剛性であり，n は J_B に対する J_C の歯数比である．

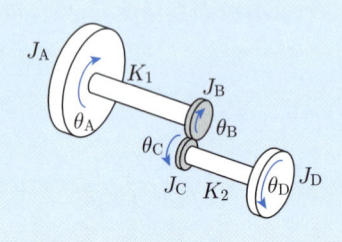

図3.19

解答 各円板の運動方程式は次のように与えられる．

$$J_A\ddot{\theta}_A = -K_1(\theta_A - \theta_B) \quad ①$$

$$J_D\ddot{\theta}_D = -K_2(\theta_D - \theta_C) \quad ②$$

2つの歯車については質量が無視できるので，その慣性モーメントもゼロとなる．したがって，歯車 J_C に働くトルクを T とすれば各歯車のモーメントの釣り合いは

$$J_B\ddot{\theta}_B = K_1(\theta_A - \theta_B) - nT = 0 \quad ③$$

$$J_C\ddot{\theta}_C = K_2(\theta_D - \theta_C) + T = 0 \quad ④$$

また，2つの歯車の角変位の関係は次の通り．

$$\theta_C = n\theta_B \quad ⑤$$

式③より

$$K_1(\theta_A - \theta_B) = nT$$

上式へ式④を代入すると

$$K_1(\theta_A - \theta_B) = -nK_2(\theta_D - \theta_C)$$

上式へ式⑤を代入すると

3.2 不減衰系の自由振動

$$K_1\left(\theta_A - \frac{\theta_C}{n}\right) = -nK_2\theta_D + nK_2\theta_C$$

$$\theta_C = \frac{n}{K_1 + n^2K_2}(K_1\theta_A + nK_2\theta_D) \qquad ⑥$$

式⑥と式⑤から

$$\theta_B = \frac{1}{K_1 + n^2K_2}(K_1\theta_A + nK_2\theta_D) \qquad ⑦$$

式⑦を式①に代入すると

$$J_A\ddot{\theta}_A + \frac{n^2K_1K_2}{K_1 + n^2K_2}\theta_A - \frac{nK_1K_2}{K_1 + n^2K_2}\theta_D = 0 \qquad ⑧$$

式②に式⑤,⑦を代入し,両辺に n を掛けると

$$nJ_D\ddot{\theta}_D - \frac{n^2K_1K_2}{K_1 + n^2K_2}\theta_A + \frac{nK_1K_2}{K_1 + n^2K_2}\theta_D = 0 \qquad ⑨$$

$\theta_D = n\theta_{D0}$ とすると,式⑧,⑨は

$$J_A\ddot{\theta}_A + K_0(\theta_A - \theta_{D0}) = 0 \qquad \cdots ⑧'$$
$$n^2J_D\ddot{\theta}_{D0} - K_0(\theta_A - \theta_{D0}) = 0 \qquad \cdots ⑨'$$

ここで,$K_0 = \frac{n^2K_1K_2}{K_1 + n^2K_2}$ とした.式⑧' に n^2J_D を掛け,式⑨' に J_A を掛け,両辺の引き算を行うと

$$n^2J_AJ_D(\ddot{\theta}_A - \ddot{\theta}_{D0}) = -(J_A + n^2J_D)K_0(\theta_A - \theta_{D0})$$

ここで,$\theta = \theta_A - \theta_{D0}$ とおくと

$$n^2J_AJ_D\ddot{\theta} + (J_A + n^2J_D)K_0\theta = 0$$

となる.したがって,固有振動数は

$$\omega_n = \sqrt{\frac{(J_A + n^2J_D)K_0}{n^2J_AJ_D}}$$

となる.

3.2.3 エネルギ法

エネルギ保存の法則を利用することで，系の運動方程式や固有振動数を求めることができる．いま，振動系に減衰などのエネルギ消費がないとすれば，系の全エネルギは保存され，運動エネルギ T と，重力やばねの変位として蓄えられるポテンシャルエネルギ U との和は一定になる．すなわち

$$T + U = E, \quad \frac{d}{dt}E = 0 \quad (一定)$$

図3.20 に示すばね質量系で考えると

$$T + U = \frac{1}{2}m\dot{x}^2 + \frac{1}{2}kx^2 = E$$

で表される．両辺を時間で微分し，$\dot{x}$ で両辺を割れば，次の運動方程式が導かれる．

$$m\ddot{x} + kx = 0 \tag{3.8}$$

式 (3.8) の解は

$$x = X_0 \cos(\omega_\mathrm{n} t - \varphi_0) \tag{3.9}$$

であることから，この系における運動エネルギおよびポテンシャルエネルギの最大値 $T_\mathrm{max}, U_\mathrm{max}$ は

$$T_\mathrm{max} = \frac{1}{2}m(X_0\omega_\mathrm{n})^2 \tag{3.10}$$

$$U_\mathrm{max} = \frac{1}{2}kX_0^2 \tag{3.11}$$

のように求められる．それぞれは全エネルギ E に等しくなるから，式 (3.10) と式 (3.11) を等値すると

$$\frac{1}{2}m(X_0\omega_\mathrm{n})^2 = \frac{1}{2}kX_0^2$$

したがって

$$\omega_\mathrm{n}^2 = \frac{k}{m}$$

が得られ，固有角振動数が求められる．

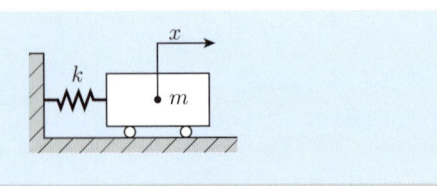

図3.20 ばね質量系

3.2 不減衰系の自由振動

例題 21 ──────────────── 車輪を有する物体の振動 ──

図3.21 に示すように，両端に2つのばねが取りつけられた質量 M の物体が水平面上にある．ここで，2つの車輪は半径 r，質量 m の円柱状として，エネルギ法を用いて，系の運動方程式を導き，固有振動数を求めよ．

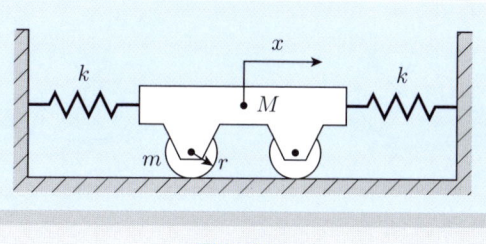

図3.21

解答 釣り合い位置を $x=0$ とすると，運動エネルギ T は車輪の回転角 θ を用いて次のように得られる．

$$T = \frac{1}{2}M\dot{x}^2 + 2 \times \left(\frac{1}{2}m\dot{x}^2 + \frac{1}{2}J\dot{\theta}^2\right)$$

$x = r\theta$, $J = \frac{1}{2}mr^2$ より

$$T = \frac{1}{2}(3m+M)\dot{x}^2$$

ポテンシャルエネルギ U は

$$U = 2 \times \frac{1}{2}kx^2$$
$$= kx^2$$

$\frac{d}{dt}(T+U) = 0$ より，運動方程式は次式となる．

$$(3m+M)\ddot{x} + 2kx = 0$$

固有振動数は

$$\omega_\mathrm{n} = \sqrt{\frac{2k}{3m+M}}$$

となる．

例題 22 ─ 車輪の回転振動 (2)

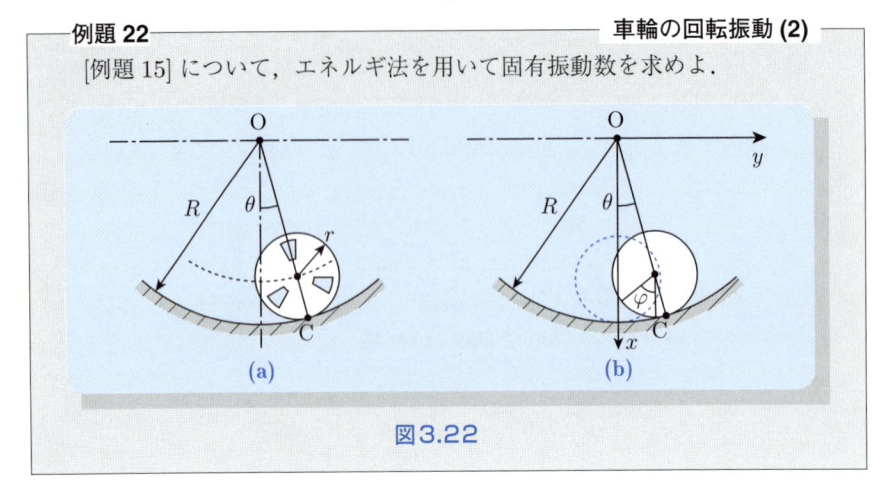

[例題 15] について，エネルギ法を用いて固有振動数を求めよ．

図3.22

解答 運動エネルギ T は次式となる．

$$T = \frac{1}{2}m(\dot{x}^2 + \dot{y}^2) + \frac{1}{2}J\dot{\varphi}^2$$

ここで

$$\left.\begin{array}{ll} x = (R-r)\cos\theta, & \dot{x} = -(R-r)\dot{\theta}\sin\theta \\ y = (R-r)\sin\theta, & \dot{y} = (R-r)\dot{\theta}\cos\theta \end{array}\right\}$$

φ と θ との間の関係は

$$r(\theta + \varphi) = R\theta$$

$$\theta = \frac{r}{R-r}\varphi$$

となり，運動エネルギ T は次式となる．

$$T = \frac{1}{2}m(R-r)^2\dot{\theta}^2(\sin^2\theta + \cos^2\theta) + \frac{1}{2}J\dot{\varphi}^2 = \frac{1}{2}m(R-r)^2\dot{\theta}^2 + \frac{1}{2}J\dot{\varphi}^2$$

$$= \frac{1}{2}m(R-r)^2\left(\frac{r}{R-r}\dot{\varphi}\right)^2 + \frac{1}{2}J\dot{\varphi}^2 = \frac{1}{2}(mr^2 + J)\dot{\varphi}^2$$

ポテンシャルエネルギ U は次式となる．

$$U = mg(R-r)(1-\cos\theta)$$

振動角が小さいとすると，$1-\cos\theta = \frac{\theta^2}{2}$ となる．さらに，φ と θ との間の関係を用いると，ポテンシャルエネルギ U は次式となる．

$$U = \frac{1}{2}mg(R-r)\theta^2 = \frac{1}{2}mg(R-r)\left(\frac{r}{R-r}\varphi\right)^2 = \frac{1}{2}mg\frac{r^2}{R-r}\varphi^2$$

回転振動の解を $\varphi = \Phi\cos(\omega_\mathrm{n} t - \varphi_0)$ とすると，運動エネルギおよびポテンシャル

3.2 不減衰系の自由振動　　63

エネルギの最大値 $T_\mathrm{max}, U_\mathrm{max}$ は

$$T_\mathrm{max} = \frac{1}{2}(mr^2+J)(\Phi\omega_\mathrm{n})^2, \quad U_\mathrm{max} = \frac{1}{2}mg\frac{r^2}{R-r}\Phi^2$$

となる．$T_\mathrm{max} = U_\mathrm{max}$ より

$$\frac{1}{2}(mr^2+J)(\Phi\omega_\mathrm{n})^2 = \frac{1}{2}mg\frac{r^2}{R-r}\Phi^2$$

$$\omega_\mathrm{n} = \sqrt{\frac{mgr^2}{(J+mr^2)(R-r)}}$$

3.2.4　剛体系の振動

例題 23　　**板材の回転振動**

図3.23 に示すように，厚さが一定で大きさの同じ長方形板3つからなる板材が点Oを支点とした回転振動する．その運動方程式と固有振動数を求めよ．

解答　各長方形板の質量を M とすると，支点Oまわりの慣性モーメント J は，平行軸の定理を利用して以下のように求められる．

$$J = \frac{1}{12}M(a^2+b^2) \times 3 + M\left(\frac{a}{2}\right)^2$$
$$+ M\left(a+\frac{b}{2}\right)^2 + M\left(\frac{3a}{2}+b\right)^2$$
$$= \frac{M}{4}(15a^2 + 6b^2 + 16ab)$$

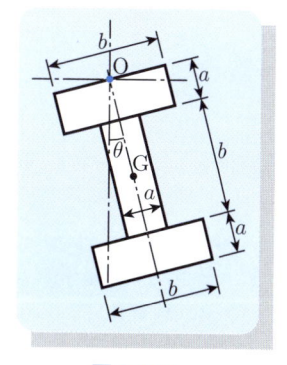

図3.23

支点Oより重心までの距離は $(a+b/2)$，全体の質量は $3M$ より運動方程式は

$$J\ddot{\theta} = -3Mg\sin\theta \times \left(a+\frac{b}{2}\right)$$

となる．振動角が小さいとすると

$$J\ddot{\theta} + 3Mg\left(a+\frac{b}{2}\right)\theta = 0$$

となる．固有振動数は

$$\omega_\mathrm{n} = \sqrt{\frac{3Mg(a+b/2)}{J}} = \sqrt{\frac{12g(a+b/2)}{15a^2+6b^2+16ab}}$$

例題 24 ─── 正方形板の回転振動 ───

図3.24 のように吊り下げられた正方形板において，支持点 O まわりの回転自由振動について，運動方程式と振動の周期を求めよ．正方形板の質量は m とする．

解答 支点まわりの慣性モーメント J は，平行軸の定理を利用して以下のように求められる．

$$J = \frac{1}{6}ma^2 + m\left(\frac{a}{2}\right)^2 = \frac{5}{12}ma^2$$

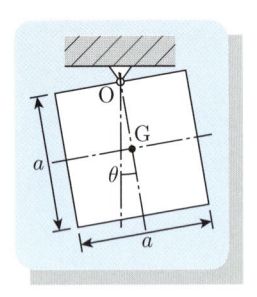

図3.24

支持点 O より重心 G までの距離は $a/2$ であり，運動方程式は

$$J\ddot{\theta} = -mg\sin\theta \times \frac{a}{2}$$

振動角が小さいとして，$J\ddot{\theta} + \frac{1}{2}mga\theta = 0$ となる．振動の周期は

$$T = 2\pi\sqrt{\frac{2J}{mga}} = 2\pi\sqrt{\frac{5a}{6g}}$$

例題 25 ─── 棒と球の回転振動 ───

長さ L，質量 m の棒の一端に半径 r，質量 M の球を取りつけ，棒のもう一端を図3.25 のように，支持点に吊り下げた．支持点まわりの回転振動について，運動方程式と振動の周期を求めよ．

解答 支持点まわりの慣性モーメント J は，平行軸の定理を利用して以下のように求められる．

$$J = \frac{1}{3}mL^2 + M(L+r)^2 + \frac{2}{5}Mr^2$$
$$= \frac{1}{3}mL^2 + M\left\{(L+r)^2 + \frac{2}{5}r^2\right\}$$

図3.25

棒および球の重心位置をそれぞれ G_p, G_c とし，全体の重心位置を G とする．また，支持点から重心 G までの距離を h とすると，次式から h が求められる．

$$h \times (m+M)g = mg \times \frac{L}{2} + Mg \times (L+r)$$

$$h = \frac{m\frac{L}{2} + M(L+r)}{m+M}$$

運動方程式は

$$J\ddot{\theta} = -(m+M)g\sin\theta \times h$$

となる．振動角が小さいとして

$$J\ddot{\theta} + (m+M)gh\theta = 0$$

振動の周期は

$$T = 2\pi\sqrt{\frac{J}{(m+M)gh}} = 2\pi\sqrt{\frac{\frac{1}{3}mL^2 + M\left\{(L+r)^2 + \frac{2}{5}r^2\right\}}{\left\{m\frac{L}{2} + M(L+r)\right\}g}}$$ ■

例題 26 ────── **円板のねじり振動**

図3.26 に示すように，外径 D_0，内径 D_1，長さ l の円筒の下端に円板の取りつけられたねじり振動系がある．いま，円板の慣性モーメントは J であり，円板のねじり振動の周期が T である．円筒の横弾性率を求めよ．

解答 円板の回転の運動方程式は $J\ddot{\theta} = -K\theta$ となる．したがって，固有周期 T_n は，

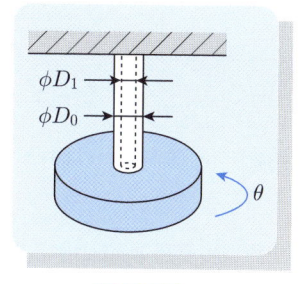

図3.26

$$T_n = 2\pi\sqrt{\frac{J}{K}} = T$$

$$\frac{K}{J} = \left(\frac{2\pi}{T}\right)^2 \qquad ①$$

また，円筒のねじり剛性 K は

$$K = \frac{\pi G(D_0^4 - D_1^4)}{32l} \qquad ②$$

式②を式①に代入すると

$$\frac{\pi G(D_0^4 - D_1^4)}{32l} = J\left(\frac{2\pi}{T}\right)^2$$

$$G = \frac{128\pi J l}{(D_0^4 - D_1^4)T^2}$$ ■

例題 27 — 円環の回転振動

図3.27 に示すように，円環が長さ L の 3 本の糸で吊り下げられている．糸は半径 a の円周上に等間隔で取りつけられている．円環の垂直な軸まわりの回転に関する運動方程式と固有振動数を求めよ．

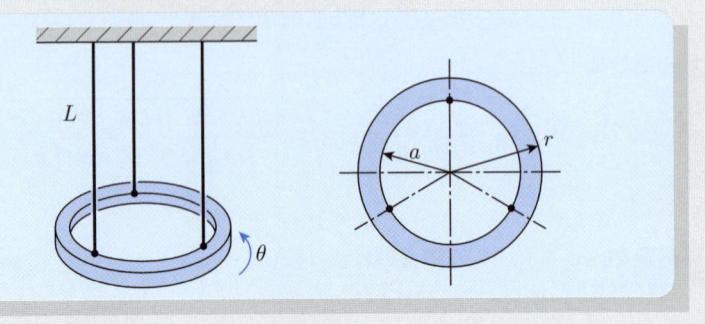

図3.27

解答 円環が θ だけ回転したときの糸の傾き角を α とすると

$$L\alpha = a\theta, \quad \alpha = \frac{a}{L}\theta \qquad ①$$

円環の質量を m とすると，1 本の糸に掛かる張力は，$mg/3$ である．そのうち，円環を回転させようとする成分は $mg\sin\alpha/3$ より，円環の中心まわりの回転の運動方程式は次式となる．

$$J\ddot{\theta} = 3 \times \left(-\frac{1}{3}mg\sin\alpha \times a\right)$$

$$J\ddot{\theta} + mga\sin\alpha = 0$$

α が小さいとすると

$$J\ddot{\theta} + mga\alpha = 0 \qquad ②$$

式①を式②に代入すると

$$J\ddot{\theta} + mg\frac{a^2}{L}\theta = 0$$

また，円環の慣性モーメント J は

$$J = m\frac{r^2 - a^2}{2}$$

固有振動数は

$$\omega_\mathrm{n} = \sqrt{\frac{mga^2}{JL}} = \sqrt{\frac{2}{m(r^2-a^2)}\frac{mga^2}{L}} = \sqrt{\frac{2ga^2}{L(r^2-a^2)}}$$

3.2.5 様々な振動系

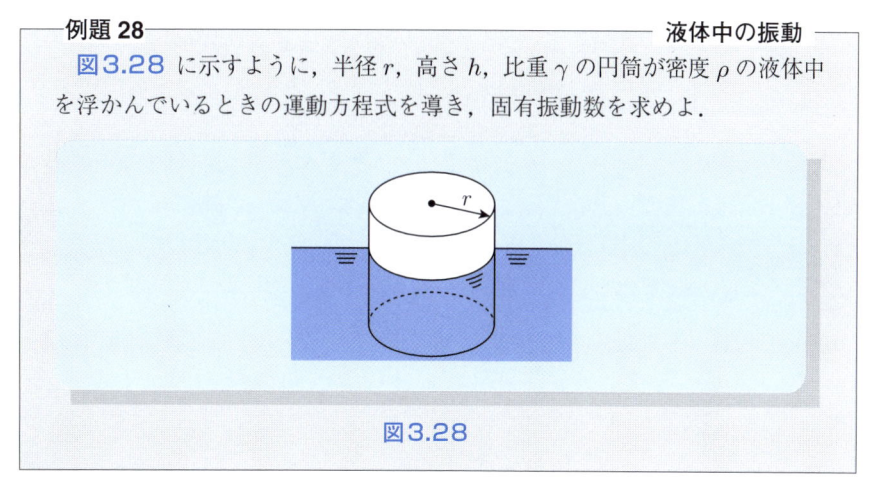

---**例題 28**--------------------------------液体中の振動---

図3.28 に示すように,半径 r, 高さ h, 比重 γ の円筒が密度 ρ の液体中を浮かんでいるときの運動方程式を導き,固有振動数を求めよ.

図3.28

解答 水の密度は $1000\,\mathrm{kg/m^3}$ より,円筒の密度は 1000γ となる.したがって,円筒の質量 m は

$$m = \pi r^2 h \times 1000\gamma$$

また,物体の沈んだ量 x は,円筒が液体中で静的に釣り合う位置を原点にとる.復元力 F は,円筒が液体につかっている部分と等しい体積の液体に働く重力に等しいことから

$$F = \pi r^2 \rho g x$$

したがって,運動方程式は次式となる.

$$1000\pi r^2 h \gamma \ddot{x} = -\pi r^2 \rho g x$$
$$1000 h \gamma \ddot{x} + \rho g x = 0$$

また,固有振動数は

$$\omega_\mathrm{n} = \sqrt{\frac{\rho g}{1000 h \gamma}}$$

となる.

例題 29 ── 滑車を用いた振動 (1)

図3.29 に示すような動滑車を用いた振動系の運動方程式を導き，固有振動数を求めよ．ここで，滑車の質量は無視できるものとする．

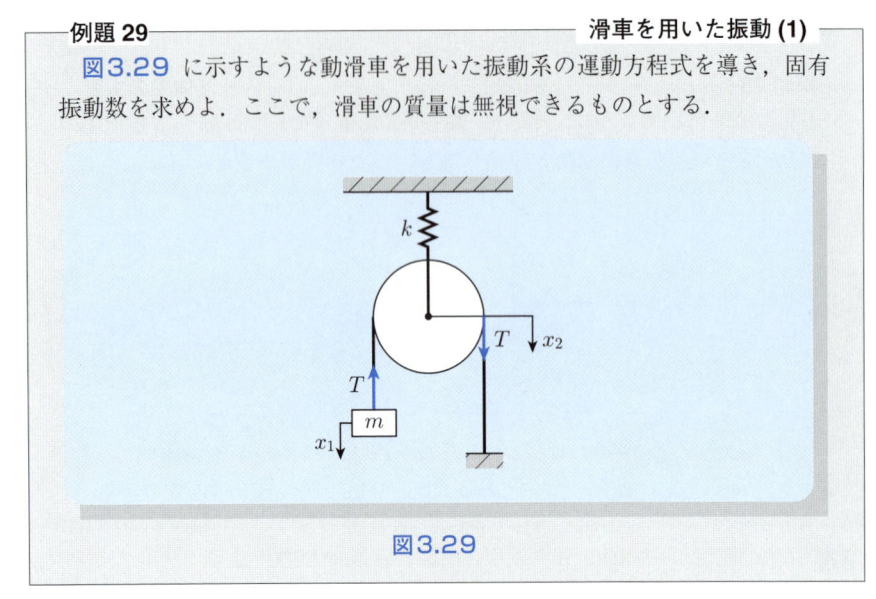

図3.29

解答 質量 m を吊るロープの張力を T とすると，質量 m の運動方程式は

$$m\ddot{x}_1 = -T$$

また，k のばねに働くばね力と張力 T の関係から次式が得られる．

$$kx_2 = 2T$$

さらに，x_1 と x_2 の関係から

$$2x_2 = x_1$$

となることから，3つの式を利用すると，運動方程式は

$$m\ddot{x}_1 + \frac{k}{4}x_1 = 0$$

また，固有振動数は

$$\omega_\mathrm{n} = \sqrt{\frac{k}{4m}}$$

となる．

3.2 不減衰系の自由振動

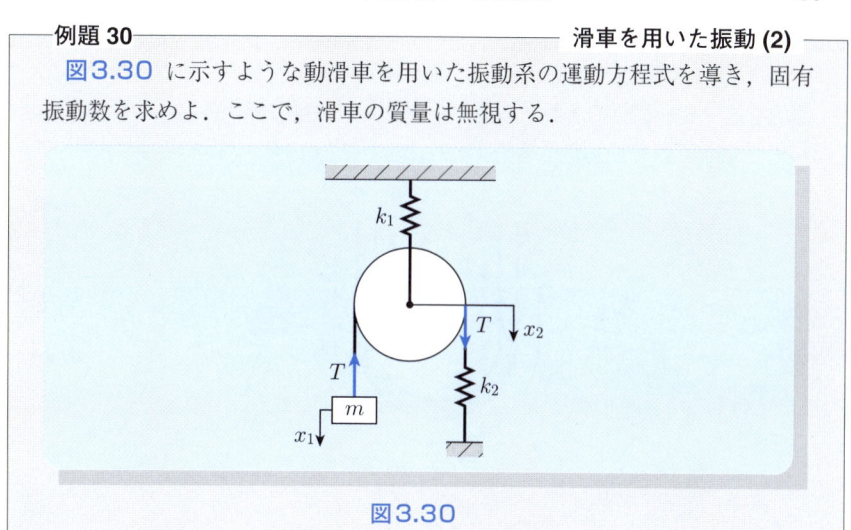

例題 30 ─────────────────── 滑車を用いた振動 (2) ───

図3.30 に示すような動滑車を用いた振動系の運動方程式を導き，固有振動数を求めよ．ここで，滑車の質量は無視する．

図3.30

解答 質量 m を吊るロープの張力を T とすると，質量 m の運動方程式は

$$m\ddot{x}_1 = -T \qquad ①$$

また，k_2 のばねに働くばね力を T とすると，次の2式が成り立つ．

$$k_1 x_2 = 2T \qquad ②$$

$$T = k_2 (x_1 - 2x_2) \qquad ③$$

したがって，式①~③より

$$m\ddot{x}_1 + \frac{k_1 k_2}{k_1 + 4k_2} x_1 = 0$$

また，固有振動数は

$$\omega_{\mathrm{n}} = \sqrt{\frac{k_1 k_2}{m(k_1 + 4k_2)}} \qquad ④ \blacksquare$$

参考 本例題と [例題 29] の固有振動数を比較する．式④において，根号内の分母，分子を k_2 で割ると

$$\omega_{\mathrm{n}} = \sqrt{\frac{k_1}{m(k_1/k_2 + 4)}}$$

となる．[例題 29] においては，$k_2 = \infty$ と見なすことができることから

$$\omega_{\mathrm{n}} = \sqrt{\frac{k_1}{m(k_1/k_2 + 4)}} \cong \sqrt{\frac{k_1}{4m}}$$

となり，[例題 29] の解が得られる． □

例題 31 ― 液柱の振動

図3.31 に示すように，密度 ρ，断面積 a，長さが L の液柱が破線で示す静的な釣り合い位置のまわりに動的な変位 x で振動している．液体の運動方程式を導き，固有振動数を求めよ．

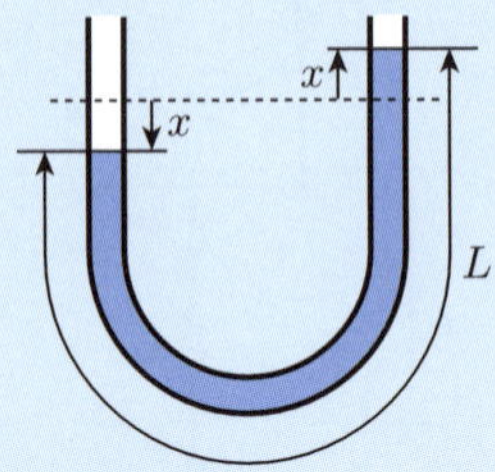

図3.31

解答 液体の質量は $\rho a L$ であり，水位差によって生じる復元力は $2\rho a g x$ より，運動方程式は

$$\rho a L \ddot{x} = -2\rho a g x$$

$$\ddot{x} + \frac{2g}{L}x = 0$$

となる．
また，固有振動数は

$$\omega_\mathrm{n} = \sqrt{\frac{2g}{L}}$$

となる．

3.3 減衰系の自由振動

図3.32 ような粘性減衰系に関する運動方程式は

$$m\ddot{x} + c\dot{x} + kx = 0 \tag{3.12}$$

で表される．

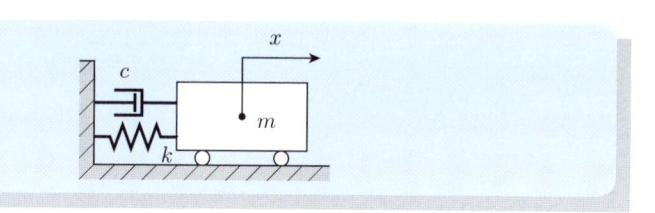

図3.32 粘性減衰系の振動モデル

両辺を m で割って

$$\ddot{x} + 2\varepsilon\dot{x} + \omega_n^2 x = 0 \tag{3.13}$$

で表す．ここで

$$2\varepsilon = \frac{c}{m}, \quad \omega_n^2 = \frac{k}{m}$$

式 (3.12) の解を

$$x = Ce^{\lambda t} \tag{3.14}$$

とおき，式 (3.13) に代入して，λ を求めると

$$\lambda_1, \lambda_2 = -\varepsilon \pm \sqrt{\varepsilon^2 - \omega_n^2} \tag{3.15}$$

が得られる．これらを式 (3.14) に代入し，任意定数 C_1, C_2 をそれぞれに掛けて加え合わせた

$$x = C_1 e^{\lambda_1 t} + C_2 e^{\lambda_2 t} \tag{3.16}$$

が，式 (3.13) の一般解となる．ここで，便宜上

$$c_{\mathrm{cr}} = 2\sqrt{mk}, \quad \zeta = c/c_{\mathrm{cr}}$$

なる変数を導入する．ここで c_{cr} は**臨界減衰係数**，ζ は**減衰比**と呼ばれ，減衰比 ζ を用いて式 (3.15) を書き換えると

$$\left.\begin{array}{l} \lambda_1 = \omega_n(-\zeta + \sqrt{\zeta^2 - 1}) \\ \lambda_2 = \omega_n(-\zeta - \sqrt{\zeta^2 - 1}) \end{array}\right\} \tag{3.17}$$

となる．したがって，系の運動はζの値によって，以下のように，分類される．

(a) <u>$\zeta > 1$ の場合</u>

$$x = C_1 e^{(-\zeta + \sqrt{\zeta^2-1})\omega_n t} + C_2 e^{(-\zeta - \sqrt{\zeta^2-1})\omega_n t} \tag{3.18}$$

で表される．物体は振動することなく，平衡位置まで減衰して停止する．このような運動を**過減衰**と呼ぶ．なお

$$\omega_h = \omega_n \sqrt{\zeta^2 - 1}$$

とおいて，式 (3.18) を書き換えると

$$x = e^{-\varepsilon t}\left\{(C_1 + C_2)\frac{e^{\omega_h t} + e^{-\omega_h t}}{2} + (C_1 - C_2)\frac{e^{\omega_h t} - e^{-\omega_h t}}{2}\right\}$$

すなわち，双曲線関数を用いて

$$x = e^{-\varepsilon t}(C \cosh \omega_h t + D \sinh \omega_h t) \tag{3.19}$$

のような形で表すこともできる．

いま，初期条件を $t = 0$ において

$$x = x_0, \quad \dot{x} = v_0 \tag{3.20}$$

とすると，式 (3.19) の任意定数は

$$C = x_0, \quad D = \frac{v_0 + \varepsilon x_0}{\omega_h}$$

となり，運動の式は次式で表される．

$$x = e^{-\varepsilon t}\left(x_0 \cosh \omega_h t + \frac{v_0 + \varepsilon x_0}{\omega_h} \sinh \omega_h t\right) \tag{3.21}$$

(b) <u>$\zeta = 1$ の場合</u>　この場合，λ_1, λ_2 は重根となり

$$x = (C_1 + C_2 t)e^{\lambda t}$$

とおいて，式 (3.13) に代入し，$\varepsilon = \omega_n$ を考慮して λ を求めると

$$\lambda = -\varepsilon$$

が得られる．したがって一般解は

$$x = (C_1 + C_2 t)e^{-\varepsilon t} \tag{3.22}$$

となる．運動の形は $\zeta > 1$ の場合と同様に振動することなく平衡位置に漸近する．このような運動を**臨界減衰**と呼ぶ．

3.3 減衰系の自由振動

式 (3.20) の初期条件のもとでは，運動は

$$x = \{x_0 + (v_0 + x_0\omega_n)t\}e^{-\varepsilon t}$$

で表される．

<u>(c) $\zeta < 1$ の場合</u>　式 (3.17) は

$$\left.\begin{array}{l}\lambda_1 = \omega_n(-\zeta + j\sqrt{1-\zeta^2})\\ \lambda_2 = \omega_n(-\zeta - j\sqrt{1-\zeta^2})\end{array}\right\}$$

のように書き換えられる．式 (3.16) に λ_1, λ_2 を代入し，一般解を求めると

$$x = C_1 e^{(-\zeta+j\sqrt{1-\zeta^2})\omega_n t} + C_2 e^{(-\zeta-j\sqrt{1-\zeta^2})\omega_n t} \tag{3.23}$$

を得る．便宜上

$$\omega_d = \omega_n\sqrt{1-\zeta^2} \tag{3.24}$$

とおくと

$$\begin{aligned}x &= e^{-\varepsilon t}(C_1 e^{j\omega_d t} + C_2 e^{-j\omega_d t})\\ &= e^{-\varepsilon t}\left\{(C_1+C_2)\frac{e^{-j\omega_d t}+e^{j\omega_d t}}{2} + (C_2-C_1)\frac{e^{-j\omega_d t}-e^{j\omega_d t}}{2}\right\}\\ &= e^{-\varepsilon t}(C\cos\omega_d t + D\sin\omega_d t)\end{aligned} \tag{3.25}$$

のように書き換えることができる．

　この運動は図3.33 に示されるように角振動数が ω_d で，振幅の包絡線が指数関数的（$= e^{-\varepsilon t}$）に減衰するような減衰振動となる．このような運動を**粘性減衰振動**と呼ぶ．なお，ω_d は**減衰固有振動数**と呼ばれ，式 (3.24) から明らかなように減衰がない場合の振動数 ω_n より小さな値をとるが，ζ が小さいと，ほとんど $\omega_d = \omega_n$ と見なして差し支えない．

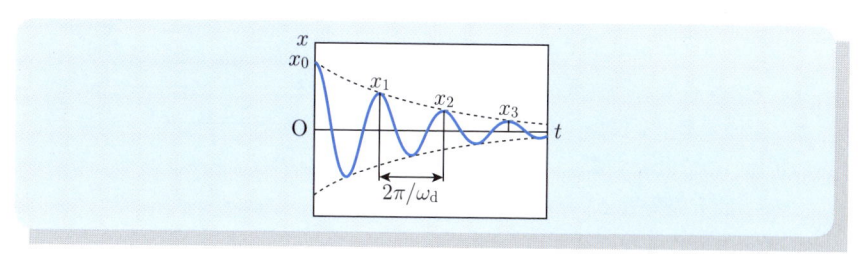

図3.33　減衰振動波形

式 (3.25) の一般解において，初期条件を式 (3.20) と同様にすれば

$$x = e^{-\varepsilon t}\left(x_0 \cos\omega_\mathrm{d} t + \frac{v_0 + \varepsilon x_0}{\omega_\mathrm{d}}\sin\omega_\mathrm{d} t\right)$$

となり，先の $\zeta > 1$ の場合と類似した形となる．

減衰振動波形において，隣り合った極大値の間の時間は $2\pi/\omega_\mathrm{d}$ で，次々に起こる極大値は

$$\frac{x_1}{x_2} = \frac{x_2}{x_3} = \cdots = \frac{x_i}{x_{i+1}} = e^{\varepsilon T}$$

のように等比級数的に減少する．上式の自然対数をとると

$$\log_e\left(\frac{x_i}{x_{i+1}}\right) = \varepsilon T = \frac{2\pi\zeta}{\sqrt{1-\zeta^2}} = \delta$$

が得られる．この δ のことを**対数減衰率**と呼ぶ．

例題 32 ──────────────────── 対数減衰率 ─

回転振動系において，慣性モーメントが $98\,\mathrm{kg\cdot m^2}$，ねじり剛性が $3.94\times 10^3\,\mathrm{N\cdot m/rad}$，粘性減衰係数が $1.18\times 10^3\,\mathrm{N\cdot m\cdot s/rad}$ である．次の問に答えなさい．

(1) 減衰固有振動数 ω_d を求めよ．
(2) 対数減衰率 δ を求めよ．

解答 (1) $\omega_\mathrm{d} = \omega_\mathrm{n}\sqrt{1-\zeta^2} = \sqrt{\frac{K}{J}}\sqrt{1-\left(\frac{c}{2\sqrt{JK}}\right)^2} = 1.99\,[\mathrm{rad/s}]$

(2) $\delta = \frac{2\pi\zeta}{\sqrt{1-\zeta^2}} = 19.0$

例題 33 ──────────────── 減衰のある回転振動系 (1) ─

図3.34 は，慣性モーメント J の棒の両端にばねとダッシュポットが結合されている回転振動系である次の問に答えよ．ここで，回転変位 θ は微小量とし，棒が水平な位置にあるときを静釣り合いの位置とする．

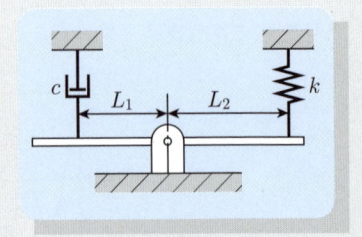

(1) 固有振動数 ω_n を求めよ．
(2) 減衰比 ζ を求めよ．
(3) 減衰固有振動数 ω_d を求めよ．

図3.34

3.3 減衰系の自由振動

解答 (1) 時計回りの回転変位 θ を正とすると，ばねとダッシュポットによる復元モーメントは，それぞれ，$(cL_1\dot{\theta})L_1$, $(kL_2\theta)L_2$ となる．したがって，運動方程式は $J\ddot{\theta} + cL_1^2\dot{\theta} + kL_2^2\theta = 0$ となる．よって

$$\omega_n = \sqrt{\frac{kL_2^2}{J}}$$

(2) $\zeta = \dfrac{cL_1^2}{2\sqrt{JkL_2^2}}$

(3) $\omega_d = \omega_n\sqrt{1-\zeta^2} = \sqrt{\dfrac{kL_2^2}{J}\left(1 - \dfrac{c^2L_1^4}{4JkL_2^2}\right)}$

例題 34 ─── 減衰のある回転振動系 (2)

図3.35 は，質量 m の物体と質量の無視できる棒に，ばねとダッシュポットが結合された振動系である．次の問に答えよ．ここで θ は微小量とする．
(1) 固有振動数 ω_n を求めよ．
(2) 減衰比 ζ を求めよ．
(3) 減衰固有振動数 ω_d を求めよ．

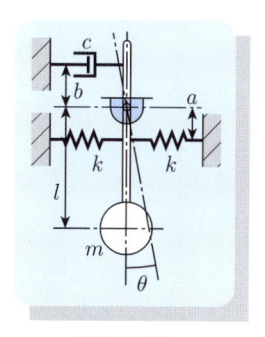

図3.35

解答 (1) 反時計回りの回転変位 θ を正とすると，ばねとダッシュポットによる復元モーメントは，それぞれ $(ka\theta)a$, $(cb\dot{\theta})b$ となる．また重力による復元モーメントは，それぞれ $mgl\sin\theta$ である．したがって，運動方程式は $J\ddot{\theta} = -cb^2\dot{\theta} - 2\times ka^2\theta - mgl\sin\theta$ となる．振動角が小さいとすると

$$J\ddot{\theta} + cb^2\dot{\theta} + (mgl + 2ka^2)\theta = 0$$

よって，固有振動数は

$$\omega_n = \sqrt{\frac{mgl + 2ka^2}{J}}$$

(2) $\zeta = \dfrac{cb^2}{2\sqrt{J(mgl+2ka^2)}}$

(3) $J = ml^2$ より

$$\omega_d = \omega_n\sqrt{1-\zeta^2} = \sqrt{\frac{mgl + 2ka^2}{J}\left\{1 - \frac{c^2b^4}{4J(mgl+2ka^2)}\right\}}$$

$$= \sqrt{\frac{mgl + 2ka^2}{ml^2}\left\{1 - \frac{c^2b^4}{4ml^2(mgl+2ka^2)}\right\}}$$

第3章の問題

☐ **1** 図1のように，L型の部材を θ だけ回転させるときに必要な力 f を求めよ．

☐ **2** 図2のように，密度 ρ の液体を満たした傾斜した管内の液の一方を x だけ沈めたときに働く復元力 f を求めよ．ここで，液体の全長を L，管の断面積を A とする．

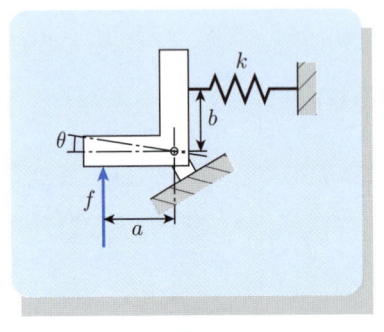

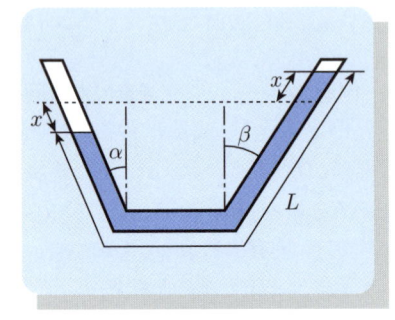

図1

図2

☐ **3** 図3のように，物体が3つのばねを介して吊り下げられている．系の運動方程式を導き，固有振動数を求めよ．

☐ **4** 図4のように，質量 m，半径 R の均一厚さの円板が傾斜床面を滑らずに転がりながら振動している．系の運動方程式を導き，固有振動数を求めよ．

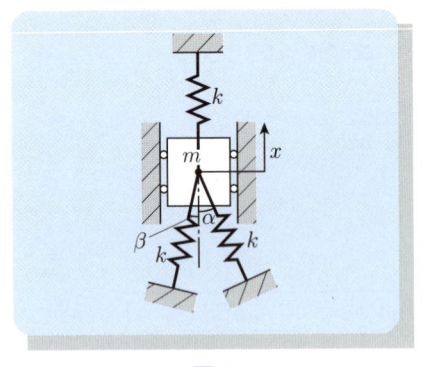

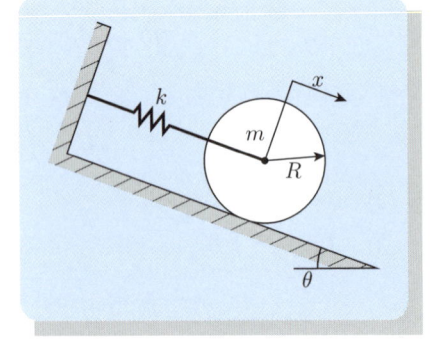

図3

図4

第3章の問題

5 図5において慣性モーメント J の円板が，3つのねじり剛性 K_1, K_2, K_3 の軸に取りつけられている．ねじり振動系の運動方程式を導き，固有振動数を求めよ．

6 図6は，質量 m の物体と質量の無視できる棒に，ばねが結合されている振動系である系の運動方程式を導き，固有振動数を求めよ．ここで，θ は微小量とする．

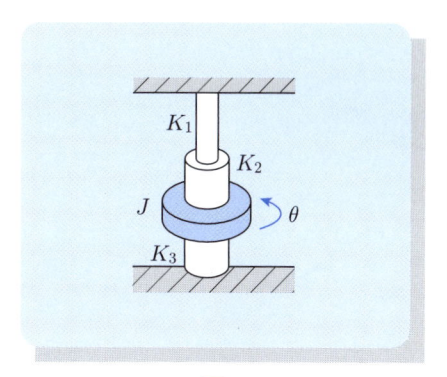

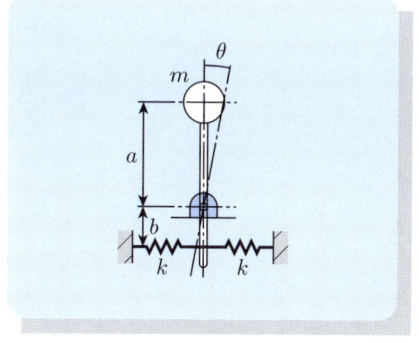

図5

図6

7 図7のように，密度 α の角柱が密度 ρ の液体に浮かんでいる．これを沈めて離すと，角柱は上下に振動する．系の運動方程式を導き，固有振動数を求めよ．

8 図8の振動系の運動方程式を導き，固有振動数を求めよ．ただし，プーリーの慣性モーメントを J_0 とする．

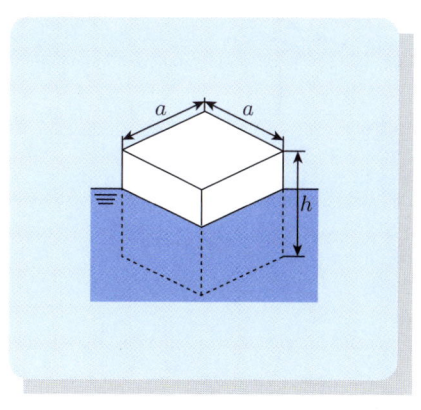

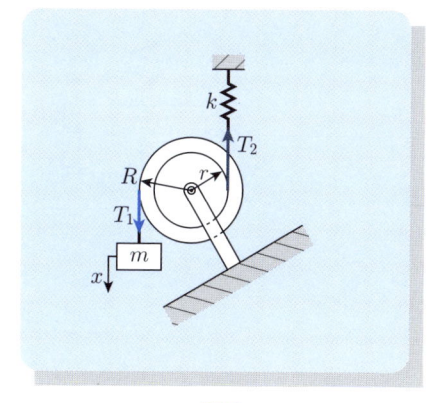

図7

図8

9 図9において，半径 r，慣性モーメント J の円板が，3つのねじり剛性 K_1, K_2, K_3 の軸に取りつけられている．また，2つのばね k_a, k_b は円板の接線方向に取りつけられている．ねじり振動系の運動方程式を導き，固有振動数を求めよ．

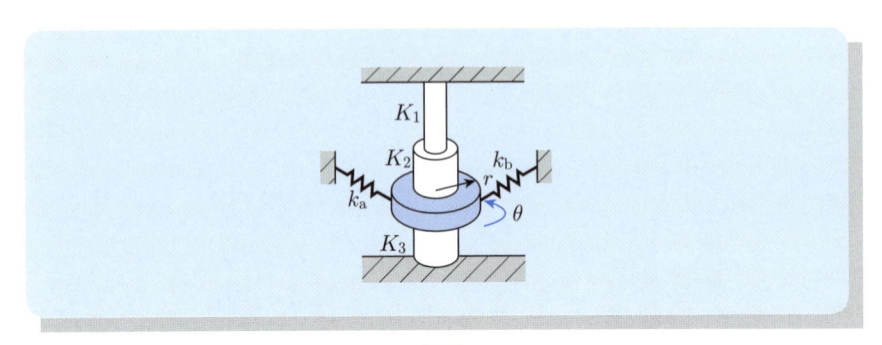

図 9

10 図10ように，10 kg の物体をばねで吊り下げている振動系において，下向きに 20 mm だけ引っ張った後の自由振動について考える．**(a)**, **(b)** における固有振動数および速度振幅を求めよ．ここで，$k_1 = 1\,[\text{kN/m}]$, $k_2 = 1.5\,[\text{kN/m}]$ とする．

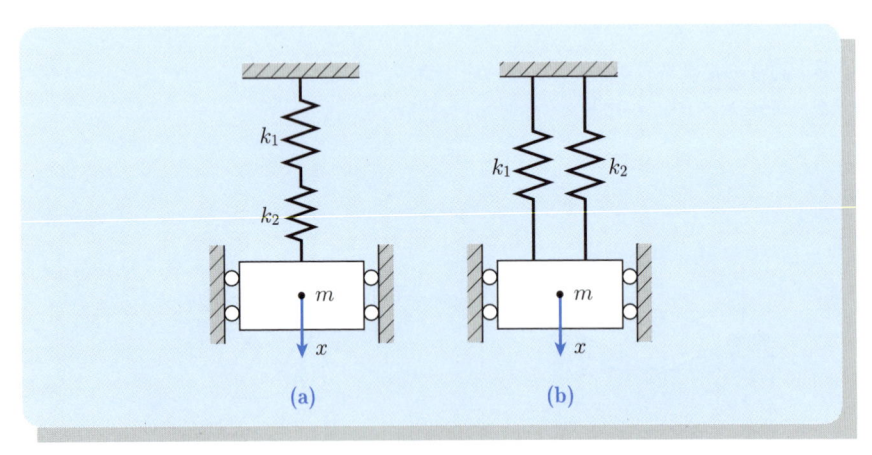

(a) (b)

図 10

第 3 章の問題

11 図 11(a)〜(c) の振動系において，mL は未知数であり，Δm は既知数である．図 11(a) の振動系においては，振動の周期は T_a であり，図 11(b) の振動系においては，振動の周期は T_b であった．次の問に答えなさい．
(1) m を求めよ．
(2) k を求めよ．
(3) 図 11(c) の振動系における振動の周期 T_c を求めよ．

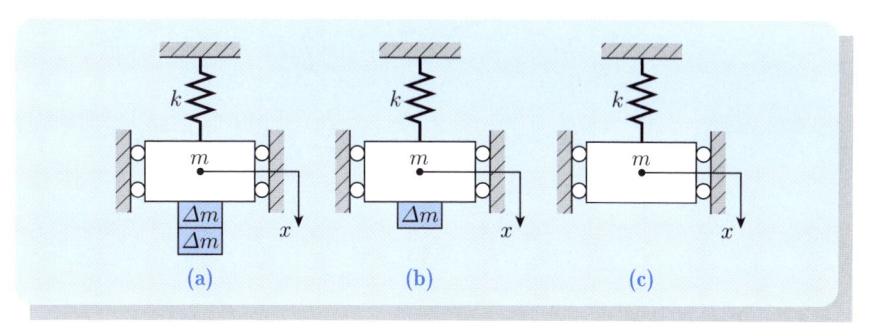

図 11

12 図 12 に示すように，角度 2α の溝がある 2 つのプーリーが距離 $2a$ の間隔を置いて設置され，同じ角速度 ω で反対方向に回転している．いま，丸棒の重心 G を 2 つのプーリーの中心位置からずれるように丸棒を 2 つのプーリーの上に載せると，丸棒はプーリーとの摩擦により左右に振動する．棒の運動方程式と振動の周期を求めよ．なお，丸棒の質量を m とし，棒とプーリーとの動摩擦係数を μ とする．

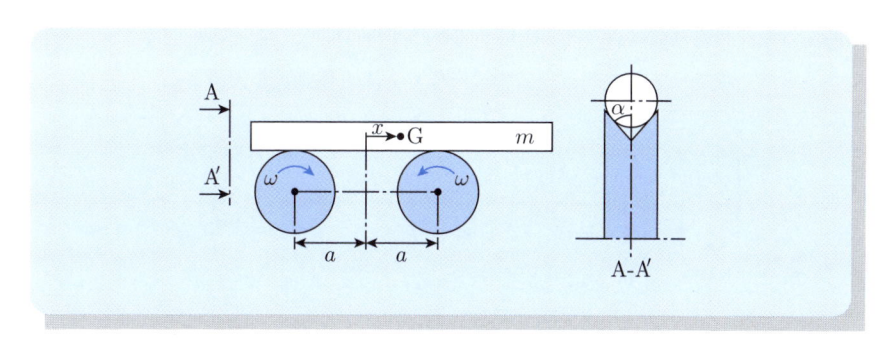

図 12

☐ **13** 図 13 のように，回転軸が垂直軸に対して α だけ傾いた振子がある．軸の両端は軸受けで支えられている．振子の運動方程式を求め，固有周期を求めよ．ただし，回転軸まわりの振子の慣性モーメントを J とする．

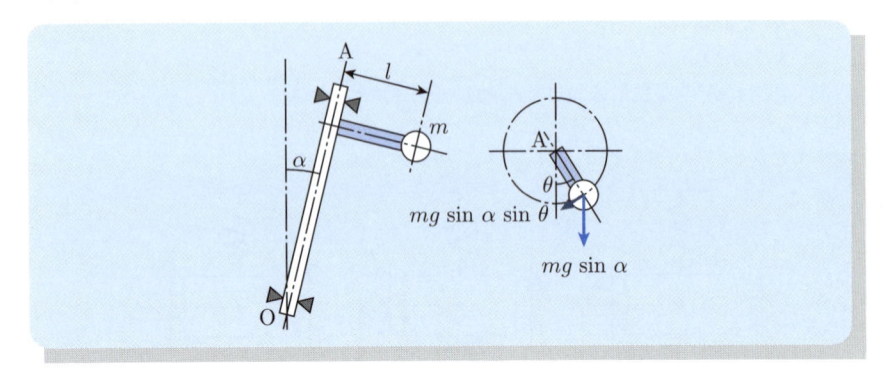

図 13

☐ **14** 図 14 のように，質量 m の矩形板がねじり剛性 K の棒で支持されている．矩形板のねじり振動に関する運動方程式と固有周期を求めよ．

☐ **15** 図 15 に示すような動滑車と定滑車を用いた振動系の運動方程式を導き，固有振動数を求めよ．ここで，滑車の質量は無視できるものとする．

☐ **16** 図 16 に示すように，長さ l の糸が上から a の位置に小さな球が結びつけられ，張力 T できつく張られている状態を考える．球の左右方向に振動するときの運動方程式を作り，固有振動数を求めよ．

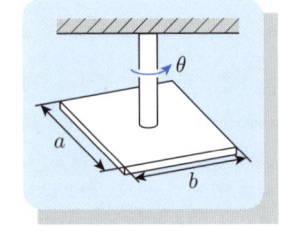

図 14

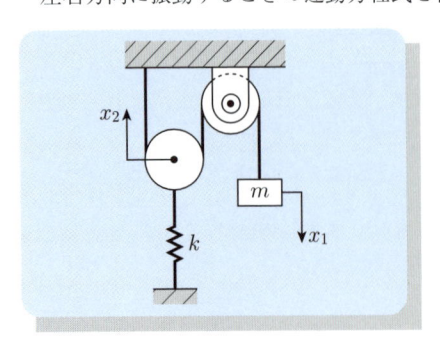

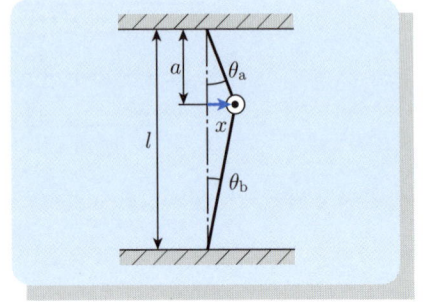

図 15

図 16

第 3 章の問題

☐ 17 図 17 に示す振動系において,微小振動させ,周期を計測すると T であった.物体の慣性モーメントを求めよ.

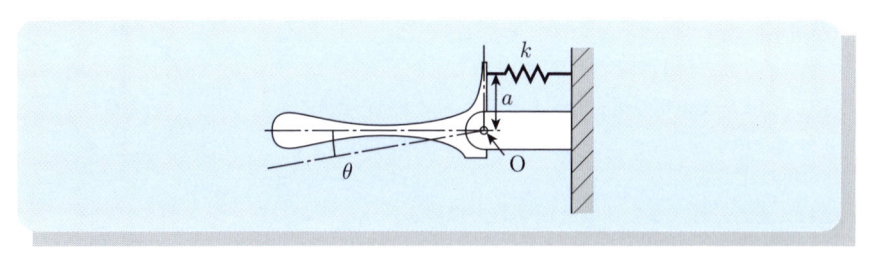

図 17

☐ 18 図 18 に示すように,半径 r の円板が長さ L の 4 本の糸で吊り下げられている.糸は円板の円周上に等間隔で取りつけられている.円板の垂直な軸まわりの回転に関する運動方程式と固有振動数を求めよ.

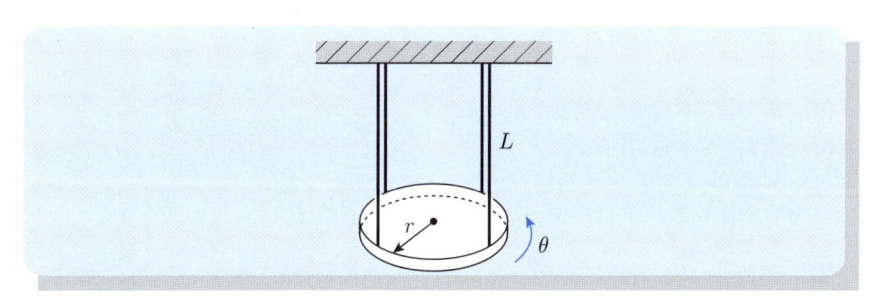

図 18

☐ 19 図 19 に示すように,質量 m_1 と m_2 の 2 台の車両が連結された際,弾性継ぎ手により,互いに振動した.その周期を計測したところ,T であった.弾性継ぎ手のばね定数 k を求めよ.

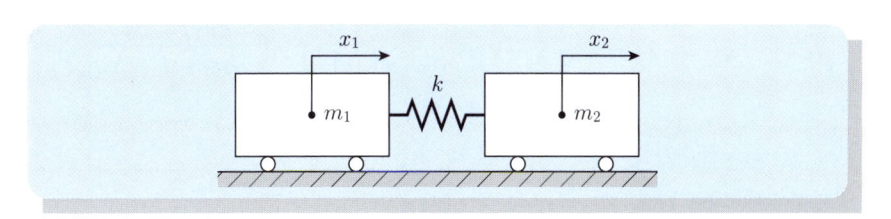

図 19

20 図20のように一定の角速度 ω で回転している半径 r の円板がある．円板の円周上には質量 m の単振子がつけられており，振子は平面内を回転できるものとする．振子が微小振動するとき，次の問に答えよ．
(1) 点 O まわりの遠心力 F を求めよ．
(2) 点 O′ まわりの遠心力によるモーメント M を求めよ．
(3) $r\sin\varphi = l\cos\left(\frac{\pi}{2}+\varphi-\theta\right)$ の関係を利用して，φ を θ の式で表せ．
(4) 運動方程式および固有振動数を求めよ．

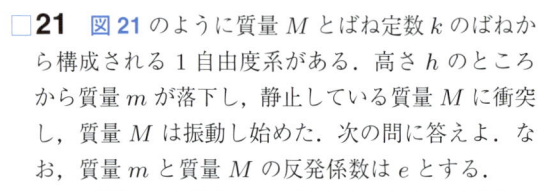

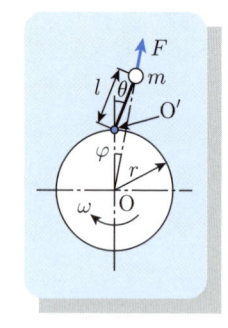

図 20

21 図21のように質量 M とばね定数 k のばねから構成される1自由度系がある．高さ h のところから質量 m が落下し，静止している質量 M に衝突し，質量 M は振動し始めた．次の問に答えよ．なお，質量 m と質量 M の反発係数は e とする．
(1) 質量 m が質量 M に衝突する直前の速度を求めよ．
(2) 衝突後の質量 m の速度を求めよ．
(3) 衝突後の質量 M の速度を求めよ．
(4) 質量 m と質量 M が衝突した後，再度，両者が衝突するまでの質量 M の変位応答 $x(t)$ を求めよ．

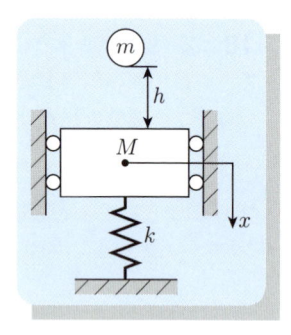

図 21

22 問題21において，質量 m と質量 M が衝突した後，質量 m と質量 M が一体になった場合を考える．この一体となった質量の変位応答 $x(t)$ を求めよ．

23 1自由度粘性減衰系の自由振動波形を図22に示す．X_1, X_2, X_3 は図のように波形の極大値，T は極大値の周期を表す．以下の問に答えよ．
(1) $X_1/X_3 = 1.44$ のとき，X_1/X_2 を求めよ．
(2) この系の減衰比 ζ を求めよ．
(3) ζ が2倍になったときの1周期の振幅比 Y_1/Y_2 を，X_1/X_2 によって表せ．ただし ζ は微小とする．

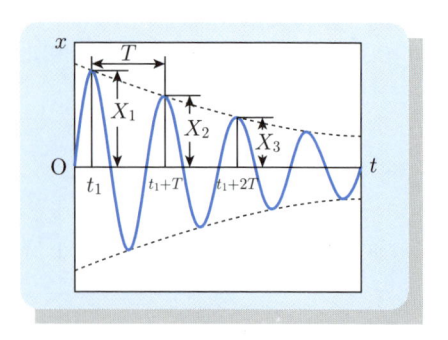

図 22

第3章の問題

24 減衰比 $\zeta = 0.02$ の1自由度粘性減衰系を自由振動させたところ図23のような振動変位の波形が得られた．以下の問に答えよ．
(1) この系の固有振動数はどれだけか．減衰比が微小なので固有振動数と減衰固有振動数は等しいと考えてよい．
(2) 2番目の振幅 A の値を求めよ．
(3) この系は質量 m，ばね k，粘性減衰係数 c から構成されるばね質量ダンパ系であった．m が 8 kg のとき，k と c の値を求めよ．

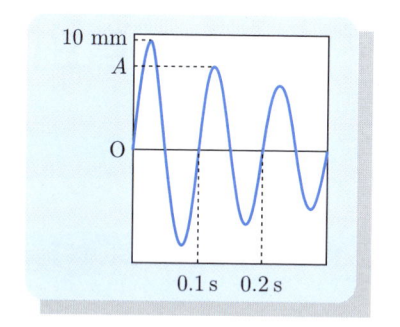

図 23

25 図24のように 1500 kg の車が時速 90 km でショックアブソーバに衝突した．アブソーバの剛性は $k = 18000$ [N/m] で，粘性減衰定数は $c = 20000$ [N·s/m] である．以下の問に答えよ．
(1) 減衰比 ζ を求めよ．
(2) 変位応答 $x(t)$ を求めよ．
(3) 粘性減衰定数が $c = 20000, 30000$ [N·s/m] に関して，変位応答をグラフで描け．

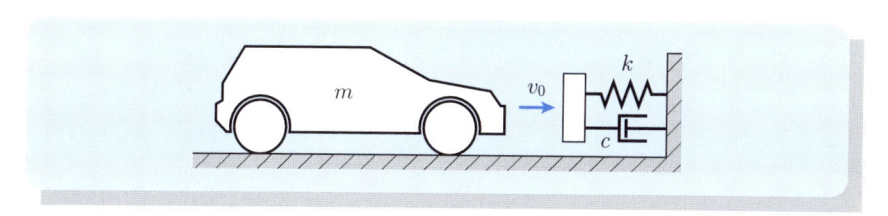

図 24

26 質量 3 kg の物体をばねで吊るし，空気中で振動させると，1分間当たり 260回だけ振動した．また，それをある液体中で振動させると，1分間当たり 240回だけ振動した．空気中での抵抗は無視でき，液体中での抵抗は速度に比例するものとして，以下の問に答えよ．
(1) ばね定数 k を求めよ．
(2) 減衰比 ζ を求めよ．
(3) 液体での粘性減衰定数 c を求めよ．

4　1自由度系の強制振動

4.1　1自由度不減衰系の強制振動

4.1.1　運動方程式と定常振動解

　時間とともに変動する持続的な外力 $f(t)$ が系に作用する場合に発生する振動を**強制振動**と呼ぶ．いま，一定振幅 F，角振動数 ω の調和外力が作用する場合を考え，**図4.1**に示すモデルについて運動方程式を求めると，次式のようになる．

$$m\ddot{x} + kx = F\cos\omega t \tag{4.1}$$

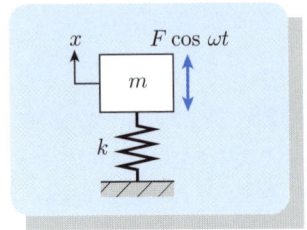

図4.1　調和外力の作用する1自由度不減衰系

式 (4.1) の一般解 x は
　① $m\ddot{x} + kx = 0$（斉次方程式）の解：x_h（自由振動解）
　② $m\ddot{x} + kx = F\cos\omega t$ の特別解：x_s（強制振動解）
の両者の和で与えられ

$$x = x_\mathrm{h} + x_\mathrm{s}$$

として表される．①の自由振動解については3章ですでに見たように

$$x_\mathrm{h} = C\cos\omega_\mathrm{n} t + D\sin\omega_\mathrm{n} t$$

であり，未定係数 C と D は初期条件によって定まる．
　次に，②の特別解を求める．振動系が外力と同じ角振動数 ω で振動するとして，解を次のように仮定する．

$$x_\mathrm{s} = A\cos\omega t \tag{4.2}$$

式 (4.2) を式 (4.1) の運動方程式に代入して，振幅 A を求めると

$$A = \frac{F}{k - m\omega^2} = \frac{F/k}{1 - \omega^2 m/k} = \frac{\delta_0}{1 - (\omega/\omega_\mathrm{n})^2}$$

ここで，$\delta_0 = F/k$ を**静的たわみ**と呼び，大きさ F の外力が振動系へ静的に作用する場合の変位量を表す．また，$\omega_\mathrm{n} = \sqrt{k/m}$（**不減衰固有角振動数**）である．

4.1 1自由度不減衰系の強制振動

以上より，式 (4.1) の一般解は次のように書ける．
$$x = C\cos\omega_\mathrm{n} t + D\sin\omega_\mathrm{n} t + \frac{\delta_0}{1-(\omega/\omega_\mathrm{n})^2}\cos\omega t$$

一般に，系には減衰機構があり，自由振動の項は時間とともに消失する．その様子を表したものが**図4.2**に示す変位の時刻歴波形であり，後述する減衰振動系に関して描いたものである．なお，自由振動成分と強制振動成分が振動初期に混在している状態での振動のことを**過渡振動**と呼ぶ．

以上のことから，通常は以下の**定常振動解**を強制振動の解として取り扱う．
$$x = A\cos\omega t, \quad A = \frac{\delta_0}{1-(\omega/\omega_\mathrm{n})^2} \tag{4.3}$$

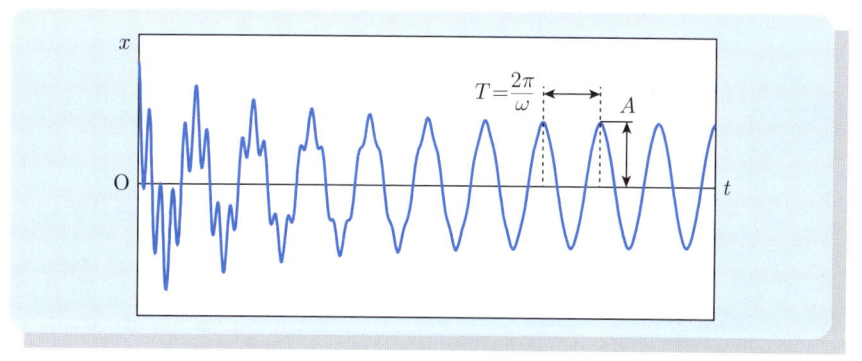

図4.2 調和外力の作用する1自由度系（減衰あり）の時刻歴波形例

4.1.2 位相を用いた定常振動解の表現

式 (4.3) の振幅 A の符号は $\omega/\omega_\mathrm{n} < 1$ のとき $A > 0$ であり，反対に $\omega/\omega_\mathrm{n} > 1$ の場合には $A < 0$ となる．振幅を常に正の値として取り扱うために，以下のように位相による表現を用いる．

$$x = |A|\cos(\omega t - \varphi) \quad \text{ただし} \quad \varphi = \begin{cases} 0 & (\omega/\omega_\mathrm{n} < 1) \\ \pi & (\omega/\omega_\mathrm{n} > 1) \end{cases} \tag{4.4}$$

4.1.3 応答曲線と共振現象

式 (4.4) に基づき，振幅 A および位相 φ の外力振動数 ω による変化をグラフとして表したものを，それぞれ**振幅応答曲線**，**位相応答曲線**と呼び，これらをまとめて**応答曲線**と呼ぶ．横軸を振動数比 ω/ω_n，縦軸を振幅倍率 $|A|/\delta_0$ とした応答曲線を**図4.3**に示す．**図4.3 (a)** の振幅応答曲線において，外力振動数が系の固有振動数に等しくなるとき（$\omega = \omega_\mathrm{n}$），振幅は無限大となる．この現象を**共振**と呼び，

共振時の振動数を**共振振動数**もしくは**共振点**と呼ぶ．

外力振動数を $\omega = \omega_\mathrm{n}$ として式 (4.1) の特別解を求めると，次の式が得られる．

$$x = \frac{\delta_0}{2}\omega_\mathrm{n} t \sin \omega_\mathrm{n} t \tag{4.5}$$

式 (4.5) に基づき，共振現象を時間的に見ると図 4.4 のようになり，時間と共に振幅が線形的に増大する．

一方，図 4.3 (b) の位相応答曲線では，外力と系の変位応答との位相差が $\omega/\omega_\mathrm{n} < 1$ に対してゼロ，$\omega/\omega_\mathrm{n} > 1$ に対して π となっており，後者は両波形が互いに反転していることを意味する．また，$\omega/\omega_\mathrm{n} = 1$ の共振時には，両者の位相差は $\frac{\pi}{2}$ である．

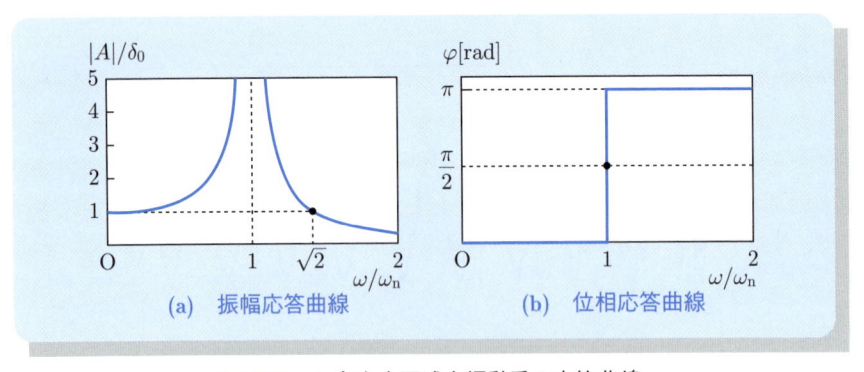

図 4.3 1 自由度不減衰振動系の応答曲線

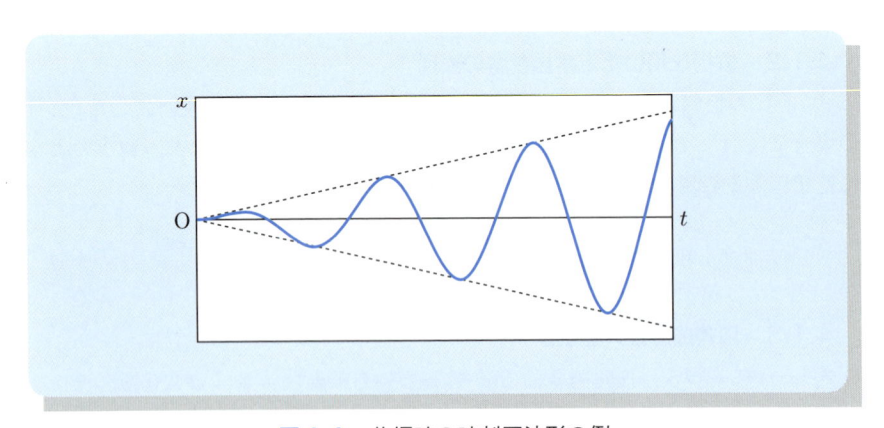

図 4.4 共振時の時刻歴波形の例

4.1　1自由度不減衰系の強制振動

例題 1 ────────────── **1自由度不減衰系の強制振動応答 (1)**

図4.5 のように質量 $m = 1\,[\text{kg}]$，ばね定数 $k = 10\,[\text{kN/m}]$ のばね質量系に強制外力 $F\sin\omega t$ の外力が働く．外力は $F = 10\,[\text{N}]$，振動数 $50\,\text{Hz}$ である．
(1) 運動方程式，強制振動解を記号を用いて表せ．
(2) 静的たわみ，共振振動数を求めよ．
(3) この外力が作用しているときの，系の変位振幅を求めよ．
(4) 質量，外力が変わらないとしたとき，振幅が静的たわみの 1/10 以下となるためには，ばね定数をどのように設計すればよいか．

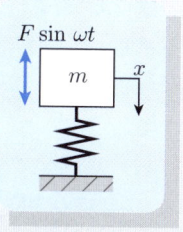

図4.5　1自由度不減衰系

解答　(1)　運動方程式は
$$m\ddot{x} + kx = F\sin\omega t$$
強制振動解を $x = X\sin\omega t$ と仮定して運動方程式に代入し，X について解くと
$$X = \frac{F}{k - m\omega^2} = \frac{\delta_0}{1 - (\omega/\omega_n)^2} \quad \text{ただし} \quad \delta_0 = \frac{F}{k},\ \omega_n = \sqrt{\frac{k}{m}}$$
よって強制振動解は
$$x = \frac{\delta_0}{1 - (\omega/\omega_n)^2}\sin\omega t$$

(2)　静的たわみは
$$\delta_0 = \frac{F}{k} = \frac{10}{10\times 10^3} = 0.001\,[\text{m}] \quad \therefore \quad 1\,\text{mm}$$
共振振動数は
$$f_n = \frac{1}{2\pi}\sqrt{\frac{k}{m}} = \frac{1}{2\pi}\sqrt{\frac{1\times 10^4}{1}} = 15.9\,[\text{Hz}]$$

(3)　変位振幅は
$$X = \frac{\delta_0}{|1 - (\omega/\omega_n)^2|} = \frac{1\times 10^{-3}}{|1 - (50.0/15.9)^2|} = 1.1\times 10^{-4}\,[\text{m}] \quad \therefore \quad 0.11\,\text{mm}$$

(4)　振幅が静的たわみの 1/10 以下となるのは，図4.3 (a) より $\omega/\omega_n > \sqrt{2}$ の領域．したがって，$X = \frac{\delta_0}{|1-(\omega/\omega_n)^2|} = \frac{\delta_0}{(\omega/\omega_n)^2 - 1} \leq \frac{\delta_0}{10}$ として
$$\frac{1}{(\omega/\omega_n)^2 - 1} \leq \frac{1}{10},\quad (\omega/\omega_n)^2 \geq 11 \quad \therefore \quad k \leq \frac{m\omega^2}{11} = 8972\,[\text{N/m}]$$
以上より，ばね定数 k を $8972\,\text{N/m}$ 以下に設計する．

例題 2 — 1 自由度不減衰系の強制振動応答 (2)

図4.6 のように変形せず質量も無視できる長さ l の棒があり，一端は回転自由，他端はばね定数 k のばね 2 本で支えられている．また，棒の先端には集中質量 m が取りつけられており，質量には $F\cos\omega t$ の強制外力が作用する．

(1) 角変位を θ として，回転運動に関する運動方程式を導け．さらに，棒先端の変位を x として，x に関する運動方程式に変換せよ．

(2) 運動方程式を解き，棒先端の変位に関する強制振動の定常振動解を求めよ．

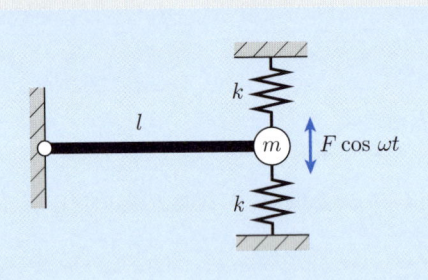

図4.6 支点まわりに回転運動する 1 自由度不減衰系

解答 (1) 角変位 θ に関する運動方程式は

$$ml^2\ddot{\theta} + 2kl^2\theta = Fl\cos\omega t$$

さらに，$x = l\theta$ より x に関する運動方程式は

$$m\ddot{x} + 2kx = F\cos\omega t$$

(2) 定常振動解を $x = X\cos\omega t$ と仮定して，運動方程式より

$$X = \frac{F}{2k - m\omega^2} = \frac{\delta_0}{1 - (\omega/\omega_\mathrm{n})^2}$$

ただし，$\delta_0 = \frac{F}{2k}, \omega_\mathrm{n} = \sqrt{\frac{2k}{m}}$．よって

$$\begin{aligned}x &= \frac{F}{2k - m\omega^2}\cos\omega t \\ &= \frac{\delta_0}{1 - (\omega/\omega_\mathrm{n})^2}\cos\omega t\end{aligned}$$

4.2　1自由度粘性減衰系の強制振動

4.2.1　運動方程式と定常振動解

速度に比例して粘性減衰力の作用する1自由度振動系の応答について考える．図4.7 のように，ばねと並列に粘性減衰係数 c のダッシュポットを付加したモデルについて考察する．この系に関する強制振動の運動方程式は

$$m\ddot{x} + c\dot{x} + kx = F\cos\omega t \tag{4.6}$$

と書ける．

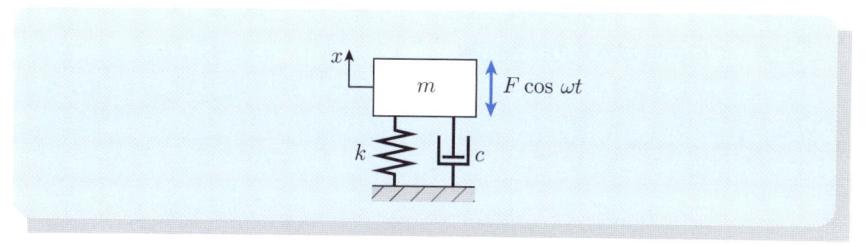

図4.7　調和外力の作用する1自由度粘性減衰振動系

式 (4.6) の解を求めるために，外力および変位に複素数表現を用い，$F\cos\omega t = \text{Re}\left[Fe^{j\omega t}\right]$, $x = \text{Re}[\boldsymbol{x}]$ と変換して，運動方程式を次のように書き直す．

$$m\ddot{\boldsymbol{x}} + c\dot{\boldsymbol{x}} + k\boldsymbol{x} = Fe^{j\omega t} \tag{4.7}$$

振動解についても複素振幅 $\boldsymbol{A}$ を用いて次のように仮定する．

$$\boldsymbol{x} = \boldsymbol{A}e^{j\omega t} \tag{4.8}$$

式 (4.8) を式 (4.7) に代入し，複素振幅 $\boldsymbol{A}$ について整理すると次となる．

$$\boldsymbol{A} = \frac{F}{k - m\omega^2 + jc\omega} = Ae^{-j\varphi}$$

ただし

$$A = \frac{F}{\sqrt{(k - m\omega^2)^2 + (c\omega)^2}},$$
$$\tan\varphi = \frac{c\omega}{k - m\omega^2}$$

よって，$\boldsymbol{x} = \boldsymbol{A}e^{j\omega t} = Ae^{j(\omega t - \varphi)}$ となり，最後に複素数の実部を取り出して，1自由度減衰振動系の定常振動解は次のように求まる．

第 4 章　1 自由度系の強制振動

$$x = \mathrm{Re}[\boldsymbol{x}] = A\cos(\omega t - \varphi) \tag{4.9}$$

$$A = \frac{F}{\sqrt{(k-m\omega^2)^2 + (c\omega)^2}} = \frac{\delta_0}{\sqrt{\{1-(\omega/\omega_\mathrm{n})^2\}^2 + \{2\zeta\omega/\omega_\mathrm{n}\}^2}} \tag{4.10}$$

$$\tan\varphi = \frac{c\omega}{k-m\omega^2} = \frac{2\zeta(\omega/\omega_\mathrm{n})}{1-(\omega/\omega_\mathrm{n})^2} \tag{4.11}$$

ただし，式 (4.10), (4.11) において，$\omega_\mathrm{n} = \sqrt{k/m}$, $\delta_0 = F/k$, $\zeta = c/2\sqrt{mk}$ である．なお，不減衰系の場合と同様に，自由振動成分を考慮した 1 自由度減衰振動系に対する一般解は以下の式で表される（$\zeta < 1$ の場合）．

$$x = e^{-\varepsilon t}(C\cos\omega_\mathrm{d} t + D\sin\omega_\mathrm{d} t) + A\cos(\omega t - \varphi) \tag{4.12}$$

4.2.2　1 自由度減衰系の応答曲線

1 自由度粘性減衰振動系に関する振幅応答曲線および位相応答曲線を 図4.8 に示す．減衰比 ζ を大きくすると，振幅の最大値は小さくなり

$$\frac{\omega}{\omega_\mathrm{n}} = \sqrt{1-2\zeta^2} \tag{4.13}$$

において，振幅 A は次式で表される最大値

$$A_\mathrm{max} = \frac{\delta_0}{2\zeta\sqrt{1-\zeta^2}} \tag{4.14}$$

となる．ただし，減衰比が小さいならば，$\omega/\omega_\mathrm{n} \cong 1$ にて最大振幅 $A \cong \delta_0/2\zeta$ と見なせる．また，位相については減衰比が大きいほど緩やかに変化する．なお，減衰比とは無関係に，$\omega/\omega_\mathrm{n} = 1$ のとき $\varphi = \pi/2$ となる．

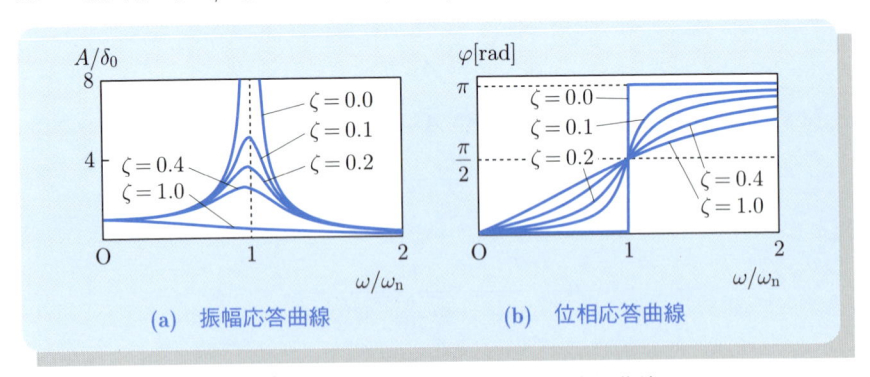

(a) 振幅応答曲線　　(b) 位相応答曲線

図4.8　1 自由度粘性減衰振動系の応答曲線

4.2　1自由度粘性減衰系の強制振動

例題 3 ────────────────── **1自由度減衰系の強制振動応答**

外力 $F\cos\omega t$ が作用する1自由度粘性減衰系の質量 $m = 1\,[\text{kg}]$，ばね定数 $k = 400\,[\text{N/m}]$，減衰係数 $c = 4\,[\text{N}\cdot\text{s/m}]$ とし，外力の振幅 $F = 10\,[\text{N}]$ とするとき，変位振幅の最大値とそのときの振動数を求めよ．また，変位振幅が静的変位 $\delta_0 = F/k$ の 1/5 以下となるときの外力振動数の条件を答えよ．

解答　系の減衰比は，$\zeta = c/2\sqrt{mk} = 0.1$．また，静たわみ $\delta_0 = F/k = 0.025\,[\text{m}]$ である．このとき，振幅の最大値は式 (4.14) より，$A_{\max} = \delta_0/2\zeta\sqrt{1-\zeta^2} = 0.126\,[\text{m}]$．さらに，このときの振動数は，式 (4.13) より，$f = \omega_n\sqrt{1-2\zeta^2}/2\pi = 3.15\,[\text{Hz}]$．なお，減衰比が小さいとしてこれらを近似式で求めると，振幅の最大値 $A \cong \delta_0/2\zeta = 0.125\,[\text{m}]$，振動数 $f \cong \omega_n/2\pi = 3.18\,[\text{Hz}]$ となる．

変位振幅が静的変位の 1/5 以下となる外力振動数の条件は，$A/\delta_0 \leq 1/5$ より

$$\frac{1}{\sqrt{\{1-(\omega/\omega_n)^2\}^2 + \{2\zeta\omega/\omega_n\}^2}} \leq \frac{1}{5}, \quad \{1-(\omega/\omega_n)^2\}^2 + (2\zeta\omega/\omega_n)^2 \geq 25$$

$\omega/\omega_n = \Omega$ と置き換え，$\zeta = 0.1$ を代入すると

$$\Omega^4 - 1.96\Omega^2 - 24 \geq 0, \quad (\Omega^2 - 5.975)(\Omega^2 + 4.015) \geq 0$$

$$\therefore\ \Omega^2 \geq 5.975, \quad \Omega \geq 2.44$$

以上より，$f \geq 2.44 f_n = 7.76\,[\text{Hz}]$．よって，外力振動数は $7.76\,\text{Hz}$ 以上．■

例題 4 ────────────────── **外力と粘性減衰力による仕事**

周期外力 $F\cos\omega t$ が作用する1自由度減衰振動系について，外力が1周期の間になす仕事は，ダンパで失われるエネルギ量に等しいことを示せ．

解答　定常振動解を $x = A\cos(\omega t - \varphi)$ とする．1周期の間に外力が系に対してなす仕事 W は

$$W = \int_0^T F\cos\omega t\,\dot{x}\,dt = -FA\omega \int_0^T \cos\omega t\,\sin(\omega t - \varphi)\,dt = \pi FA\sin\varphi$$

一方，ダンパによって失われるエネルギ E_c は

$$E_c = \int_0^T c\dot{x}^2\,dt = cA^2\omega^2 \int_0^T \sin^2(\omega t - \varphi)\,dt = \pi c\omega A^2$$

これら2式に対して，A を表す式 (4.10) および φ を表す式 (4.11) を適用すると，両式が等しいことが示される．■

4.3 不釣り合い外力による強制振動

図4.9 のように,偏心質量 m_u がモータなどの回転体の中心から偏心量 e だけ離れた位置に存在する系について考える.m_u を含めた系の全質量を m とすると,運動方程式は次のように表される.

$$(m - m_\mathrm{u})\ddot{x} + m_\mathrm{u}\frac{d^2}{dt^2}(x + e\sin\omega t) = -c\dot{x} - kx$$

$$\therefore \quad m\ddot{x} + c\dot{x} + kx = m_\mathrm{u} e\omega^2 \sin\omega t \tag{4.15}$$

ここで,$m_\mathrm{u} e$ は**不釣り合い量**と呼ばれる.定常振動解は以下のように求まる.

$$x = A\sin(\omega t - \varphi),$$
$$A = \frac{m_\mathrm{u} e\omega^2}{\sqrt{(k - m\omega^2)^2 + (c\omega)^2}} = \frac{(m_\mathrm{u}/m)e(\omega/\omega_\mathrm{n})^2}{\sqrt{\{1 - (\omega/\omega_\mathrm{n})^2\}^2 + \{2\zeta(\omega/\omega_\mathrm{n})\}^2}},$$
$$\tan\varphi = \frac{2\zeta(\omega/\omega_\mathrm{n})}{1 - (\omega/\omega_\mathrm{n})^2}$$

図4.10 に,縦軸の値を無次元振幅 $\frac{A}{m_\mathrm{u} e/m}$ として表した振幅応答曲線を示す.

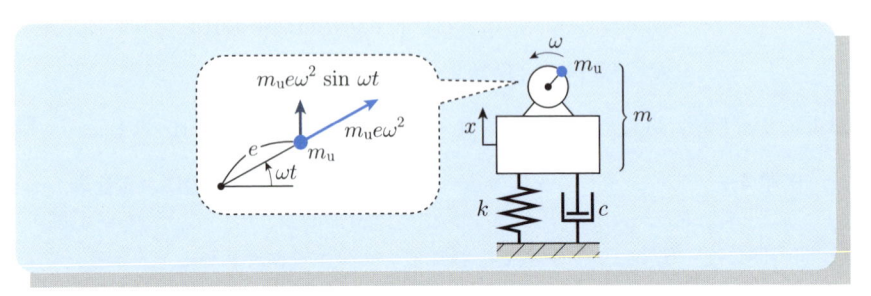

図4.9 不釣り合い質量を有する1自由度減衰振動系

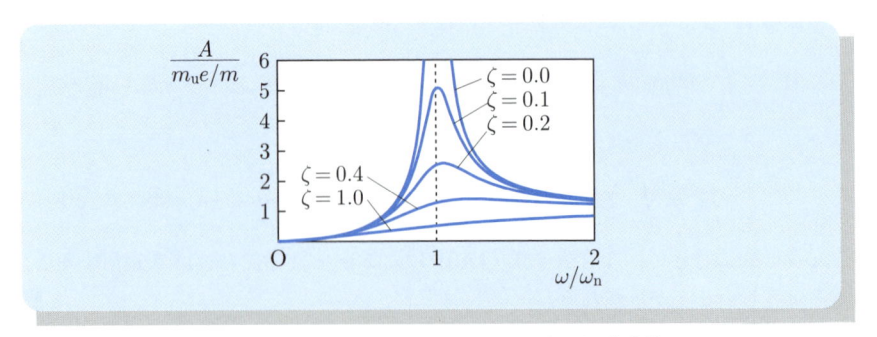

図4.10 不釣り合い外力による強制振動応答

4.3 不釣り合い外力による強制振動

---**例題 5**--- 不釣り合いによる強制振動 ---

質量 $m = 10\,[\text{kg}]$ の回転機械が，ばね定数が $k = 10\,[\text{kN/m}]$ のばねに支えられている．回転数が 500 rpm のときの振幅が 1 mm であった．減衰を無視して，以下の問に答えよ．

(1) 不釣り合い量を求めよ．

(2) 回転体の直径が 100 mm あるとして，回転体外径上でバランスをとるために必要な付加質量はいくらか．

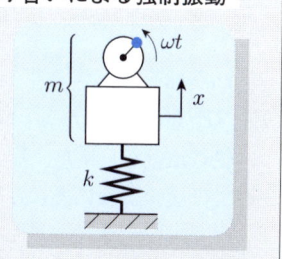

図4.11 不釣り合いを有する1自由度不減衰系

解答 (1) 減衰はないとして，系の運動方程式は

$$m\ddot{x} + kx = m_\text{u} e \omega^2 \sin \omega t$$

この運動方程式の定常振動解は

$$x = A \sin \omega t$$

ただし，$A = \frac{m_\text{u} e \omega^2}{k - m \omega^2}$．回転数 500 rpm のとき，系の振幅が 1 mm となる条件より

$$\begin{aligned}
m_\text{u} e &= \frac{|A|\,|k - m\omega^2|}{\omega^2} \\
&= \frac{1.0 \times 10^{-3} \times |10 \times 10^3 - 10 \times (2 \times \pi \times 500/60)^2|}{(2 \times \pi \times 500/60)^2} \\
&= 6.35 \times 10^{-3}\,[\text{kg} \cdot \text{m}]
\end{aligned}$$

(2) 回転体外径上にて，(1) と同じ不釣り合い量を与えれば良いので，付加質量を m_b，回転体の半径を r とすれば

$$\begin{aligned}
m_\text{b} &= \frac{m_\text{u} e}{r} \\
&= \frac{6.35 \times 10^{-3}}{0.05} \\
&= 0.127\,[\text{kg}] \\
&= 127\,[\text{g}]
\end{aligned}$$

4.4 変位による強制振動

凹凸路面を走行する車両の振動や地震動を受けて振動する構造物を模擬して，図4.12 に示すように，基礎部の変位によって励振される振動系のモデルを考える．絶対地盤から見た，基礎部の変位を u，振動系の絶対変位を x とすると，運動方程式は次のように書ける．

$$m\ddot{x} = -c(\dot{x} - \dot{u}) - k(x - u)$$
$$\therefore \quad m\ddot{x} + c(\dot{x} - \dot{u}) + k(x - u) = 0 \tag{4.16}$$

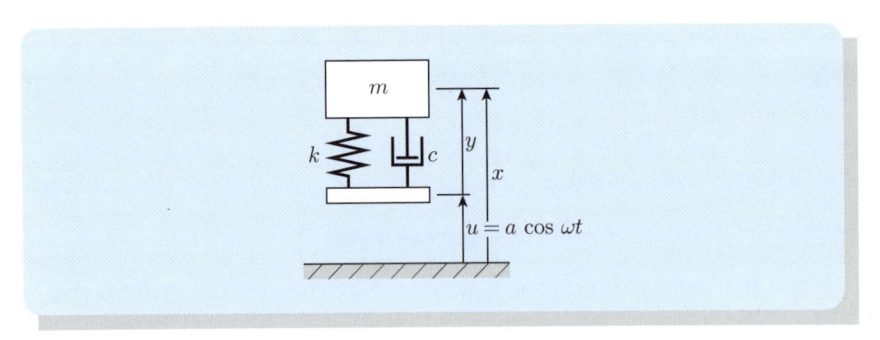

図4.12 変位による強制振動のモデル

ここで，相対変位 $y = x - u$ を導入し，$u = a\cos\omega t$ とすると，式 (4.16) は次式となる．

$$m\ddot{y} + c\dot{y} + ky = ma\omega^2 \cos\omega t \tag{4.17}$$

式 (4.17) を相対変位 y について解くと，以下の式が得られる．

$$y = B\cos(\omega t - \varphi), \tag{4.18}$$

$$B = \frac{ma\omega^2}{\sqrt{(k - m\omega^2)^2 + (c\omega)^2}} = \frac{a(\omega/\omega_n)^2}{\sqrt{\{1 - (\omega/\omega_n)^2\}^2 + (2\zeta\omega/\omega_n)^2}}, \tag{4.19}$$

$$\tan\varphi = \frac{2\zeta\omega/\omega_n}{1 - (\omega/\omega_n)^2} \tag{4.20}$$

式 (4.19) を以下のように振幅倍率 B/a として無次元形式で表すと，不釣り合い応答の場合と同じ式が得られる．よって，描かれる振幅応答曲線も 図4.10 と同様である．

$$\frac{B}{a} = \frac{(\omega/\omega_n)^2}{\sqrt{\{1 - (\omega/\omega_n)^2\}^2 + (2\zeta\omega/\omega_n)^2}}$$

一方，絶対変位 x の解は，$x = y + u$ より求めることができる．

例題 6 ─ 基礎励振による 1 自由度振動系の応答

図4.13のように振幅 0.5 mm，振動数 20 Hz で振動している床に質量 10 kg の機械がある．

(1) 機械の絶対振幅を 0.1 mm 以下に抑えるためには，ばね定数をどのような値に設計すればよいか．ただし，ここでは減衰を無視する．

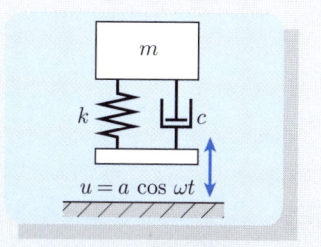

(2) (1) のばね定数の系で，共振の相対振幅を 2 mm に抑えたい．粘性減衰係数をどのような値に設計すればよいか．

図4.13 基礎励振を受ける 1 自由度振動系

解答 (1) 基礎励振を受ける 1 自由度振動系の運動方程式は，減衰を無視した場合

$$m\ddot{x} = -k(x - u)$$

$$m\ddot{x} + kx = ka\cos\omega t$$

絶対変位 x の定常振動解を $x = A\cos\omega t$ と仮定すると，振幅 A は

$$A = \frac{ka}{k - m\omega^2}$$

絶対振幅が 0.1 mm 以下の条件より

$$\frac{ka}{|k - m\omega^2|} \leq 0.1$$

$$\begin{cases} k - m\omega^2 > 0 \text{ のとき，} \quad k \leq -39.5\,[\text{kN/m}] \text{ となり，不適．} \\ k - m\omega^2 < 0 \text{ のとき，} \quad k \leq 26.3\,[\text{kN/m}]． \end{cases}$$

よって，ばね定数を 26.3 kN/m 以下とする．

(2) 相対変位の振幅は

$$B = \frac{ma\omega^2}{\sqrt{(k - m\omega^2)^2 + (c\omega)^2}}$$

ここで，$m = 10\,[\text{kg}]$，$k = 26.3\,[\text{kN/m}]$，$a = 0.5\,[\text{mm}]$，$B = 2\,[\text{mm}]$，$\omega = 125.7\,[\text{rad/s}]$ より，減衰係数 c は

$$c = \sqrt{\left(\frac{ma\omega}{B}\right)^2 - \left(\frac{k - m\omega^2}{\omega}\right)^2} = 999.5\,[\text{N}\cdot\text{s/m}]$$

と求まる．

---例題 7--- 変位加振を受ける 1 自由度振動系の応答特性

基礎部における変位加振 $u = a\cos\omega t$ を受ける振動系の応答特性を利用すると，振動センサとしての応用が可能になる．(1) $\omega/\omega_\mathrm{n} \gg 1$ の場合には変位計として，(2) $\omega/\omega_\mathrm{n} \ll 1$ の場合には加速度計として応用できることを，相対変位の式 (4.19) および位相の式 (4.20) をもとに考察せよ．

解答 (1) $\omega/\omega_\mathrm{n} \gg 1$ のとき

$$B = \frac{a(\omega/\omega_\mathrm{n})^2}{\sqrt{\{1-(\omega/\omega_\mathrm{n})^2\}^2 + (2\zeta\omega/\omega_\mathrm{n})^2}}$$
$$= \frac{a}{\sqrt{\left\{\frac{1}{(\omega/\omega_\mathrm{n})^2}-1\right\}^2 + \left(\frac{2\zeta}{\omega/\omega_\mathrm{n}}\right)^2}} \to a$$

また，位相 φ については

$$\tan\varphi = \frac{\sin\varphi}{\cos\varphi} = \frac{2\zeta\omega/\omega_\mathrm{n}}{1-(\omega/\omega_\mathrm{n})^2} = \frac{\frac{2\zeta}{\omega/\omega_\mathrm{n}}}{\frac{1}{(\omega/\omega_\mathrm{n})^2}-1} \cong \frac{0}{-1} = 0 \quad \text{より} \quad \varphi \to \pi$$

したがって，相対変位は

$$y = B\cos(\omega t - \varphi) \to a\cos(\omega t - \pi) = -a\cos\omega t$$

基礎部における変位加振は $u = a\cos\omega t$ なので，$y = -u$ の関係が成り立つ．したがって，この場合は相対変位が基礎部の変位 u を表すようになる．

なお，このとき絶対変位は $x = y + u = 0$ となって，系の質量は空間に静止しているように見える．

(2) $\omega/\omega_\mathrm{n} \ll 1$ のとき

$$B = \frac{a(\omega/\omega_\mathrm{n})^2}{\sqrt{\{1-(\omega/\omega_\mathrm{n})^2\}^2 + (2\zeta\omega/\omega_\mathrm{n})^2}} \to a(\omega/\omega_\mathrm{n})^2 = \frac{1}{\omega_\mathrm{n}^2}a\omega^2,$$
$$\tan\varphi = \frac{\sin\varphi}{\cos\varphi} \cong \frac{0}{1} = 0 \quad \text{より} \quad \varphi \to 0$$

以上より，相対変位は

$$y = B\cos(\omega t - \varphi) \to \frac{1}{\omega_\mathrm{n}^2}a\omega^2\cos\omega t = -\frac{1}{\omega_\mathrm{n}^2}\ddot{u}$$

したがって，$\omega/\omega_\mathrm{n} \ll 1$ の場合には，検出した相対変位 y は加速度に比例するため，加速度センサとして応用することが可能になる．

4.5 振動伝達と防振

4.5.1 力の伝達率

振動や衝撃を発生する機械を基礎に据えつける場合には，ばね・ダンパなどの防振要素を介して設置し，振動が基礎に伝わらないよう対策するのが一般的である．いま，図4.14のように外力 $F\cos\omega t$ を受けて強制振動する1自由度系のばねとダッシュポットを介して，床面に伝達される力を考える．振動系の変位を $x = A\cos(\omega t - \varphi)$ として，床への伝達力 F_T は次のように書ける．

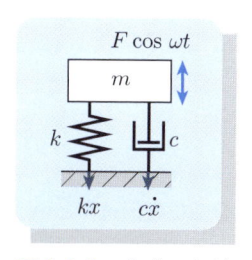

図4.14 基礎へ伝達される力

$$F_\mathrm{T} = kx + c\dot{x} = A\sqrt{k^2 + (c\omega)^2}\cos(\omega t - \varphi + \theta), \quad \tan\theta = \frac{c\omega}{k}$$

ここで，A は式 (4.10)，φ は式 (4.11) で与えられる．伝達力の振幅を $|F_\mathrm{T}|$ とし，振動系に作用する外力の振幅 F に対する比率 T_R

$$T_\mathrm{R} = \frac{|F_\mathrm{T}|}{F} = \frac{\sqrt{1 + (2\zeta\omega/\omega_\mathrm{n})^2}}{\sqrt{\{1 - (\omega/\omega_\mathrm{n})^2\}^2 + (2\zeta\omega/\omega_\mathrm{n})^2}} \tag{4.21}$$

を，**力の伝達率**という．力の伝達率を振動数比に対して描いたものを図4.15に示す．減衰比に関係なく，$\omega/\omega_\mathrm{n} = \sqrt{2}$ のとき常に $T_\mathrm{R} = 1$ となり，防振効果を得るためには，$\omega/\omega_\mathrm{n} > \sqrt{2}$ となるように系を構成する必要がある．

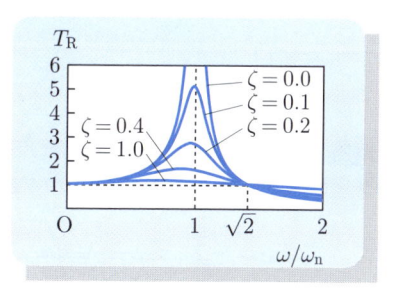

図4.15 振動の伝達率

4.5.2 変位の伝達率

精密測定器などを用いる場合には，床からの振動を絶縁するために，ばね・ダンパで構成される防振台などの防振要素を介して設置することがある．これは，変位による強制振動のモデルで説明される．基礎の変位を $u = a\cos\omega t$ として，絶対座標 x の運動方程式 (4.16) は次のように書き直せる．

$$m\ddot{x} + c\dot{x} + kx = c\dot{u} + ku = a\sqrt{k^2 + (c\omega)^2}\cos(\omega t + \theta), \quad \tan\theta = \frac{c\omega}{k}$$

この式の解を $x = A\cos(\omega t + \theta - \varphi)$ とすると，A および φ は

$$A = \frac{a\sqrt{k^2+(c\omega)^2}/k}{\sqrt{\{1-(\omega/\omega_\mathrm{n})^2\}^2+(2\zeta\omega/\omega_\mathrm{n})^2}} = \frac{a\sqrt{1+(2\zeta\omega/\omega_\mathrm{n})^2}}{\sqrt{\{1-(\omega/\omega_\mathrm{n})^2\}^2+(2\zeta\omega/\omega_\mathrm{n})^2}},$$

$$\tan\varphi = \frac{2\zeta(\omega/\omega_\mathrm{n})}{1-(\omega/\omega_\mathrm{n})^2}$$

変位振幅 A を基礎の振幅 a に対する倍率として表現した

$$T_\mathrm{R} = \frac{A}{a} = \frac{\sqrt{1+(2\zeta\omega/\omega_\mathrm{n})^2}}{\sqrt{\{1-(\omega/\omega_\mathrm{n})^2\}^2+(2\zeta\omega/\omega_\mathrm{n})^2}}$$

を**変位の伝達率**という．力の伝達率と同一の式であり，防振の考え方も同様となる．

例題 8 ───────────────────── 力の伝達率

図4.16 のように質量 m，ばね定数 k，粘性減衰係数 c の1自由度振動系に，強制外力 $F\cos\omega t$ が作用する．

(1) $m = 2\,[\mathrm{kg}]$, $k = 5\,[\mathrm{kN/m}]$, $c = 20\,[\mathrm{N\cdot s/m}]$, $F = 10\,[\mathrm{N}]$, $\omega = 100\,[\mathrm{rad/s}]$ とするとき，基礎へ伝達される力の伝達率を求めよ．

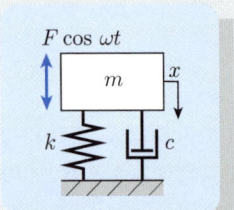

(2) 基礎に伝わる力の伝達率を 1/10 以下にするには，系の固有振動数を外力の振動数に対してどのように設計すればよいか．減衰を無視して，記号で答えよ．

図4.16 強制外力の作用する1自由度振動系

解答 (1) この系の不減衰固有角振動数は $\omega_\mathrm{n} = \sqrt{k/m} = 50\,[\mathrm{rad/s}]$．また，減衰比は $\zeta = c/2\sqrt{mk} = 0.1$．式 (4.21) より

$$T_\mathrm{R} = \frac{|F_\mathrm{T}|}{F} = \frac{\sqrt{1+(2\zeta\omega/\omega_\mathrm{n})^2}}{\sqrt{\{1-(\omega/\omega_\mathrm{n})^2\}^2+(2\zeta\omega/\omega_\mathrm{n})^2}}$$

$$= \frac{\sqrt{1+(2\times 0.1\times 100/50)^2}}{\sqrt{\{1-(100/50)^2\}^2+(2\times 0.1\times 100/50)^2}} = 0.36$$

(2) 減衰を無視した場合の力の伝達率は，$T_\mathrm{R} = \frac{|F_\mathrm{T}|}{F} = \frac{1}{|1-(\omega/\omega_\mathrm{n})^2|} \leq \frac{1}{10}$．また，$T_\mathrm{R} < 1$ となるのは $\omega/\omega_\mathrm{n} > 1$ の場合なので

$$\frac{1}{(\omega/\omega_\mathrm{n})^2-1} \leq \frac{1}{10}, \quad \omega_\mathrm{n} \leq \frac{\omega}{\sqrt{11}}$$

よって，固有振動数を外力振動数の $1/\sqrt{11}$ 以下とする．

4.5 振動伝達と防振

例題 9 ───────────────────────── 変位の伝達率 ───

図4.17 のように質量 $m = 1\,[\text{kg}]$，ばね定数 $k = 10\,[\text{kN/m}]$，粘性減衰係数 $c = 100\,[\text{N}\cdot\text{s/m}]$ の振動系が床より強制変位 $a\cos\omega t$ を受ける．

(1) $a = 1\,[\text{mm}]$, $f = 20\,[\text{Hz}]$ としたときの絶対振幅，変位の伝達率を求めよ．

(2) 減衰がないとしたときの伝達率を 0.1 以下にするためには，系のばね定数をどのように変更すればよいか．

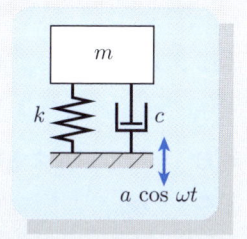

図4.17 変位加振を受ける 1 自由度振動系

解答 (1) この系の不減衰固有角振動数は

$$\omega_\mathrm{n} = \sqrt{\frac{k}{m}} = 100\,[\text{rad/s}]$$

また，減衰比は

$$\zeta = \frac{c}{2\sqrt{mk}} = 0.5$$

外力の角振動数は

$$\omega = 2\pi f = 125.7\,[\text{rad/s}]$$

これらより，変位の伝達率は

$$T_\mathrm{R} = \frac{\sqrt{1 + (2\zeta\omega/\omega_\mathrm{n})^2}}{\sqrt{\{1 - (\omega/\omega_\mathrm{n})^2\}^2 + (2\zeta\omega/\omega_\mathrm{n})^2}}$$
$$= 1.16$$

(2) 減衰がない場合の変位の伝達率は

$$T_\mathrm{R} = \frac{A}{a} = \frac{1}{|1 - (\omega/\omega_\mathrm{n})^2|} \quad \text{より} \quad \frac{1}{|1 - (\omega/\omega_\mathrm{n})^2|} \leq 0.1$$

伝達率が 1 を下回るのは，$\omega/\omega_\mathrm{n} > 1$ の領域なので

$$\frac{1}{(\omega/\omega_\mathrm{n})^2 - 1} \leq 0.1$$

これを解いて，$k \leq \frac{m\omega^2}{11}$. $m = 1\,[\text{kg}]$, $\omega = 2\pi f = 125.7\,[\text{rad/s}]$ より

$$k \leq \frac{1 \times (125.7)^2}{11} = 1436\,[\text{N/m}]$$

よって，ばね定数を $1436\,\text{N/m}$ 以下に設定する．■

4.6 任意外力加振と過渡応答

本節では,衝撃力やステップ状の入力など,非周期的な外力が作用する場合の系の応答について取り扱う.非周期的な外力に対する応答は**過渡応答**と呼ばれる.

4.6.1 インパルス応答

図4.18 (a) のように,時間的な変化が急峻で,持続時間が短い波形をインパルスと呼び,力積が1のものを特に**単位インパルス**と呼ぶ.数学的には図4.18 (b) に示すように,パルス幅が Δt で,その高さが $1/\Delta t$ のインパルスを考え,$\Delta t \to 0$ のとき,面積を1に保ちながら,パルス幅が無限に小さく,高さが無限大となるような図4.18 (c) の関数 $\delta(t)$ で単位インパルスを表現する.この $\delta(t)$ は**ディラックのデルタ関数**と呼ばれ,次のように定義される.

$$\int_{0-}^{0+} \delta(t)dt = 1$$

また,時刻 a だけ遅れて単位インパルスが発生する場合には次のように表現される.

$$\int_{a-}^{a+} \delta(t-a)dt = 1$$

さらに,ある時間関数 $g(t)$ の時刻 a における関数値 $g(a)$ を,デルタ関数を用いて次のように表現できる.これは,後述する畳み込み積分の基礎になる式である.

$$\int_{a-}^{a+} \delta(t-a)g(t)dt = g(a)$$

さてここで,1自由度不減衰系の単位インパルス応答を求める.運動方程式は

$$m\ddot{x} + kx = \delta(t)$$

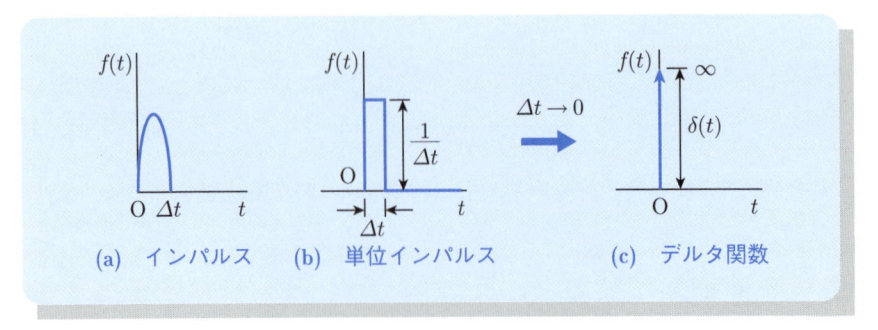

図4.18 単位インパルス関数

4.6 任意外力加振と過渡応答

となるが，この方程式を直接解くことは難しいので，運動量保存則より

$$mv_0 - 0 = \int \delta(t)dt = 1$$
$$v_0 = \frac{1}{m}$$

として，初期値問題に置き換える．初期条件を $x_0 = 0, v_0 = 1/m$ として，自由振動解は

$$x = x_0 \cos\omega_\mathrm{n} t + \frac{v_0}{\omega_\mathrm{n}} \sin\omega_\mathrm{n} t$$
$$= \frac{1}{m\omega_\mathrm{n}} \sin\omega_\mathrm{n} t \equiv h(t) \qquad (4.22)$$

と求まる．式 (4.22) で表される $h(t)$ を，1 自由度不減衰系の**単位インパルス応答**と呼ぶ．また，大きさ（力積）が I のインパルスによる応答は，単位インパルス応答に基づき

$$x(t) = Ih(t)$$

として求められる．

例題 10 ──── 単位インパルス応答 ────

図4.19 の 1 自由度粘性減衰系の単位インパルス応答を求めよ．

解答 1 自由度不減衰系と同様に初期値問題に置き換える．初期条件を $x_0 = 0, v_0 = 1/m$ として，減衰系の自由振動解より

$$x = e^{-\varepsilon t}\left(x_0 \cos\omega_\mathrm{d} t + \frac{v_0 + \varepsilon x_0}{\omega_\mathrm{d}} \sin\omega_\mathrm{d} t\right)$$
$$= \frac{1}{m\omega_\mathrm{d}} e^{-\varepsilon t} \sin\omega_\mathrm{d} t$$

のように求まる．ただし

$$\omega_\mathrm{d} = \omega_\mathrm{n}\sqrt{1-\zeta^2},$$
$$\varepsilon = \frac{c}{2m}$$

である．

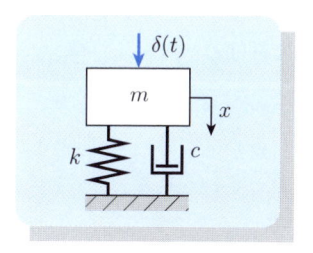

図4.19 単位インパルスを受ける 1 自由度振動系

4.6.2 任意外力による応答

図4.20 のように，任意外力波形 $f(t)$ を微小時間幅 $\Delta\tau$ ごとに区切り，各々の矩形をインパルスと見なして個々のインパルス応答 $\Delta x(t)$ を求め，それらを総和すれば，任意外力波形に対する振動系の応答 $x(t)$ を計算できる．

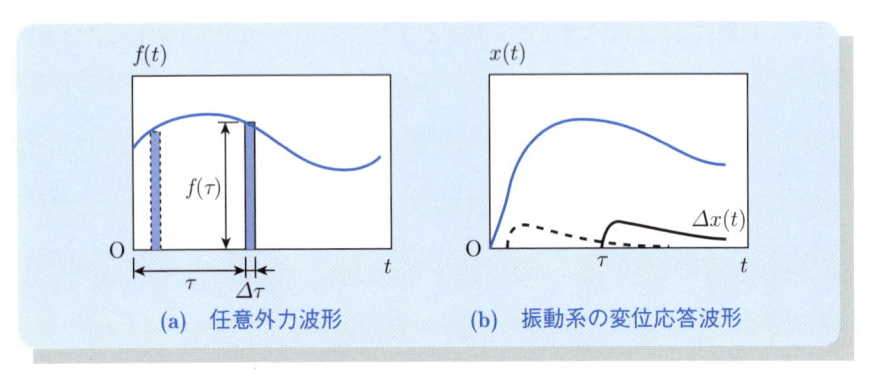

図4.20 任意外力に対する応答（畳み込み）

$f(t)$ を任意外力，時刻 τ におけるインパルスを $f(\tau)\Delta\tau$ とし，時刻ゼロを基準に単位インパルス応答 $h(t)$ の時間遅れ τ を考慮して，このときの応答は次のように書ける．

$$\Delta x(t) = h(t-\tau)f(\tau)\Delta\tau$$

系の応答は $0 \sim t$ 間のインパルス応答の重ね合わせとして，次の**畳み込み積分**によって表される．

$$x(t) = \int_0^t h(t-\tau)f(\tau)d\tau$$

系の単位インパルス応答 $h(t)$ が既知であれば，任意外力 $f(t)$ の応答を求めることが可能である．1自由度不減衰系に対しては

$$x(t) = \frac{1}{m\omega_n}\int_0^t \sin\omega_n(t-\tau)f(\tau)d\tau \tag{4.23}$$

と表すことができ，粘性減衰系については

$$x(t) = \frac{1}{m\omega_d}\int_0^t e^{-\varepsilon(t-\tau)}\sin\omega_d(t-\tau)f(\tau)d\tau \tag{4.24}$$

によって任意外力応答を求めることができる．

4.6 任意外力加振と過渡応答

例題 11 ──────────────────── 調和外力による応答 ───

1自由度不減衰振動系の調和外力 $F\cos\omega t$ による応答を，畳み込み積分によって求めよ．

解答 畳み込み積分の式 (4.23) において，$f(\tau) = F\cos\omega\tau$ として

$$\begin{aligned}
x(t) &= \frac{1}{m\omega_\mathrm{n}} \int_0^t \sin\omega_\mathrm{n}(t-\tau) F\cos\omega\tau\, d\tau \\
&= \frac{F}{m\omega_\mathrm{n}} \left(\sin\omega_\mathrm{n} t \int_0^t \cos\omega_\mathrm{n}\tau \cos\omega\tau\, d\tau - \cos\omega_\mathrm{n} t \int_0^t \sin\omega_\mathrm{n}\tau \cos\omega\tau\, d\tau \right) \\
&= \frac{F/m}{\omega_\mathrm{n}^2 - \omega^2}(\cos\omega t - \cos\omega_\mathrm{n} t) \\
&= \frac{F/k}{1-(\omega/\omega_\mathrm{n})^2}(\cos\omega t - \cos\omega_\mathrm{n} t)
\end{aligned}$$

■

例題 12 ──────────── ステップ応答 ───

1自由度不減衰振動系に**図4.21**のような大きさ P のステップ入力が作用するときの応答を，畳み込み積分によって求めよ．

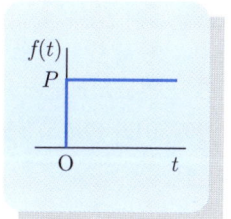

図4.21

解答 畳み込み積分の式 (4.23) において，$f(\tau) = P$ として

$$\begin{aligned}
x(t) &= \frac{1}{m\omega_\mathrm{n}} \int_0^t \sin\omega_\mathrm{n}(t-\tau) P\, d\tau \\
&= \frac{P}{m\omega_\mathrm{n}} \left(\sin\omega_\mathrm{n} t \int_0^t \cos\omega_\mathrm{n}\tau\, d\tau - \cos\omega_\mathrm{n} t \int_0^t \sin\omega_\mathrm{n}\tau\, d\tau \right) \\
&= \frac{P}{m\omega_\mathrm{n}^2}(\sin^2\omega_\mathrm{n} t + \cos^2\omega_\mathrm{n} t - \cos\omega_\mathrm{n} t) \\
&= \frac{P}{k}(1 - \cos\omega_\mathrm{n} t)
\end{aligned}$$

なお，この解はステップ外力 P が作用する系の運動方程式 $m\ddot{x} + kx = P$ について，まずは $y = x - P/k$ として運動方程式を $m\ddot{y} + ky = 0$，初期条件は $y(0) = -P/k$, $\dot{y}(0) = 0$ と置き換え，y について求めた解 $y = -P/k \cos\omega_\mathrm{n} t$ を，再び x に戻すことでも得られる．

■

例題 13 — 矩形波応答

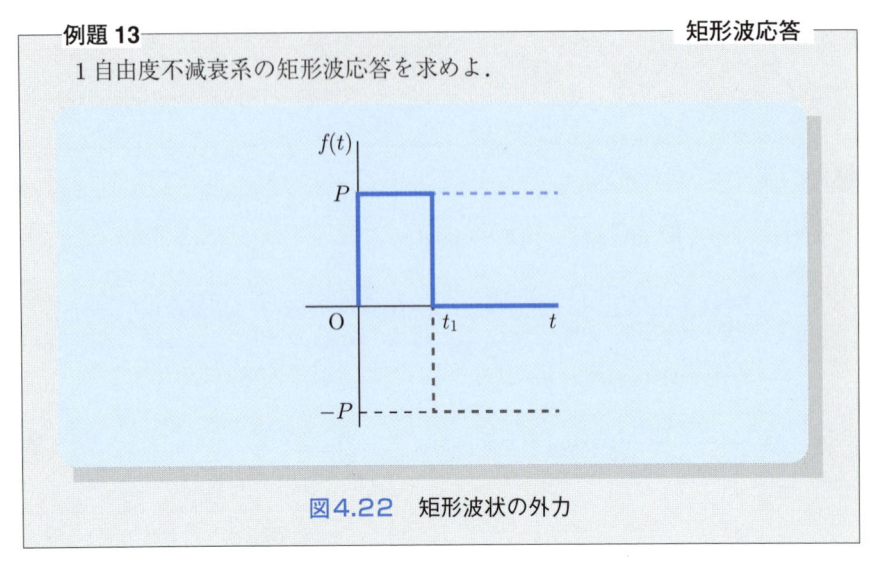

1自由度不減衰系の矩形波応答を求めよ．

図4.22 矩形波状の外力

解答　図4.22 に示す矩形波は，時刻ゼロにて発生する大きさ P のステップ入力と，時刻 t_1 にて発生する大きさが同じで符号が負のステップ入力との重ね合わせとして表現可能である．

[例題 12] の結果を利用すれば

- $0 < t \leq t_1$ にて

$$x = \delta_0(1 - \cos\omega_\mathrm{n} t)$$

- $t_1 < t$ にて

$$x = \delta_0(1 - \cos\omega_\mathrm{n} t) - \delta_0\{1 - \cos\omega_\mathrm{n}(t - t_1)\}$$
$$= \delta_0\{\cos\omega_\mathrm{n}(t - t_1) - \cos\omega_\mathrm{n} t\}$$
$$= \delta_0\{(\cos\omega_\mathrm{n} t_1 - 1)\cos\omega_\mathrm{n} t + \sin\omega_\mathrm{n} t_1 \sin\omega_\mathrm{n} t\}$$

4.7 ラプラス変換による振動解析

4.7.1 ラプラス変換

ラプラス変換は微分演算子の一種であり，t 領域（時間）から s 領域（複素数）へ積分変換することで，t 領域における微積分の操作が代数演算可能な形式に変換される．簡単な代数演算にしたがって s 領域における解を求め，再び**ラプラス逆変換**によって t 領域に戻せば，初期の問題を t 領域のまま取り扱う場合よりも簡単に解を求めることができる．

関数 $f(t)$ のラプラス変換 $F(s)$ は記号 $\mathcal{L}$ を用いて表され，その定義式は次のように表される．

$$F(s) = \mathcal{L}[f(t)] = \int_0^\infty f(t)e^{-st} dt \tag{4.25}$$

また，ラプラス逆変換には記号 $\mathcal{L}^{-1}$ を用い，次式で定義される．

$$f(t) = \mathcal{L}^{-1}[F(s)] = \frac{1}{2\pi j} \int_{\sigma-j\infty}^{\sigma+j\infty} F(s)e^{st} ds \tag{4.26}$$

ラプラス変換とフーリエ変換との違いを以下に説明する．フーリエ変換は

$$F(\omega) = \int_{-\infty}^\infty f(t)e^{-j\omega t} dt \tag{4.27}$$

で定義され，被積分関数 $f(t)$ が絶対可積分の条件

$$F(\omega) = \int_{-\infty}^\infty |f(t)| dt < +\infty$$

を満たさない場合にフーリエ変換は発散するので，収束因子 $e^{-\sigma t}$ を $f(t)$ に乗じ，式 (4.27) より次式を得る．

$$F(\sigma + j\omega) = \int_{-\infty}^\infty (e^{-\sigma t} f(t))e^{-j\omega t} dt$$
$$= \int_{-\infty}^\infty f(t)e^{-(\sigma+j\omega)t} dt \tag{4.28}$$

式 (4.28) に関して，複素数を $s = \sigma + j\omega$ とおけば，ラプラス変換式 (4.25) が得られる．ただし，ラプラス変換は $t < 0$ のとき $f(t) = 0$ となる関数に対して適用されるので，積分区間の下限は式 (4.25) のようにゼロとして扱う．$\sigma = 0$ であればフーリエ変換そのものであり，ラプラス変換はフーリエ変換の拡張と考えることができる．この拡張によって，ラプラス変換では過渡応答解析が可能となる．

表4.1 に，数学的操作を含む様々な関数に対するラプラス変換の一覧を示す．

表4.1 ラプラス変換表

$x(t)$	$X(s)$
$\delta(t)$	1
$u(t)\ (=1)$	$\frac{1}{s}$
t^n	$\frac{n!}{s^{n+1}}$
e^{-at}	$\frac{1}{s+a}$
te^{-at}	$\frac{1}{(s+a)^2}$
$\sin at$	$\frac{a}{s^2+a^2}$
$\cos at$	$\frac{s}{s^2+a^2}$
$\sinh at$	$\frac{a}{s^2-a^2}$
$\cosh at$	$\frac{s}{s^2-a^2}$
$\frac{1}{(b-a)}(e^{-at}-e^{-bt})$	$\frac{1}{(s+a)(s+b)}$
$\frac{1}{a^2}(1-\cos at)$	$\frac{1}{s(s^2+a^2)}$
$\frac{1}{b}e^{-at}\sin bt$	$\frac{1}{(s+a)^2+b^2}$
$e^{-at}\cos bt$	$\frac{s+a}{(s+a)^2+b^2}$
線形性　$ax_1(t) \pm bx_2(t)$	$aX_1(s) \pm bX_2(s)$
1階微分　dx/dt	$sX(s) - X(0)$
微分　$x^{(n)}(t)\ \left(=\frac{d^n x}{dt^n}\right)$	$s^n X(s) - s^{n-1}x(0) - s^{n-2}x^{(1)}(0)$ $-\cdots - x^{(n-1)}(0)$
積分　$x^{(-n)}(t)\ \left(=\iint\cdots\int_0^t x(t)(dt)^{(n)}\right)$	$s^{-n}X(s) + s^{-n}x^{(-1)}(0) + s^{-(n-1)}x^{(-2)}(0)$ $+\cdots + s^{-1}x^{(-n)}(0)$
時間軸方向の拡大・縮小　$x(at)$	$\frac{1}{a}X\left(\frac{s}{a}\right)$
時間軸方向への移動　$x(t+a)$	$e^{as}X(s)$
$e^{at}x(t)$	$X(s-a)$
畳み込み積分　$x_1 * x_2\ \left(=\int_0^t x_1(t-\tau)x_2(\tau)d\tau\right)$	$X_1 \cdot X_2$
$tx(t)$	$-\frac{d}{ds}X(s)$
$\frac{1}{t}x(t)$	$\int_s^{\infty} X(s)ds$

4.7 ラプラス変換による振動解析

例題 14 ─────────────────── **ラプラス変換 (1)**

1 自由度不減衰振動系の自由振動応答をラプラス変換により求めよ．ただし，初期条件を $t=0$ で $x=x_0, \dot{x}=v_0$ とする．

解答 1 自由度不減衰系の運動方程式は，$m\ddot{x}+kx=0$．また，初期条件は $t=0$ で，$x=x_0, \dot{x}=v_0$．運動方程式をラプラス変換すると，次式を得る．

$$m(s^2 X(s) - sx_0 - v_0) + kX(s) = 0$$

これを，$X(s)$ について整理して

$$X(s) = \frac{sx_0 + v_0}{s^2 + \omega_n^2} \quad \text{ただし} \quad \omega_n = \sqrt{\frac{k}{m}}$$

ラプラス変換表（表4.1）を参照しながら，$X(s)$ をラプラス逆変換すると

$$x(t) = \mathcal{L}^{-1}\left[x_0 \frac{s}{s^2 + \omega_n^2}\right] + \mathcal{L}^{-1}\left[\frac{v_0}{\omega_n} \frac{\omega_n}{s^2 + \omega_n^2}\right]$$
$$= x_0 \cos \omega_n t + \frac{v_0}{\omega_n} \sin \omega_n t$$

となり，1 自由度不減衰系の自由振動応答式が得られる． ■

例題 15 ─────────────────── **ラプラス変換 (2)**

外力 $F\cos\omega t$ が作用する 1 自由度不減衰振動系の強制振動応答をラプラス変換により求めよ．ただし，初期条件は $t=0$ で $x=0, \dot{x}=0$ とする．

解答 運動方程式は，$m\ddot{x}+kx=F\cos\omega t$．また，初期条件は $t=0$ で，$x=0$，$\dot{x}=0$．運動方程式をラプラス変換すると，次式を得る．

$$m(s^2 X(s) - sx_0 - v_0) + kX(s) = F\frac{s}{s^2 + \omega^2}$$

この式を $X(s)$ について整理すると，次式となる．

$$X(s) = \frac{F}{m}\frac{s}{(s^2 + \omega^2)(s^2 + \omega_n^2)}$$
$$= \frac{F}{m}\frac{1}{\omega_n^2 - \omega^2}\left(\frac{s}{s^2 + \omega^2} - \frac{s}{s^2 + \omega_n^2}\right)$$

この式に対してラプラス逆変換を施すと，不減衰系の強制振動応答が次のように求まる．

$$x(t) = \frac{F}{m(\omega_n^2 - \omega^2)}(\cos\omega t - \cos\omega_n t)$$

■

4.7.2 伝達関数

図4.23 に示すように，振動系に対する励振力を入力，振動応答を出力と見なすと，制御工学における**伝達関数**の概念を用いて過渡応答・定常応答解析が可能である．伝達関数はラプラス変換の s 領域において，次のように定義される．

$$G(s) = \frac{X(s)}{F(s)} = \frac{\text{出力（応答）のラプラス変換}}{\text{入力（励振力）のラプラス変換}}$$

伝達関数 $G(s)$ が既知ならば，任意の入力 $F(s)$ との積で $X(s)$ が得られ，さらに $X(s)$ をラプラス逆変換すれば，振動系の時間応答が得られる．

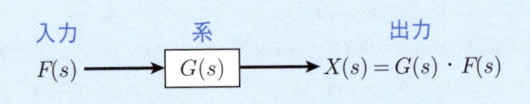

図4.23 振動系への入力・出力と伝達関数

例題 16 ― **1自由度振動系の伝達関数**

任意外力 $f(t)$ の作用する1自由度不減衰振動系の伝達関数を求めよ．ただし，初期条件は $t=0$ で，$x=0, \dot{x}=0$ とする．

解答 この場合の運動方程式は，$m\ddot{x} + kx = f(t)$ と書ける．両辺をラプラス変換すると

$$(ms^2 + k)X(s) = F(s)$$

よって伝達関数は

$$G(s) = \frac{X(s)}{F(s)} = \frac{1}{m}\frac{1}{s^2 + \omega_n^2} \quad \left(\omega_n = \sqrt{\frac{k}{m}}\right)$$

なお，$F(s) = 1$（デルタ関数）の場合の応答 $X(s)$ をラプラス逆変換すると

$$\mathcal{L}^{-1}[X(s)] = \mathcal{L}^{-1}[G(s)] = \mathcal{L}^{-1}\left[\frac{1}{m}\frac{1}{s^2 + \omega_n^2}\right] = \frac{1}{m\omega_n}\sin\omega_n t$$

となるので，単位インパルス応答は伝達関数 $G(s)$ をラプラス逆変換したものであることがわかる．

4.7.3 周波数伝達関数

伝達関数 $G(s)$ において,$s = j\omega$ と置き換えたときの $G(j\omega)$ を**周波数伝達関数**と呼ぶ.1自由度減衰振動系の場合,伝達関数 $G(s)$ は

$$G(s) = \frac{X(s)}{F(s)}$$
$$= \frac{1}{ms^2 + cs + k}$$

であり,$s = j\omega$ と置き換えると

$$G(j\omega) = \frac{1}{m(j\omega)^2 + cj\omega + k}$$
$$= \frac{1}{-m\omega^2 + jc\omega + k}$$
$$= |G(j\omega)|e^{-j\varphi}$$

のように,周波数伝達関数を得ることができる.ここで,$|G(j\omega)|$ を**ゲイン**,φ を**偏角**と呼ぶ.ゲインは入力振幅に対する出力変位振幅の比を表す.

すでに述べたように,周波数伝達関数は振動系に作用する外力(入力)に対する振動系の応答(出力)の比を周波数の関数として表したものである.このとき,系の応答として変位を採用した場合の伝達関数を**コンプライアンス**と呼ぶ.さらに,応答に速度を採用した場合を**モビリティ**,加速度を採用した場合を**アクセレランス**と呼ぶ.コンプライアンスを記号 G で表すと,微積分の関係から三者の間には**表4.2** に示される関係が成り立っており,相互変換が可能である.

表4.2 周波数伝達関数の種類と相互関係

伝達関数の名称	定義(出力/入力)	関係	単位
コンプライアンス	変位/力	G	[m/N]
モビリティ	速度/力	$j\omega G$	[m/N·s]
アクセレランス	加速度/力	$-\omega^2 G$	[m/N·s^2]

第4章の問題

☐ **1** 図1に示すように一端を回転自由なピンジョイント，他端をばね定数 k のばねに支えられた長さ l，質量 m の均一断面剛体棒があり，ばね支持端に $F\cos\omega t$ の強制外力が作用する．
(1) 角変位を θ として，支点まわりの回転運動に関する運動方程式を導け．さらに，棒先端の変位を x として，x に関する運動方程式に変換せよ．
(2) 運動方程式を解き，棒先端の変位に関する強制振動の定常解を求めよ．

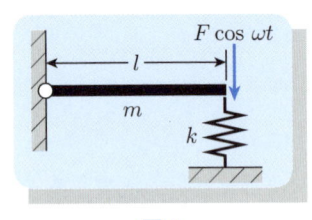

図1

☐ **2** 図2に示すような調和外力 $F\sin\omega t$ を受ける1自由度粘性減衰系について，次の問に答えよ．
(1) 強制振動の運動方程式を導き，定常振動解を求めよ．
(2) 自由振動させたところ，10周期で振幅は 1/5 になった．このときの減衰比を求めよ．
(3) 外力振幅 $F = 10\,[\mathrm{N}]$，質量 $m = 1\,[\mathrm{kg}]$，ばね定数 $k = 10\,[\mathrm{kN/m}]$ とし，(2) の減衰比の値を踏まえて，変位振幅の最大値とそのときの振動数を求めよ．
(4) 最大振幅値を，(3) の 1/4 まで低下させるには，減衰比をいくらにすればよいか．

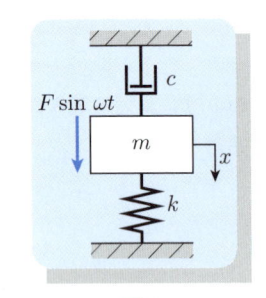

図2

☐ **3** 質量 $m = 1\,[\mathrm{kg}]$，ばね定数 $k = 10\,[\mathrm{kN/m}]$ のばね質量系に強制外力 $F\cos\omega t$ の外力が働く．外力は $F = 10\,[\mathrm{N}]$，振動数 $50\,\mathrm{Hz}$ である．
(1) この外力が作用しているときの振幅を求めよ．
(2) 振幅が静的たわみの 1/10 以下となるためには，質量，外力が変わらないとしたとき，ばね定数をどのように設計すればよいか．

☐ **4** 図3に示すように，上下をばねとダッシュポットで支えられた物体がある．物体には $F\cos\omega t$ の周期外力が作用している．この系について以下の問に答えよ．ただし，質量 $m = 2\,[\mathrm{kg}]$，ばね定数 $k = 0.5\,[\mathrm{kN/m}]$，粘性減衰係数 $c = 10\,[\mathrm{N\cdot s/m}]$，外力の大きさ $F = 10\,[\mathrm{N}]$ とする．
(1) 系の運動方程式，および定常振動解を求めよ．
(2) 振幅の応答曲線の最大値とそのときの振動数を求めよ．また，これは静的変位の何倍か．

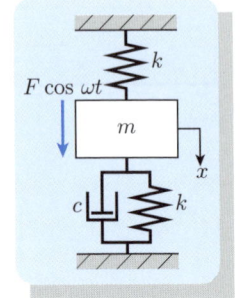

図3

5 図4に示すように長さ l,質量 m の均一断面剛体棒の先端に質量 m_0 がついている.この棒を回転自由支持端から s だけ離れた位置で棒に直角に質量を無視できるばね定数 k のばねおよび粘性減衰係数 c のダンパで支えている系がある.この系の先端に $F\cos\omega t$ の周期外力が作用する.ただし,$l = 2.5\,[\mathrm{m}]$,$m = m_0 = 10\,[\mathrm{kg}]$,$k = 0.5\,[\mathrm{kN/m}]$,$s = 1\,[\mathrm{m}]$,$c = 20\,[\mathrm{N\cdot s/m}]$,$F = 1\,[\mathrm{N}]$ とする.

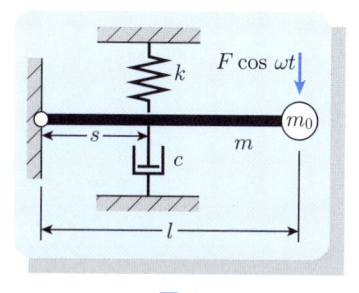

(1) 系の運動方程式を導き,不減衰固有角振動数を求めよ.
(2) 系の減衰比を求めよ.
(3) 先端振幅の応答曲線の最大値とそのときの振動数を求めよ.

図4

6 調和外力の作用する振動系の振幅応答曲線を求めたところ,その最大値は振動数 10 Hz のときに 20 mm であった.外力の大きさ $F = 10\,[\mathrm{N}]$,静たわみ $\delta_0 = 2\,[\mathrm{mm}]$ として,ζ の値,および不減衰固有角振動数を求めよ.

7 外力の作用する1自由度粘性減衰系の振幅応答曲線のピーク値,およびそのときの振動数が,$A_{\max} = \delta_0/2\zeta\sqrt{1-\zeta^2}$,$\omega = \omega_\mathrm{n}\sqrt{1-2\zeta^2}$ となることを証明せよ.

8 外力が作用する場合の強制振動の振幅を,静たわみの 1/10 以下に抑えたい.減衰がない場合,および減衰比 $\zeta = 0.5$ の場合それぞれについて,系の固有振動数が外力振動数に対して満足すべき条件を求めよ.

9 重力場において,質量 $m = 1\,[\mathrm{kg}]$ の物体がばねによって天井から吊り下げられており,静止している状態において,自然長からのたわみ $\delta = 1\,[\mathrm{mm}]$ とする.この系に周期外力 $F = \cos\omega t$ が作用し,$F = 2\,[\mathrm{N}]$,$\omega = 20\,[\mathrm{rad/s}]$ とするとき,質量の定常振幅はいくらか.

10 中央に質量 10 kg を持つ円板が取りつけられた軸があり,両端を軸受で支えられている.円板の重心は幾何学的な中心から外れた位置にあり,その偏心量は 0.05 mm である.また,軸の重量は無視する.

(1) 円板の自重による軸中央の静的たわみを 0.02 mm としたとき,この系の危険速度はいくらか.なお,軸の横振動の固有振動数と一致して大きな振動が発生するときの軸の角速度を**危険速度**と呼ぶ.
(2) 5000 rpm において軸受1個当たりに伝えられる力の振幅はいくらか.

第 4 章　1 自由度系の強制振動

☐**11** 図 5 に示すような支持台に不釣り合いを有するモータを静かに載せたとき，静的たわみは 100 mm であった．不釣り合いによって基礎に伝わる力を，基礎にモータを直接ボルトで固定した場合の 1/20 以下とするための，モータの運転条件を求めよ．ただし，支持台の質量は無視する．

☐**12** 図 6 に示すような質量 10 kg の回転機械が，ばね定数 10 kN/m のばね，および粘性減衰係数 50 N·s/m のダッシュポットに支えられている．回転数が 500 rpm のとき，不釣り合いによる振幅が 0.5 mm であった．この系について，以下の問に答えよ．
(1) 不釣り合い量を求めよ．
(2) 床に作用する伝達力の最大値はいくらか．

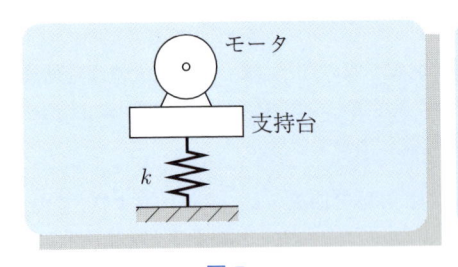

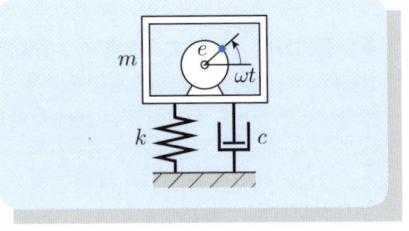

図 5

図 6

☐**13** 質量 1 kg，ばね定数 10 kN/m の系が 800 rpm で回転する回転部分を持つ．振幅が 0.1 mm であるときの不釣り合い量を求めよ．

☐**14** 質量 20 kg の機械がばね定数 50 kN/m のばね上に設置されている．機械には 0.05 kg·m の回転不釣り合いが組み込まれており，振動発生の原因となっている．
(1) 回転数が 300 rpm および 1200 rpm のときの振幅を求めよ．
(2) $c = 400$ [N·s/m] の減衰係数を付加すると，(1) の振幅はどうなるか．
(3) この系で振幅が最大となる回転数およびそのときの振幅を求めよ．

☐**15** 図 7 のように，質量の下についているばねの下端で変位加振 $u = a \sin \omega t$ を受ける 1 自由度系がある．
(1) 質量の絶対変位 x に関する運動方程式を求めよ．
(2) (1) を解き，絶対変位の振幅 A を求めよ．
(3) 変位の伝達率 T_R ($= |A|/a$) を求めよ．さらに $T_R < 0.5$ となるために，系の固有角振動数 ω_n が満たすべき条件について考察せよ．

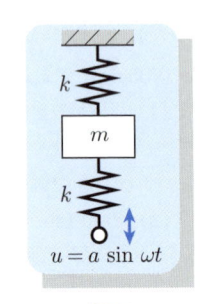

図 7

第 4 章の問題

16 図 8 に示すようなばねの右端で変位加振 $a\cos\omega t$ を受ける 1 自由度粘性減衰系について，質量の絶対変位 x に関する定常振動解を求めよ．また，定常振動解の振幅を A としたとき，変位の伝達率 $T_\mathrm{R} = |A|/a$ を求め，振動数比に対する伝達率のグラフを，いくつかの減衰比について描け．

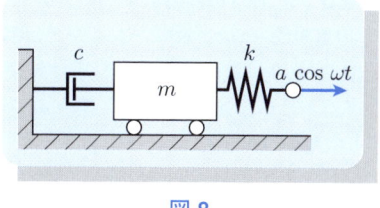

図 8

17 質量 $m = 1\,[\mathrm{kg}]$，ばね定数 $k = 10\,[\mathrm{kN/m}]$，粘性減衰係数 $c = 100\,[\mathrm{N\cdot s/m}]$ の振動系が，床より強制変位 $a\cos\omega t$ を受ける．
(1) 減衰比，不減衰固有振動数，減衰固有振動数を求めよ．
(2) $a = 0.5\,[\mathrm{mm}]$, $f = 30\,[\mathrm{Hz}]$ としたときの絶対振幅，変位の伝達率を求めよ．
(3) 減衰がゼロの場合，(2) の伝達率はいくつになるか．

18 ばね定数 k のばねに支えられた質量 m の物体があり，基礎部分が $a\cos\omega t$ で振動している．基礎の振動振幅 $a = 1\,[\mathrm{mm}]$, 振動数 $f = 10\,[\mathrm{Hz}]$ とし，質量は $m = 1\,[\mathrm{kg}]$ とする．このとき質量の絶対振幅を $0.2\,\mathrm{mm}$ 以下に抑えるためには，ばね定数をどのような値に設計すればよいか．ただし減衰は考えなくて良い．

19 図 9 のように，ばねで支えられた質量 M の台の上に，質量 m の機械が剛結合されており，基礎部分で変位加振 $a\cos\omega t$ を受ける．機械の質量を 1 kg，支持ばね定数を 10 kN/m，変位加振の振動数を 20 Hz としたとき，変位の伝達率を 0.1 以下に抑えるためには，台の質量 M を機械の質量 m の約何倍にすればよいか．

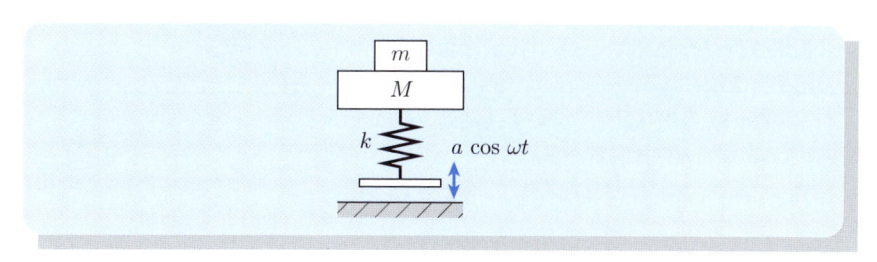

図 9

114　第4章　1自由度系の強制振動

20 図10は波状路面を速度 V で走行する車両を簡略化したモデルである．車体の質量を m，サスペンションのばね定数を k とし，路面の凹凸の振幅を a，波長を λ とする．また，車輪の質量は無視する．
(1) 車体の絶対変位 x に関する運動方程式を求め，車体変位 x についての定常振動解を求めよ．
(2) 車体質量1t，サスペンションのばね定数を $100\,\text{kN/m}$，路面の凹凸の振幅を $5\,\text{mm}$，波長を $2\,\text{m}$ とするとき，時速何kmの場合に共振が起きるか．
(3) 共振時の速度の2倍で走行するときの車体の絶対変位振幅を求めよ．

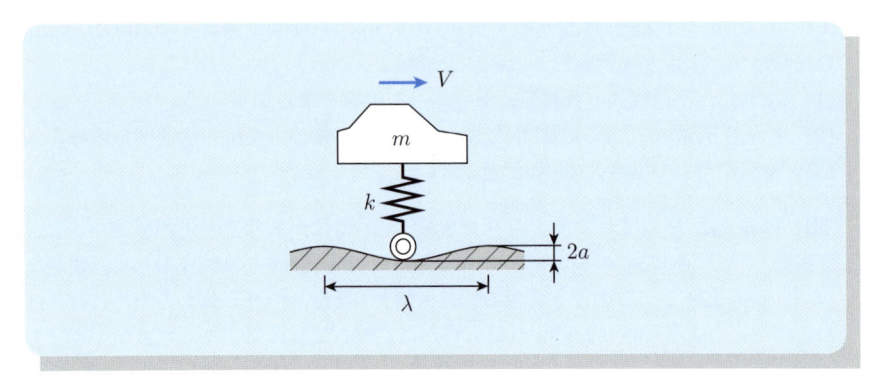

図10

21 図11のように，$u = a\sin\omega t$ で振動する台の上に1自由度振動系が載せられている．振動系の質量にはペンが取りつけられており，振動台上に固定された一定速度で送られる記録紙に，振動波形が書き取られる．
(1) 質量 m の絶対変位について，運動方程式を求め，x の定常振動解を求めよ．
(2) $\omega \gg \omega_\text{n}$ (ω_n は固有角振動数) のとき記録紙に描かれる波形の振幅はいくらか．

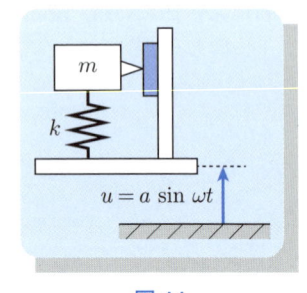

図11

22 基礎部にて変位励振を受ける振動系がある．質量はばねの上に載せられているだけで，結合はされていない．変位励振の振幅 a を一定に保ち，振動数を変えていったとき，質量がばねから離れはじめる振動数はいくらか．ただし，質量は鉛直方向のみに移動するものとし，重力加速度は g とする．

第4章の問題

□23 図12のように，ばねの一端で変位加振 $u = a\sin\omega t$ を受ける質量 m の均一断面剛体棒がある．この系の定常振動応答を求めよ．

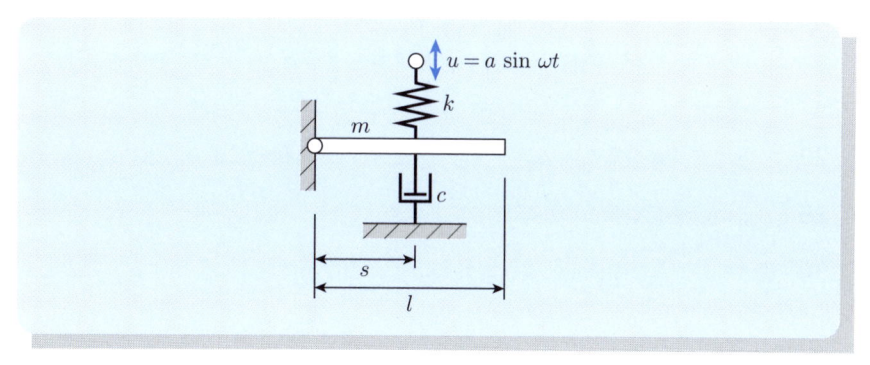

図 12

□24 図13に示すように，質量 m，糸の長さ l の単振子が O 点で吊り下げられている．いま，O 点が水平方向に $a\sin\omega t$ で振動するとき，系の運動方程式，強制振動の定常解，および周波数特性を求めよ．

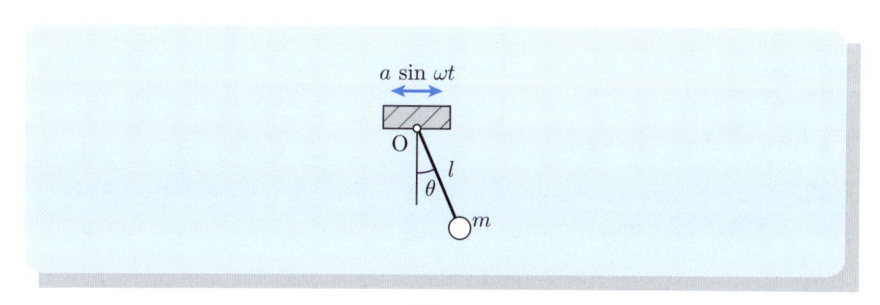

図 13

□25 ある機械がばねによって支持されている．この機械に代わり，質量の異なる別の機械を載せたところ，同じ振動数における振動伝達率が 0.2 から 0.5 に増えた．このとき，機械を入れ替える前後で，固有振動数は何倍に変化したか答えよ．ただし，系の減衰は無視する．

□26 振動数 20 Hz で振動する機械を床に固定したところ，床への伝達力の振幅が 15 kN であった．この機械と床面との間に防振ゴムを挟むことによって，床に伝わる伝達力を 1 kN 以下としたい．機械とゴムからなる 1 自由度系の固有振動数をどのように設定すれば良いか．ただし，防振ゴムの減衰は無視して良い．

第 4 章　1 自由度系の強制振動

☐ **27**　畳み込み積分によって求めた，外力 $F\cos\omega t$ の作用する 1 自由度不減衰振動系の応答式

$$x = \frac{F/k}{1-(\omega/\omega_\mathrm{n})^2}(\cos\omega t - \cos\omega_\mathrm{n} t)$$

が正しいことを，自由振動応答と強制振動応答とを重ね合わせた一般解を表す式をもとに示せ．

☐ **28**　1 自由度減衰振動系のステップ応答を，畳み込み積分によって求めよ．

☐ **29**　1 自由度減衰振動系の矩形波応答を求めよ．

☐ **30**　図 14 のような半波正弦波状の外力が 1 自由度不減衰系に作用する．このときの応答を $t > \pi/\omega$ について求めよ．

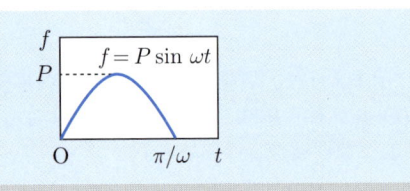

図 14

☐ **31**　外力として，一定の力 F が作用する 1 自由度減衰振動系の応答を，ラプラス変換にて求めよ．ただし，初期条件は $t=0$ で $x=0, \dot{x}=0$ とする．

☐ **32**　外力として，$f(t) = F\sin\omega t$ が作用する 1 自由度不減衰振動系の応答を，ラプラス変換により求めよ．ただし，初期条件は $t=0$ で $x=0, \dot{x}=0$ とする．

☐ **33**　1 自由度減衰振動系の自由振動応答をラプラス変換によって求めよ（不足減衰とする）．ただし，初期条件は $t=0$ で $x=x_0, \dot{x}=v_0$ とする．

☐ **34**　1 自由度粘性減衰振動系の単位インパルス応答を，ラプラス変換を利用して求めよ．ただし，初期条件は $t=0$ で $x=0, \dot{x}=0$ とし，不足減衰の場合について求めること．

☐ **35**　1 自由度粘性減衰振動系の伝達関数は，$G(s) = \frac{1}{ms^2+cs+k}$ となることを示せ．

5 多自由度系の振動

5.1 2自由度系の自由振動

図5.1 に示すようにばねと質量から構成される2自由度系の運動方程式を作成する．質量 m_1 に作用する復元力は，ばね k_1 については k_1x_1，ばね k_2 については m_2 からみた質量 m_1 の相対変位 x_1-x_2 を使用して $k_2(x_1-x_2)$ となる．同様に質量 m_2 に作用する復元力は，ばね k_2 については m_1 からみた質量 m_2 の相対変位 x_2-x_1 を使用して $k_2(x_2-x_1)$，ばね k_3 については k_3x_2 となる．運動の第2法則をそれぞれの質量に適用すると，次の連立する運動方程式が得られる．

$$\left.\begin{array}{l} m_1\ddot{x}_1 = -k_1x_1 - k_2(x_1-x_2) \\ m_2\ddot{x}_2 = -k_2(x_2-x_1) - k_3x_2 \end{array}\right\}$$

整理すると，次のようになる．

$$\left.\begin{array}{l} m_1\ddot{x}_1 + (k_1+k_2)x_1 - k_2x_2 = 0 \\ m_2\ddot{x}_2 - k_2x_1 + (k_2+k_3)x_2 = 0 \end{array}\right\} \quad (5.1)$$

式 (5.1) の上式の $-k_2x_2$ の項は x_1 の運動に，下式の $-k_2x_1$ の項は x_2 の運動に影響を及ぼす項であり**連成項**と呼ぶ．連成項の係数は必ず等しくなる．

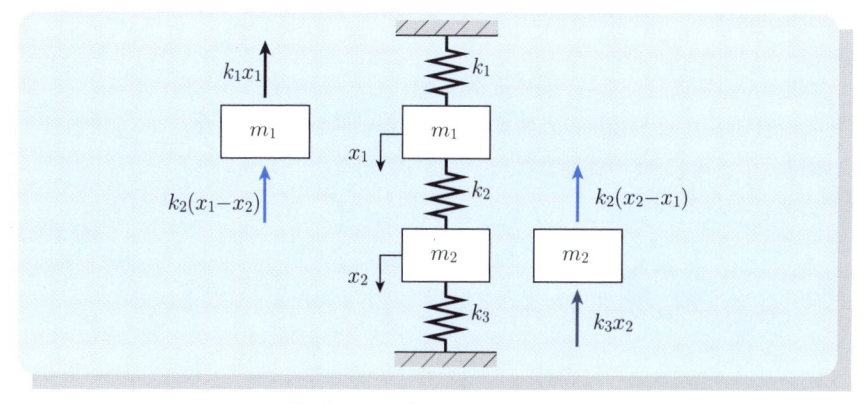

図5.1　2自由度ばね質量系

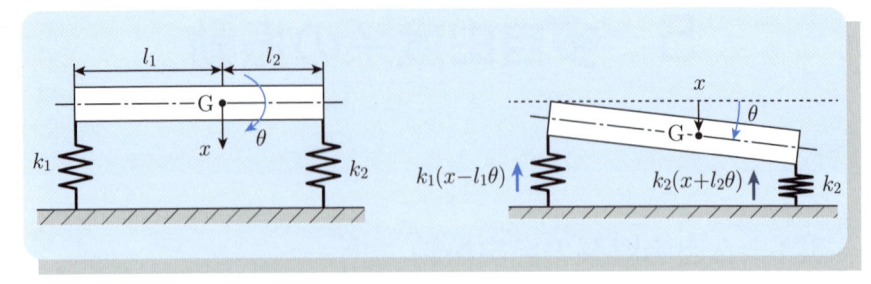

図5.2 両端をばねで指示された剛体棒

次に図5.2に示すように両端をばねk_1とk_2によって支持され,上下運動と紙面内での回転運動を伴う剛体棒の運動方程式を作成する.剛体棒の質量をm,両端からl_1, l_2の位置に重心G点があり,重心まわりの慣性モーメントをJとする.xをG点の下方向変位,θを剛体棒の時計回りの微小角変位とする.左端の変位は$x - l_1\theta$,右端の変位は$x + l_2\theta$となるので,各ばねの復元力は$k_1(x - l_1\theta)$と$k_2(x + l_2\theta)$になる.これらを考慮して剛体棒の重心Gに関する上下方向,およびG点まわりの回転についての運動方程式を作成すると次のようになる.

$$\left.\begin{array}{l} m\ddot{x} = -k_1(x - l_1\theta) - k_2(x + l_2\theta) \\ J\ddot{\theta} = k_1(x - l_1\theta)l_1 - k_2(x + l_2\theta)l_2 \end{array}\right\}$$

整理すると,次のようになる.

$$\left.\begin{array}{l} m\ddot{x} + (k_1 + k_2)x - (k_1 l_1 - k_2 l_2)\theta = 0 \\ J\ddot{\theta} - (k_1 l_1 - k_2 l_2)x + (k_1 l_1^2 + k_2 l_2^2)\theta = 0 \end{array}\right\}$$

$-(k_1 l_1 - k_2 l_2)\theta$ と $-(k_1 l_1 - k_2 l_2)x$ の項は連成項であり,この場合も係数は等しくなっている.

対象とする系は違っても2自由度系の運動方程式は同じような形になるので,以下では図5.1の2自由度ばね質量系を例に振動解を求める.X_1とX_2を各質量の振幅として式(5.1)の運動方程式の自由振動解を次のようにおく.

$$\left.\begin{array}{l} x_1 = X_1 \cos\omega t \\ x_2 = X_2 \cos\omega t \end{array}\right\} \tag{5.2}$$

式(5.1)に式(5.2)を代入し,行列を用いて表すと次のようになる.

$$\begin{bmatrix} k_1 + k_2 - m_1\omega^2 & -k_2 \\ -k_2 & k_2 + k_3 - m_2\omega^2 \end{bmatrix} \begin{Bmatrix} X_1 \\ X_2 \end{Bmatrix} = 0 \tag{5.3}$$

$X_1 = X_2 = 0$以外の解が存在するためには式(5.3)の係数行列式がゼロでなけれ

5.1　2自由度系の自由振動

ばならない．

$$\begin{vmatrix} k_1+k_2-m_1\omega^2 & -k_2 \\ -k_2 & k_2+k_3-m_2\omega^2 \end{vmatrix}$$
$$=(k_1+k_2-m_1\omega^2)(k_2+k_3-m_2\omega^2)-k_2^2=0 \tag{5.4}$$

式 (5.4) は ω^2 の 2 次方程式となり，その 2 つの解が固有振動数になる．その解を ω_1^2, ω_2^2 ($\omega_1 < \omega_2$) とすると，ω_1 が **1 次固有振動数**，ω_2 が **2 次固有振動数**となる．

$$\omega_1^2, \omega_2^2 = \frac{1}{2}\left\{\left(\frac{k_1+k_2}{m_1}+\frac{k_2+k_3}{m_2}\right) \mp \sqrt{\left(\frac{k_1+k_2}{m_1}-\frac{k_2+k_3}{m_2}\right)^2+\frac{4k_2^2}{m_1m_2}}\right\}$$

（複号同順）

式 (5.3) において $\omega^2 = \omega_1^2$ のときの X_1 と X_2 の連立方程式の解をそれぞれ X_{11}, X_{21} とするとそれらの比は次のようになる．

$$\frac{X_{11}}{X_{21}} = \frac{k_2}{k_1+k_2-m_1\omega_1^2} = \frac{k_2+k_3-m_2\omega_1^2}{k_2} = \frac{1}{\lambda_1}$$

この振幅 X_{11} と X_{21} の比のことを**固有モード**と呼び，この場合には 1 次固有振動数に対する固有モードなので 1 次固有モード，または単に **1 次モード**という．**2 次モード**の X_{12} と X_{22} は，$\omega^2 = \omega_2^2$ とすると次のようになる．

$$\frac{X_{12}}{X_{22}} = \frac{k_2}{k_1+k_2-m_1\omega_2^2} = \frac{k_2+k_3-m_2\omega_2^2}{k_2} = \frac{1}{\lambda_2}$$

質量の変位を横方向にとって固有モードを描くと**図5.3** のようになる．

運動方程式 (5.1) の自由振動解は，1 次モードおよび 2 次モードの位相 φ_1, φ_2 を

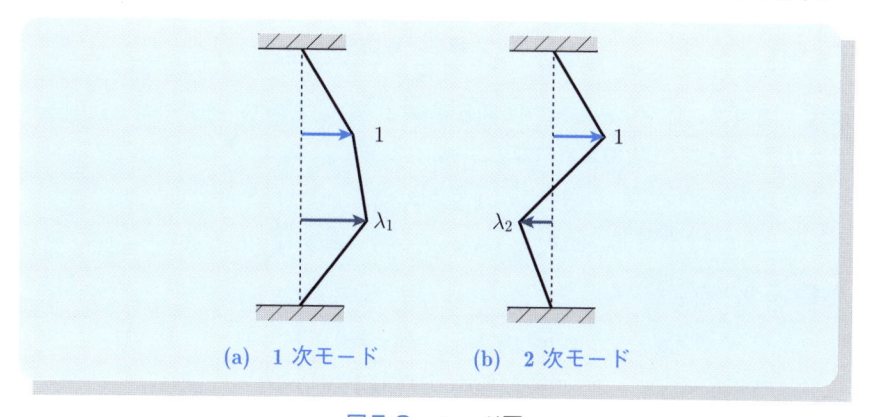

(a)　1 次モード　　(b)　2 次モード

図5.3　モード図

考慮して次のように表される．

$$\left.\begin{array}{l}x_1 = X_{11}\cos(\omega_1 t - \varphi_1) + X_{12}\cos(\omega_2 t - \varphi_2) \\ x_2 = X_{21}\cos(\omega_1 t - \varphi_1) + X_{22}\cos(\omega_2 t - \varphi_2) \\ = \lambda_1 X_{11}\cos(\omega_1 t - \varphi_1) + \lambda_2 X_{12}\cos(\omega_2 t - \varphi_2)\end{array}\right\}$$

$A_1 = X_{11}\cos\varphi_1$, $B_1 = X_{11}\sin\varphi_1$, $A_2 = X_{12}\cos\varphi_2$, $B_2 = X_{12}\sin\varphi_2$ とおくと次のようになる．

$$\left.\begin{array}{l}x_1 = (A_1\cos\omega_1 t + B_1\sin\omega_1 t) + (A_2\cos\omega_2 t + B_2\sin\omega_2 t) \\ x_2 = \lambda_1(A_1\cos\omega_1 t + B_1\sin\omega_1 t) + \lambda_2(A_2\cos\omega_2 t + B_2\sin\omega_2 t)\end{array}\right\}$$

A_1, B_1, A_2, B_2 は各質量の初期変位と初期速度から決定される定数である．

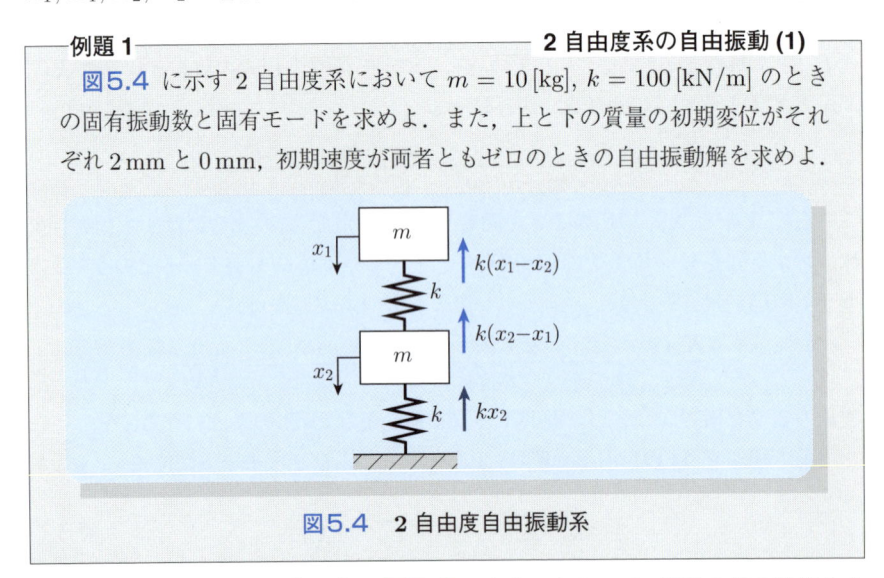

例題 1 ──────────────── **2自由度系の自由振動 (1)**

図5.4 に示す2自由度系において $m = 10\,[\text{kg}]$, $k = 100\,[\text{kN/m}]$ のときの固有振動数と固有モードを求めよ．また，上と下の質量の初期変位がそれぞれ $2\,\text{mm}$ と $0\,\text{mm}$，初期速度が両者ともゼロのときの自由振動解を求めよ．

図5.4 2自由度自由振動系

解答 各質量に作用する復元力は図5.4のようになるので，運動の第2法則から運動方程式を作ると次のようになる．

$$\left.\begin{array}{l}m\ddot{x}_1 = -k(x_1 - x_2) \\ m\ddot{x}_2 = -k(x_2 - x_1) - kx_2\end{array}\right\}$$

整理すると次のようになる．

$$\left.\begin{array}{l}m\ddot{x}_1 + kx_1 - kx_2 = 0 \\ m\ddot{x}_2 - kx_1 + 2kx_2 = 0\end{array}\right\}$$

$x_1 = X_1\cos\omega t$, $x_2 = X_2\cos\omega t$ を代入し整理すると次式を得る．

5.1 2自由度系の自由振動

$$\begin{bmatrix} k-m\omega^2 & -k \\ -k & 2k-m\omega^2 \end{bmatrix} \begin{Bmatrix} X_1 \\ X_2 \end{Bmatrix} = 0 \qquad ①$$

$X_1 = X_2 = 0$ 以外の解が存在するためには式①の係数行列式がゼロの必要がある.

$$\begin{vmatrix} k-m\omega^2 & -k \\ -k & 2k-m\omega^2 \end{vmatrix} = (k-m\omega^2)(2k-m\omega^2)-k^2 = m^2\omega^4 - 3mk\omega^2 + k^2 = 0$$

ω^2 についての2次方程式の2つの解 $\omega^2 = \frac{(3\mp\sqrt{5})k}{2m}$ より,1次固有振動数 ω_1 と2次固有振動数 ω_2 は次のようになる.

$$\omega_1 = \sqrt{\frac{3-\sqrt{5}}{2}\frac{k}{m}} = \sqrt{0.382 \times \frac{100 \times 10^3}{10}} = 61.8\,[\text{rad/s}]$$

$$\omega_2 = \sqrt{\frac{3+\sqrt{5}}{2}\frac{k}{m}} = \sqrt{2.618 \times \frac{100 \times 10^3}{10}} = 161.8\,[\text{rad/s}]$$

固有モードは式①の上式より $\frac{X_1}{X_2} = \frac{k}{k-m\omega_i^2}$ $(i=1,2)$ から求められる.

1次モードは $\omega_i^2 = \omega_1^2$ を代入して

$$\frac{X_1}{X_2} = \frac{k}{k-m\omega_1^2} = \frac{1}{(-1+\sqrt{5})/2} = \frac{1}{0.618}$$

2次モードは $\omega_i^2 = \omega_2^2$ を代入して

$$\frac{X_1}{X_2} = \frac{k}{2k-m\omega_2^2} = \frac{1}{(-1-\sqrt{5})/2} = -\frac{1}{1.618}$$

以上より自由振動解は次のようになる.

$$\left. \begin{aligned} x_1 &= (A_1\cos\omega_1 t + B_1\sin\omega_1 t) + (A_2\cos\omega_2 t + B_2\sin\omega_2 t) \\ x_2 &= 0.618(A_1\cos\omega_1 t + B_1\sin\omega_1 t) - 1.618(A_2\cos\omega_2 t + B_2\sin\omega_2 t) \end{aligned} \right\}$$

与えられた初期条件から次式が得られる.

$$\left. \begin{aligned} x_1(0) &= A_1 + A_2 = 2 \\ x_2(0) &= 0.618 A_1 - 1.618 A_2 = 0 \\ \frac{dx_1(0)}{dt} &= -B_1\omega_1 - B_2\omega_2 = 0 \\ \frac{dx_2(0)}{dt} &= -B_1\omega_1 + B_2\omega_2 = 0 \end{aligned} \right\}$$

よって,$A_1 = 1.447$, $A_2 = 0.553$, $B_1 = 0$, $B_2 = 0$ となるので初期条件を考慮した自由振動解は次のようになる.

$$\left. \begin{aligned} x_1 &= 1.447\cos 61.8t + 0.553\cos 161.8t \\ x_2 &= 0.894\cos 61.8t - 0.895\cos 161.8t \end{aligned} \right\}$$

例題 2 ― 2自由度系の自由振動 (2)

図5.5 に示すように薄い円板とみなせる半径 r で質量 m の滑車，質量 m，および 2 つのばね k からなる 2 自由度系がある．この系の固有振動数と固有モードを求めよ．

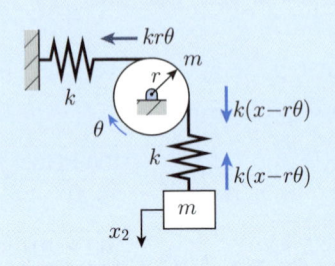

図5.5 滑車と質量からなる 2 自由度自由振動系

解答 滑車が静かに角度 θ 回転すると左上のばねは $r\theta$ 伸びるので滑車には図5.5 のように $kr\theta$ の復元力が作用する．このとき質量 m は下に $r\theta$ 変位することを考えると，質量 m が x 変位するときの右下のばねの伸びは $x - r\theta$ となる．縮もうとするばねから $k(x - r\theta)$ の復元力が図5.5 のように滑車と質量に作用する．滑車の慣性モーメントを J とすると運動の第 2 法則から運動方程式は次のようになる．

$$\left.\begin{array}{l} J\ddot{\theta} = -kr^2\theta + kr(x - r\theta) \\ m\ddot{x} = -k(x - r\theta) \end{array}\right\}$$

表1.1 より $J = mr^2/2$ となるので，運動方程式は次のように整理できる．

$$\left.\begin{array}{l} \dfrac{mr^2}{2}\ddot{\theta} + 2kr^2\theta - krx = 0 \\ m\ddot{x} - kr\theta + kx = 0 \end{array}\right\}$$

$\theta = \Theta \cos\omega t,\ x = X \cos\omega t$ を代入すると次式を得る．

$$\begin{bmatrix} 2kr^2 - \dfrac{mr^2}{2}\omega^2 & -kr \\ -kr & k - m\omega^2 \end{bmatrix} \begin{Bmatrix} \Theta \\ X \end{Bmatrix} = 0 \qquad ①$$

$\Theta = X = 0$ 以外の解が存在するためには式①の係数行列式がゼロの必要がある．

$$\begin{vmatrix} 2kr^2 - \dfrac{mr^2}{2}\omega^2 & -kr \\ -kr & k - m\omega^2 \end{vmatrix} = \left(2kr^2 - \dfrac{mr^2}{2}\omega^2\right)(k - m\omega^2) - k^2r^2 = 0$$

5.1 2自由度系の自由振動

ω^2 についての次の 2 次方程式を得る．

$$m^2\omega^4 - 5mk\omega^2 + 2k^2 = 0$$

これを解くと次のようになる．

$$\omega^2 = \frac{5 \mp \sqrt{17}}{2}\frac{k}{m}$$

よって 1 次および 2 次固有振動数 ω_1 と ω_2 は以下のようになる．

$$\omega_1 = \sqrt{\frac{5-\sqrt{17}}{2}\frac{k}{m}} = 0.662\sqrt{\frac{k}{m}},$$

$$\omega_2 = \sqrt{\frac{5+\sqrt{17}}{2}\frac{k}{m}} = 2.14\sqrt{\frac{k}{m}}$$

固有モードは式①の下式より次のように表される．

$$\frac{\Theta}{X} = \frac{k - m\omega_i^2}{kr} \quad (i = 1, 2)$$

よって 1 次モードは $\omega_i = \omega_1$ を代入して

$$\frac{\Theta}{X} = \frac{-3 + \sqrt{17}}{2r}$$

$$= \frac{1}{1.78r}$$

2 次モードは $\omega_i = \omega_2$ を代入して

$$\frac{\Theta}{X} = \frac{-3 - \sqrt{17}}{2r}$$

$$= -\frac{1}{0.281r}$$

となる．

5.2　2自由度系の強制振動

図5.6 に示すように，質量 m_1 と m_2 にそれぞれ $F_1\cos\omega t, F_2\cos\omega t$ の調和外力が作用するときの強制振動解を考える．運動方程式は次のようになる．

$$\left.\begin{array}{l} m_1\ddot{x}_1 + (k_1+k_2)x_1 - k_2 x_2 = F_1\cos\omega t \\ m_2\ddot{x}_2 - k_2 x_1 + (k_2+k_3)x_2 = F_2\cos\omega t \end{array}\right\} \tag{5.5}$$

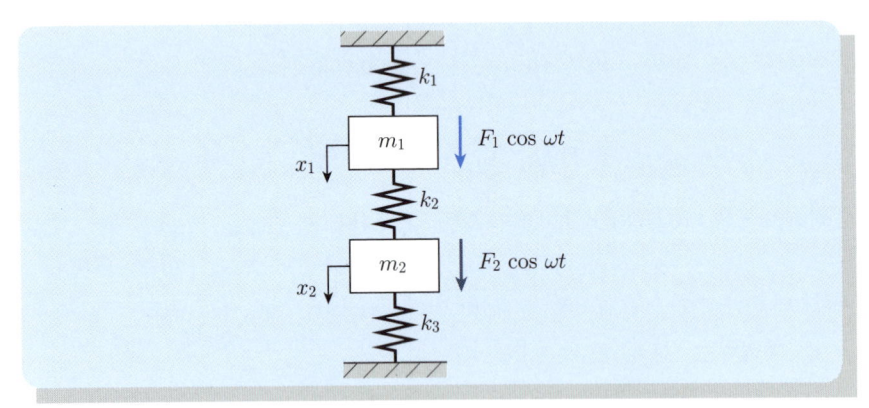

図5.6　調和外力が作用する 2 自由度ばね質量系

この運動方程式の解は次のように表される．

$$\left.\begin{array}{l} x_1 = X_1\cos\omega t \\ x_2 = X_2\cos\omega t \end{array}\right\} \tag{5.6}$$

運動方程式 (5.5) に式 (5.6) を代入すると次式が得られる．

$$\begin{bmatrix} k_1+k_2-m_1\omega^2 & -k_2 \\ -k_2 & k_2+k_3-m_2\omega^2 \end{bmatrix} \begin{Bmatrix} X_1 \\ X_2 \end{Bmatrix} = \begin{Bmatrix} F_1 \\ F_2 \end{Bmatrix} \tag{5.7}$$

式 (5.7) は X_1, X_2 についての連立方程式であり，それらの解はクラメールの公式を使うと次のようになる．

$$\begin{aligned} X_1 &= \frac{\begin{vmatrix} F_1 & -k_2 \\ F_2 & k_2+k_3-m_2\omega^2 \end{vmatrix}}{\begin{vmatrix} k_1+k_2-m_1\omega^2 & -k_2 \\ -k_2 & k_2+k_3-m_2\omega^2 \end{vmatrix}} \\ &= \frac{F_1(k_2+k_3-m_2\omega^2)+F_2 k_2}{(k_1+k_2-m_1\omega^2)(k_2+k_3-m_2\omega^2)-k_2^2}, \end{aligned} \tag{5.8}$$

5.2　2自由度系の強制振動

$$X_2 = \frac{\begin{vmatrix} k_1 + k_2 - m_1\omega^2 & F_1 \\ -k_2 & F_2 \end{vmatrix}}{\begin{vmatrix} k_1 + k_2 - m_1\omega^2 & -k_2 \\ -k_2 & k_2 + k_3 - m_2\omega^2 \end{vmatrix}}$$

$$= \frac{F_1 k_2 + F_2(k_1 + k_2 - m_1\omega^2)}{(k_1 + k_2 - m_1\omega^2)(k_2 + k_3 - m_2\omega^2) - k_2^2} \tag{5.9}$$

式 (5.8) と式 (5.9) の分母は，分母 $= 0$ の 2 つの解 ω_1^2, ω_2^2 を使うと

$$(k_1 + k_2 - m_1\omega^2)(k_2 + k_3 - m_2\omega^2) - k_2^2 = m_1 m_2 (\omega_1^2 - \omega^2)(\omega_2^2 - \omega^2) \tag{5.10}$$

となる．分母 $= 0$ の式は固有振動数を求める式 (5.4) と等しくなり，ω_1 は 1 次固有振動数，ω_2 は 2 次固有振動数である．式 (5.10) を利用すると式 (5.8) と式 (5.9) は

$$X_1 = \frac{F_1(k_2 + k_3 - m_2\omega^2) + F_2 k_2}{m_1 m_2 (\omega_1^2 - \omega^2)(\omega_2^2 - \omega^2)}, \tag{5.11}$$

$$X_2 = \frac{F_1 k_2 + F_2(k_1 + k_2 - m_1\omega^2)}{m_1 m_2 (\omega_1^2 - \omega^2)(\omega_2^2 - \omega^2)} \tag{5.12}$$

と表される．

　振幅は式 (5.11) と式 (5.12) の絶対値を取って $|X_1|$ と $|X_2|$ で表される．式 (5.11) と式 (5.12) から ω が ω_1 または ω_2 に近い値になると分母がゼロに近い値となり，$|X_1|$ と $|X_2|$ は無限に大きくなることがわかる．$\omega = \omega_1$ となる状態のことを **1 次共振**，$\omega = \omega_2$ のときを **2 次共振**と呼ぶ．

例題 3 ── 2自由度系の強制振動 (1)

図5.7 の 2 自由度系において $m = 10\,[\text{kg}]$, $M = 100\,[\text{kg}]$, $k = 100\,[\text{kN/m}]$, $K = 1000\,[\text{kN/m}]$ のときの固有振動数を求めよ．また，$F = 1\,[\text{kN}]$ のとき，振動変位 x_1 と x_2 のそれぞれについての振幅応答曲線の式を求め，その図を描け．

解答 外力が作用しないときの運動方程式は次のようになる．

$$\left.\begin{array}{l} M\ddot{x}_1 + (K+k)x_1 - kx_2 = 0 \\ m\ddot{x}_2 - kx_1 + kx_2 = 0 \end{array}\right\}$$

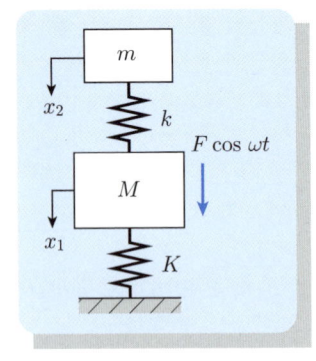

図5.7 2自由度強制振動系（動吸振器）

自由振動解は $x_1 = X_1\cos\omega t$, $x_2 = X_2\cos\omega t$ と表されるのでこれを運動方程式に代入し整理すると次式を得る．

$$\begin{bmatrix} (K+k) - M\omega^2 & -k \\ -k & k - m\omega^2 \end{bmatrix}\begin{Bmatrix} X_1 \\ X_2 \end{Bmatrix} = 0$$

$X_1 = X_2 = 0$ 以外の解が存在するためには上式の係数行列式がゼロでなければならない．

$$\{(K+k) - M\omega^2\}(k - m\omega^2) - k^2 = 0$$

m, M, k, K の値を代入し，ω^2 についての 2 次方程式を解くと，1 次と 2 次の固有振動数は $\omega_1 = 85.4\,[\text{rad/s}]$, $\omega_2 = 117\,[\text{rad/s}]$ となる．単位を [Hz] で表すと次のようになる．

$$f_1 = \omega_1/(2\pi) = 13.6\,[\text{Hz}], \quad f_2 = \omega_2/(2\pi) = 18.6\,[\text{Hz}]$$

外力が作用するときの下と上の質量の運動方程式は次のようになる．

$$\left.\begin{array}{l} M\ddot{x}_1 + (K+k)x_1 - kx_2 = F\cos\omega t \\ m\ddot{x}_2 - kx_1 + kx_2 = 0 \end{array}\right\}$$

この強制振動解は $x_1 = X_1\cos\omega t$, $x_2 = X_2\cos\omega t$ と表されるのでこれを運動方程式に代入し整理すると次式を得る．

$$\begin{bmatrix} (K+k) - M\omega^2 & -k \\ -k & k - m\omega^2 \end{bmatrix}\begin{Bmatrix} X_1 \\ X_2 \end{Bmatrix} = \begin{Bmatrix} F \\ 0 \end{Bmatrix}$$

5.2 2自由度系の強制振動

X_1 と X_2 について解くと次のようになる.

$$X_1 = \frac{\begin{vmatrix} F & -k \\ 0 & k - m\omega^2 \end{vmatrix}}{\begin{vmatrix} (K+k) - M\omega^2 & -k \\ -k & k - m\omega^2 \end{vmatrix}} = \frac{F(k - m\omega^2)}{\{(K+k) - M\omega^2\}(k - m\omega^2) - k^2}$$

$$= \frac{F(k - m\omega^2)}{Mm(\omega^2 - \omega_1^2)(\omega^2 - \omega_2^2)},$$

$$X_2 = \frac{\begin{vmatrix} (K+k) - M\omega^2 & F \\ -k & 0 \end{vmatrix}}{\begin{vmatrix} (K+k) - M\omega^2 & -k \\ -k & k - m\omega^2 \end{vmatrix}} = \frac{Fk}{\{(K+k) - M\omega^2\}(k - m\omega^2) - k^2}$$

$$= \frac{Fk}{Mm(\omega^2 - \omega_1^2)(\omega^2 - \omega_2^2)}$$

振幅応答曲線を図5.8に示す.加振振動数が1次または2次固有振動数になると振幅が無限大になり,共振を起こしていることがわかる.X_1の式からわかるように加振振動数が $\frac{\sqrt{k/m}}{2\pi} = 15.9\,[\text{Hz}]$ のときに X_1 はゼロになる.したがって m と k からなる1自由度系の固有振動数に等しい加振振動数において M の振動変位はゼロになる.この m と k からなる1自由度系のことを**動吸振器**と呼び,特定の振動数における振動を小さくする場合に用いられる.

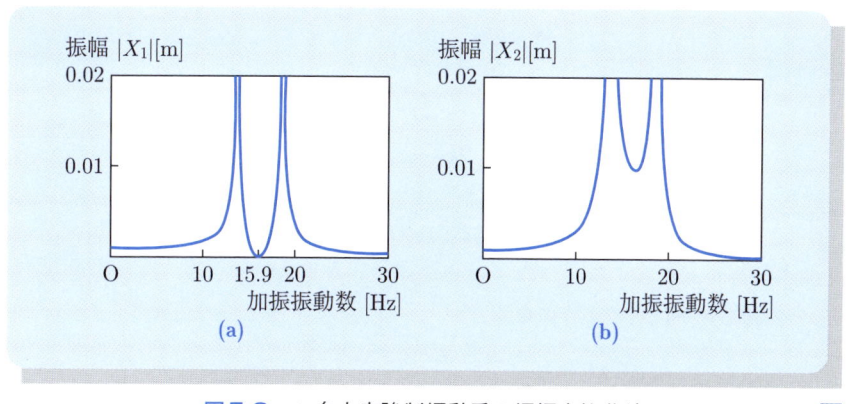

図5.8 2自由度強制振動系の振幅応答曲線

例題 4 — 2自由度系の強制振動 (2)

図5.9 に示す 2 自由度系の下の質量に $F\cos\omega t$ の調和外力が作用するとき，x_1 と x_2 の強制振動解を求めよ．

解答 この系の運動方程式は次のようになる．

$$\left.\begin{array}{l} m\ddot{x}_1 + 2kx_1 - kx_2 = 0 \\ m\ddot{x}_2 - kx_1 + 2kx_2 = F\cos\omega t \end{array}\right\}$$

$x_1 = X_1\cos\omega t,\ x_2 = X_2\cos\omega t$ を代入し整理すると次式を得る．

$$\begin{bmatrix} 2k-m\omega^2 & -k \\ -k & 2k-m\omega^2 \end{bmatrix} \begin{Bmatrix} X_1 \\ X_2 \end{Bmatrix} = \begin{Bmatrix} 0 \\ F \end{Bmatrix}$$

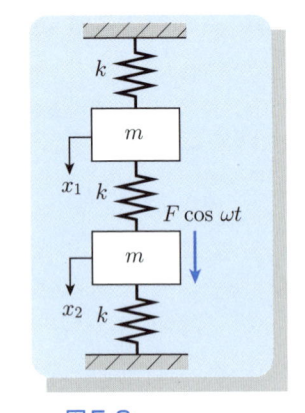

図5.9 2自由度強制振動系

この連立方程式を解くことによって X_1 と X_2 が次のように導かれる．

$$X_1 = \frac{\begin{vmatrix} 0 & -k \\ F & 2k-m\omega^2 \end{vmatrix}}{\begin{vmatrix} 2k-m\omega^2 & -k \\ -k & 2k-m\omega^2 \end{vmatrix}}$$

$$= \frac{kF}{(2k-m\omega^2)^2 - k^2} = \frac{kF}{(k-m\omega^2)(3k-m\omega^2)},$$

$$X_2 = \frac{\begin{vmatrix} 2k-m\omega^2 & 0 \\ -k & F \end{vmatrix}}{\begin{vmatrix} 2k-m\omega^2 & -k \\ -k & 2k-m\omega^2 \end{vmatrix}}$$

$$= \frac{(2k-m\omega^2)F}{(2k-m\omega^2)^2 - k^2} = \frac{(2k-m\omega^2)F}{(k-m\omega^2)(3k-m\omega^2)}$$

上式の分母をゼロとする 2 つの ω はこの系の固有振動数となる．以上より x_1 と x_2 の強制振動解は次のようになる．

$$x_1 = \frac{kF}{(k-m\omega^2)(3k-m\omega^2)}\cos\omega t,$$

$$x_2 = \frac{(2k-m\omega^2)F}{(k-m\omega^2)(3k-m\omega^2)}\cos\omega t$$

5.3 モード解析

5.3.1 固有値問題と固有モードの直交性

n 自由度を持つ多自由度系の振動を考える．n 自由度不減衰振動系の運動方程式を行列の形式で一般的に表すと次のようになる．

$$\begin{bmatrix} m_{11} & m_{12} & \cdots & m_{1n} \\ m_{21} & m_{22} & \cdots & m_{2n} \\ \cdots\cdots\cdots\cdots\cdots\cdots \\ m_{n1} & m_{n2} & \cdots & m_{nn} \end{bmatrix} \begin{Bmatrix} \ddot{x}_1 \\ \ddot{x}_2 \\ \vdots \\ \ddot{x}_n \end{Bmatrix} + \begin{bmatrix} k_{11} & k_{12} & \cdots & k_{1n} \\ k_{21} & k_{22} & \cdots & k_{2n} \\ \cdots\cdots\cdots\cdots\cdots\cdots \\ k_{n1} & k_{n2} & \cdots & k_{nn} \end{bmatrix} \begin{Bmatrix} x_1 \\ x_2 \\ \vdots \\ x_n \end{Bmatrix} = 0 \tag{5.13}$$

式 (5.13) を次のような記号を用いて表す．

$$[M]\{\ddot{x}\} + [K]\{x\} = 0 \tag{5.14}$$

ここで $\{x\}$ を**変位ベクトル**，$[M]$ を**質量行列**，$[K]$ を**剛性行列**という．連成項が等しくなるので，質量行列と剛性行列は対称行列になる．

式 (5.14) の自由振動解は次のようになる．

$$\{x\} = \{X\}\cos\omega t \tag{5.15}$$

ここで $\{X\}$ は各変位の振幅からなるベクトルで，次のように表される．

$$\{X\} = \{X_1, X_2, \ldots, X_n\}^T$$

T は転置を意味する．式 (5.15) を式 (5.14) に代入すると次式を得る．

$$([K] - \omega^2[M])\{X\} = 0 \quad \text{または} \quad [K]\{X\} = \omega^2[M]\{X\} \tag{5.16}$$

線形代数学ではこれを**固有値問題**と呼び，式 (5.16) を満たす ω^2 を**固有値**，そのときに式 (5.16) を満足する $\{X\}$ を**固有ベクトル**という．固有値，固有ベクトルは数値計算によって求められ，べき乗法，ヤコビ法，QR 法などの数値計算手法が使われる．振動の分野では，固有値の平方根が固有振動数，固有ベクトルが固有モードになる．

手計算では式 (5.16) において $\{X\} = 0$ 以外の解を持つ条件である以下の式を利用する．

$$\left| [K] - \omega^2[M] \right| = 0 \tag{5.17}$$

式 (5.17) の行列式を展開し，ω^2 についての高次方程式を解いて固有振動数を求め

る．求められた ω^2 を式 (5.16) に代入してこの同次方程式を解くと固有モードが得られる．

式 (5.16) から $\{X\}$ を定数倍したものも固有モードになることがわかる．固有モードは各質量間の振幅比が意味を持つので，以下のように正規化して表示すると便利である．

(1) 任意の質量の振幅を 1 にする．手計算で固有モードを求めるときに使用する．
(2) 固有モードの大きさ，すなわち $|\{X\}|$ が 1 になるようにする．
(3) 以下の式 (5.18) に示すモード質量が 1 になるようにする．

いま，何らかの方法によって式 (5.16) を解き，固有振動数と固有モードが得られたとする．r 次の固有振動数 ω_r のときの固有モードを $\{X^{(r)}\}$，s 次の固有振動数を ω_s，固有モードを $\{X^{(s)}\}$ とする．$r \neq s$ のとき次式が成り立つ．

$$\{X^{(r)}\}^T [M]\{X^{(s)}\} = 0$$
$$\{X^{(r)}\}^T [K]\{X^{(s)}\} = 0$$

このように質量行列または剛性行列を介して異なる次数の固有モードを掛け合わせるとゼロになる．これを**固有モードの直交性**と呼ぶ．$r = s$ のときには

$$\begin{aligned}\{X^{(r)}\}^T [M]\{X^{(r)}\} &= \overline{m}_r \\ \{X^{(r)}\}^T [K]\{X^{(r)}\} &= \overline{k}_r\end{aligned} \quad (5.18)$$

のようにゼロ以外の値になる．$\overline{m}_r, \overline{k}_r$ をそれぞれ r 次の**モード質量**，**モード剛性**という．このとき次式の関係が成り立つ．

$$\overline{k}_r = \omega_r^2 \overline{m}_r$$

5.3.2 多自由度振動系の自由振動

n 自由度不減衰振動系の自由振動の運動方程式 (5.13) を，モード座標を利用して解く．このような解析方法を**モード解析**と呼ぶ．固有モードを用いて変位ベクトル $\{x\}$ を次のように変換する．

$$\{x\} = \{X^{(1)}\}\xi_1 + \{X^{(2)}\}\xi_2 + \cdots + \{X^{(n)}\}\xi_n = \sum_{r=1}^{n} \{X^{(r)}\}\xi_r \quad (5.19)$$

行列を利用すると式 (5.19) は次のように表される．

$$\{x\} = [X]\{\xi\} \quad (5.20)$$

ここで

5.3 モード解析

$$[\boldsymbol{X}] = [\{\boldsymbol{X}^{(1)}\}\{\boldsymbol{X}^{(2)}\}\cdots\{\boldsymbol{X}^{(n)}\}], \quad \{\boldsymbol{\xi}\} = \{\xi_1, \xi_2, \ldots, \xi_n\}^T$$

$[\boldsymbol{X}]$ は固有モードから構成される行列であり**モード行列**, $\{\boldsymbol{\xi}\}$ は各固有モード成分の大きさから成り立ち**モード座標**と呼ばれる．すなわち式 (5.19) と式 (5.20) は空間座標からモード座標への変換を表す．式 (5.20) を運動方程式 (5.14) に代入し，左から $[\boldsymbol{X}]$ の転置行列 $[\boldsymbol{X}]^T$ を掛けて運動方程式をモード座標に変換する．

$$[\boldsymbol{X}]^T[\boldsymbol{M}][\boldsymbol{X}]\{\ddot{\boldsymbol{\xi}}\} + [\boldsymbol{X}]^T[\boldsymbol{K}][\boldsymbol{X}]\{\boldsymbol{\xi}\} = 0 \tag{5.21}$$

$[\boldsymbol{X}]^T[\boldsymbol{M}][\boldsymbol{X}]$ と $[\boldsymbol{X}]^T[\boldsymbol{K}][\boldsymbol{X}]$ は固有モードの直交性を利用すると次のように対角上にモード質量，モード剛性を持つ対角行列になる．

$$[\boldsymbol{X}]^T[\boldsymbol{M}][\boldsymbol{X}] = \begin{bmatrix} \overline{m}_1 & 0 & \cdots & 0 \\ 0 & \overline{m}_2 & & \vdots \\ \vdots & & \ddots & 0 \\ 0 & \cdots & 0 & \overline{m}_n \end{bmatrix},$$

$$[\boldsymbol{X}]^T[\boldsymbol{K}][\boldsymbol{X}] = \begin{bmatrix} \overline{k}_1 & 0 & \cdots & 0 \\ 0 & \overline{k}_2 & & \vdots \\ \vdots & & \ddots & 0 \\ 0 & \cdots & 0 & \overline{k}_n \end{bmatrix}$$

これを利用すると式 (5.21) は次のようになる．

$$\begin{bmatrix} \overline{m}_1 & 0 & \cdots & 0 \\ 0 & \overline{m}_2 & & \vdots \\ \vdots & & \ddots & 0 \\ 0 & \cdots & 0 & \overline{m}_n \end{bmatrix} \begin{Bmatrix} \ddot{\xi}_1 \\ \ddot{\xi}_2 \\ \vdots \\ \ddot{\xi}_n \end{Bmatrix} + \begin{bmatrix} \overline{k}_1 & 0 & \cdots & 0 \\ 0 & \overline{k}_2 & & \vdots \\ \vdots & & \ddots & 0 \\ 0 & \cdots & 0 & \overline{k}_n \end{bmatrix} \begin{Bmatrix} \xi_1 \\ \xi_2 \\ \vdots \\ \xi_n \end{Bmatrix} = 0$$

よって次の n 個の非連成の運動方程式が得られる．

$$\overline{m}_r \ddot{\xi}_r + \overline{k}_r \xi_r = 0 \quad (r = 1, 2, 3, \ldots, n)$$

これは 1 自由度系の運動方程式と同じなので，解は次のように表される．

$$\xi_r = A_r \cos\omega_r t + B_r \sin\omega_r t \quad \left(\because \ \omega_r = \sqrt{\frac{\overline{k}_r}{\overline{m}_r}}, \ r = 1, 2, 3, \ldots, n\right) \tag{5.22}$$

ω_r は r 次の固有振動数であり，A_r と B_r は初期条件から決定される定数である．式 (5.19) と式 (5.22) より $\{\boldsymbol{x}\}$ は次のようになる．

$$\{x\} = \sum_{r=1}^{n} \{X^{(r)}\} (A_r \cos\omega_r t + B_r \sin\omega_r t) \tag{5.23}$$

ここで初期変位を $\{x_0\}$, 初期速度を $\{v_0\}$ とすると式 (5.23) から次式が得られる．

$$\{x_0\} = [X]\{A\} \qquad \because \quad \{A\} = \{A_1, A_2, \ldots, A_n\}^T$$

$$\{v_0\} = [X] \begin{bmatrix} \omega_1 & & 0 \\ & \ddots & \\ 0 & & \omega_n \end{bmatrix} \{B\} \qquad \because \quad \{B\} = \{B_1, B_2, \ldots, B_n\}^T$$

上 2 式から定数 $\{A\}$ と $\{B\}$ を次のように決定することができ，初期条件を満足する自由振動解が得られる．

$$\{A\} = [X]^{-1}\{x_0\}, \quad \{B\} = \begin{bmatrix} 1/\omega_1 & & 0 \\ & \ddots & \\ 0 & & 1/\omega_n \end{bmatrix} [X]^{-1}\{v_0\}$$

5.3.3 多自由度振動系の強制振動

次の n 自由度不減衰振動系の強制振動の運動方程式 (5.24) を，自由振動の場合と同じようにモード座標へ変換して解く．

$$\begin{bmatrix} m_{11} & m_{12} & \cdots & m_{1n} \\ m_{21} & m_{22} & \cdots & m_{2n} \\ \cdots\cdots\cdots\cdots\cdots\cdots\cdots \\ m_{n1} & m_{n2} & \cdots & m_{nn} \end{bmatrix} \begin{Bmatrix} \ddot{x}_1 \\ \ddot{x}_2 \\ \vdots \\ \ddot{x}_n \end{Bmatrix} + \begin{bmatrix} k_{11} & k_{12} & \cdots & k_{1n} \\ k_{21} & k_{22} & \cdots & k_{2n} \\ \cdots\cdots\cdots\cdots\cdots\cdots\cdots \\ k_{n1} & k_{n2} & \cdots & k_{nn} \end{bmatrix} \begin{Bmatrix} x_1 \\ x_2 \\ \vdots \\ x_n \end{Bmatrix}$$

$$= \begin{Bmatrix} F_1 \\ F_2 \\ \vdots \\ F_n \end{Bmatrix} \cos\omega t \tag{5.24}$$

式 (5.24) を次のように表す．

$$[M]\{\ddot{x}\} + [K]\{x\} = \{F\}\cos\omega t \tag{5.25}$$

$\{F\}$ は以下のように外力振幅からなるベクトルである．

$$\{F\} = \{F_1, F_2, \ldots, F_n\}^T$$

式 (5.20) を式 (5.25) に代入し，左から $[X]$ の転置行列 $[X]^T$ を掛ける．

$$[X]^T[M][X]\{\ddot{\xi}\} + [X]^T[K][X]\{\xi\} = [X]^T\{F\}\cos\omega t \tag{5.26}$$

5.3 モード解析

ここで

$$[\boldsymbol{X}]^T\{\boldsymbol{F}\} = \begin{bmatrix} \{\boldsymbol{X}^{(1)}\}^T \\ \{\boldsymbol{X}^{(2)}\}^T \\ \vdots \\ \{\boldsymbol{X}^{(n)}\}^T \end{bmatrix} \begin{Bmatrix} F_1 \\ F_2 \\ \vdots \\ F_n \end{Bmatrix} = \begin{Bmatrix} \overline{F}_1 \\ \overline{F}_2 \\ \vdots \\ \overline{F}_n \end{Bmatrix} \tag{5.27}$$

とすると,式 (5.26) は次のようになる.

$$\begin{bmatrix} \overline{m}_1 & 0 & \cdots & 0 \\ 0 & \overline{m}_2 & & \vdots \\ \vdots & & \ddots & 0 \\ 0 & \cdots & 0 & \overline{m}_n \end{bmatrix} \begin{Bmatrix} \ddot{\xi}_1 \\ \ddot{\xi}_2 \\ \vdots \\ \ddot{\xi}_n \end{Bmatrix} + \begin{bmatrix} \overline{k}_1 & 0 & \cdots & 0 \\ 0 & \overline{k}_2 & & \vdots \\ \vdots & & \ddots & 0 \\ 0 & \cdots & 0 & \overline{k}_n \end{bmatrix} \begin{Bmatrix} \xi_1 \\ \xi_2 \\ \vdots \\ \xi_n \end{Bmatrix}$$

$$= \begin{Bmatrix} \overline{F}_1 \\ \overline{F}_2 \\ \vdots \\ \overline{F}_n \end{Bmatrix} \cos \omega t$$

したがって次の n 個の非連成の運動方程式が得られる.

$$\overline{m}_r \ddot{\xi}_r + \overline{k}_r \xi_r = \overline{F}_r \cos \omega t \quad (r = 1, 2, 3, \ldots, n)$$

これは 1 自由度系の強制振動の運動方程式と同じなので,r 次モードの強制振動解は次のようになる.

$$\xi_r = \frac{\overline{F}_r}{\overline{k}_r - \overline{m}_r \omega^2} \cos \omega t = \frac{\overline{F}_r}{\overline{m}_r (\omega_r^2 - \omega^2)} \cos \omega t \tag{5.28}$$

ω_r は r 次の固有振動数である.式 (5.28) を式 (5.19) に代入すると $\{\boldsymbol{x}\}$ を求めることができる.

$$\{\boldsymbol{x}\} = \sum_{r=1}^{n} \{\boldsymbol{X}^{(r)}\} \frac{\overline{F}_r}{\overline{m}_r (\omega_r^2 - \omega^2)} \cos \omega t \tag{5.29}$$

j 点のみに調和外力 F_j が作用したときの i 点の応答解 x_i を考える.式 (5.27) より

$$\overline{F}_r = X_j^{(r)} F_j \quad (r = 1, 2, 3, \ldots, n)$$

ここで $X_j^{(r)}$ は r 次の固有モードの j 番目を表す.式 (5.29) において $\{\boldsymbol{x}\}$ の i 番目が x_i になるので次式が得られる.

$$x_i = \sum_{r=1}^{n} \frac{X_i^{(r)} X_j^{(r)} F_j}{\overline{m}_r (\omega_r^2 - \omega^2)} \cos \omega t \tag{5.30}$$

x_i はその振幅を X_i で表すと $x_i = X_i \cos\omega t$ となり，式 (5.30) から X_i は次のようになる．

$$X_i = \left\{ \sum_{r=1}^{n} \frac{X_i^{(r)} X_j^{(r)}}{\overline{m}_r (\omega_r^2 - \omega^2)} \right\} F_j = G_{ij} F_j$$

ここで G_{ij} は次式で定義されるものであり，i 点と j 点を入れ替えても同じ式，すなわち $G_{ij} = G_{ji}$ になる．

$$G_{ij} = \sum_{r=1}^{n} \frac{X_i^{(r)} X_j^{(r)}}{\overline{m}_r (\omega_r^2 - \omega^2)}$$

G_{ij} は i 点と j 点の間の**周波数伝達関数**と呼ばれ，4.7.3 にて説明されたものと同じ意味を持つ．周波数伝達関数を使用すると，n 点のすべてに調和加振力 F_i $(i = 1, 2, \ldots, n)$ が作用するときのすべての点における振幅 X_i $(i = 1, 2, \ldots, n)$ は次のように表すことができる．

$$\begin{Bmatrix} X_1 \\ X_2 \\ \vdots \\ X_n \end{Bmatrix} = \begin{bmatrix} G_{11} & G_{12} & \cdots & G_{1n} \\ G_{21} & G_{22} & \cdots & G_{2n} \\ \multicolumn{4}{c}{\dotfill} \\ G_{n1} & G_{n2} & \cdots & G_{nn} \end{bmatrix} \begin{Bmatrix} F_1 \\ F_2 \\ \vdots \\ F_n \end{Bmatrix}$$

例題 5 ──────────────────── モード解析 ─

2 自由度系の強制振動に関する [例題 4] について，モード解析を利用して x_1 と x_2 の強制振動解を求めよ．

解答 [例題 4] より，運動方程式を行列で表すと次式になる．

$$\begin{bmatrix} m & 0 \\ 0 & m \end{bmatrix} \begin{Bmatrix} \ddot{x}_1 \\ \ddot{x}_2 \end{Bmatrix} + \begin{bmatrix} 2k & -k \\ -k & 2k \end{bmatrix} \begin{Bmatrix} x_1 \\ x_2 \end{Bmatrix} = \begin{Bmatrix} 0 \\ F \end{Bmatrix} \cos\omega t$$

[例題 1] の手順からこの系の 1 次モード $\{\boldsymbol{X}^{(1)}\}$ と 2 次モード $\{\boldsymbol{X}^{(2)}\}$ は次のように表される．

$$\{\boldsymbol{X}^{(1)}\} = \begin{Bmatrix} 1 \\ 1 \end{Bmatrix}, \quad \{\boldsymbol{X}^{(2)}\} = \begin{Bmatrix} 1 \\ -1 \end{Bmatrix}$$

よってモード座標 ξ_1 と ξ_2 への変換式は式 (5.20) より次のようになる．

$$\begin{Bmatrix} x_1 \\ x_2 \end{Bmatrix} = [\boldsymbol{X}]\{\boldsymbol{\xi}\} = \begin{bmatrix} 1 & 1 \\ 1 & -1 \end{bmatrix} \begin{Bmatrix} \xi_1 \\ \xi_2 \end{Bmatrix}$$

これを運動方程式に代入し，モード行列 $[\boldsymbol{X}]$ の転置行列を左から掛ける．

5.3 モード解析

$$\begin{bmatrix} 1 & 1 \\ 1 & -1 \end{bmatrix} \begin{bmatrix} m & 0 \\ 0 & m \end{bmatrix} \begin{bmatrix} 1 & 1 \\ 1 & -1 \end{bmatrix} \begin{Bmatrix} \ddot{\xi}_1 \\ \ddot{\xi}_2 \end{Bmatrix}$$

$$+ \begin{bmatrix} 1 & 1 \\ 1 & -1 \end{bmatrix} \begin{bmatrix} 2k & -k \\ -k & 2k \end{bmatrix} \begin{bmatrix} 1 & 1 \\ 1 & -1 \end{bmatrix} \begin{Bmatrix} \xi_1 \\ \xi_2 \end{Bmatrix}$$

$$= \begin{bmatrix} 1 & 1 \\ 1 & -1 \end{bmatrix} \begin{Bmatrix} 0 \\ F \end{Bmatrix} \cos \omega t$$

計算すると

$$\begin{bmatrix} 2m & 0 \\ 0 & 2m \end{bmatrix} \begin{Bmatrix} \ddot{\xi}_1 \\ \ddot{\xi}_2 \end{Bmatrix} + \begin{bmatrix} 2k & 0 \\ 0 & 6k \end{bmatrix} \begin{Bmatrix} \xi_1 \\ \xi_2 \end{Bmatrix} = \begin{Bmatrix} F \\ -F \end{Bmatrix} \cos \omega t$$

になる．よって ξ_1 と ξ_2 に関する運動方程式は次式となる．

$$\left. \begin{aligned} 2m\ddot{\xi}_1 + 2k\xi_1 &= F \cos \omega t \\ 2m\ddot{\xi}_2 + 6k\xi_2 &= -F \cos \omega t \end{aligned} \right\}$$

この式から 1 次固有振動数 ω_1 と 2 次固有振動数 ω_2 は $\omega_1 = \sqrt{\frac{k}{m}}$, $\omega_2 = \sqrt{\frac{3k}{m}}$ となることがわかる．ξ_1 と ξ_2 の強制振動解は

$$\xi_1 = \frac{F}{2(k - m\omega^2)} \cos \omega t,$$
$$\xi_2 = \frac{-F}{2(3k - m\omega^2)} \cos \omega t$$

となる．モード行列への変換式 (5.19) または式 (5.20) から x_1 と x_2 についての解が得られる．

$$x_1 = \xi_1 + \xi_2 = \frac{F}{2(k - m\omega^2)} \cos \omega t - \frac{F}{2(3k - m\omega^2)} \cos \omega t$$
$$= \frac{kF}{(k - m\omega^2)(3k - m\omega^2)} \cos \omega t,$$
$$x_2 = \xi_1 - \xi_2 = \frac{F}{2(k - m\omega^2)} \cos \omega t + \frac{F}{2(3k - m\omega^2)} \cos \omega t$$
$$= \frac{(2k - m\omega^2)F}{(k - m\omega^2)(3k - m\omega^2)} \cos \omega t$$

これは [例題 4] の結果と一致する．

第5章 多自由度系の振動

例題6 ───────────────── **3自由度系の振動**

図5.10 の3自由度系について以下の問に答えよ．

(1) 1次，2次，3次の固有振動数 ω_1, ω_2, ω_3 を求めよ．

(2) 1次，2次，3次の固有モードを求めよ．

(3) x_1, x_2, x_3 の初期変位をそれぞれ 4, 0, 2，すべての初期速度をゼロとするとき，この系の自由振動解 x_1, x_2, x_3 を求めよ．

(4) 図5.10 のように強制外力が作用するときの x_1, x_2, x_3 の強制振動解を，モード解析を利用して求めよ．

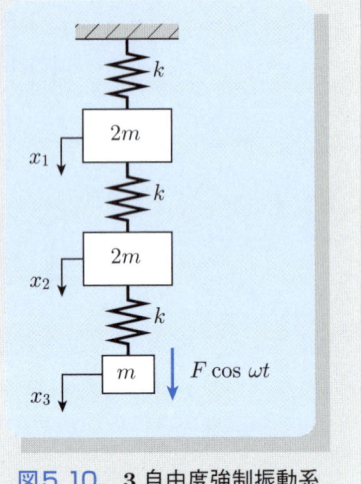

図5.10 3自由度強制振動系

解答 (1) 固有振動数と固有モードを求めるため，自由振動の運動方程式を導く．それぞれの質量について運動の第2法則を適用すると次のようになる．

$$\left.\begin{array}{l} 2m\ddot{x}_1 = -kx_1 - k(x_1 - x_2) \\ 2m\ddot{x}_2 = -k(x_2 - x_1) - k(x_2 - x_3) \\ m\ddot{x}_3 = -k(x_3 - x_2) \end{array}\right\}$$

行列で表すと次式になる．

$$\begin{bmatrix} 2m & 0 & 0 \\ 0 & 2m & 0 \\ 0 & 0 & m \end{bmatrix} \begin{Bmatrix} \ddot{x}_1 \\ \ddot{x}_2 \\ \ddot{x}_3 \end{Bmatrix} + \begin{bmatrix} 2k & -k & 0 \\ -k & 2k & -k \\ 0 & -k & k \end{bmatrix} \begin{Bmatrix} x_1 \\ x_2 \\ x_3 \end{Bmatrix} = 0$$

運動方程式に $x_1 = X_1 \cos\omega t$, $x_2 = X_2 \cos\omega t$, $x_3 = X_3 \cos\omega t$ を代入し，整理する．

$$\begin{bmatrix} 2(k - m\omega^2) & -k & 0 \\ -k & 2(k - m\omega^2) & -k \\ 0 & -k & k - m\omega^2 \end{bmatrix} \begin{Bmatrix} X_1 \\ X_2 \\ X_3 \end{Bmatrix} = 0 \quad ①$$

$X_1 = X_2 = X_3 = 0$ 以外の解を持つためには係数行列式の値がゼロになる必要がある．

5.3 モード解析

$$4(k-m\omega^2)^3 - 2k^2(k-m\omega^2) - k^2(k-m\omega^2) = 0$$

整理すると次のようになる．

$$(k-m\omega^2)\{4(k-m\omega^2)^2 - 3k^2\} = 0$$

これを ω^2 について解く．

$$\omega^2 = \frac{k}{m}, \ \left(1 \pm \frac{\sqrt{3}}{2}\right)\frac{k}{m}$$

この ω が固有振動数になり，小さい方から順に 1 次，2 次，3 次の固有振動数 ω_1, ω_2, ω_3 になる．よって

$$\omega_1 = \sqrt{\left(1-\frac{\sqrt{3}}{2}\right)\frac{k}{m}}, \quad \omega_2 = \sqrt{\frac{k}{m}}, \quad \omega_3 = \sqrt{\left(1+\frac{\sqrt{3}}{2}\right)\frac{k}{m}}$$

(2) 式①の ω^2 に $\omega_1^2, \omega_2^2, \omega_3^2$ を代入し，X_1, X_2, X_3 について解くと固有モードが求められる．

(a) 1 次モード：$\omega^2 = \left(1-\frac{\sqrt{3}}{2}\right)\frac{k}{m}$ を式①に代入する．

$$\begin{bmatrix} \sqrt{3} & -1 & 0 \\ -1 & \sqrt{3} & -1 \\ 0 & -1 & \frac{\sqrt{3}}{2} \end{bmatrix} \begin{Bmatrix} X_1 \\ X_2 \\ X_3 \end{Bmatrix} = 0, X_1 = 1 \text{ と置くことにより}$$

$$\begin{Bmatrix} X_1 \\ X_2 \\ X_3 \end{Bmatrix} = \begin{Bmatrix} 1 \\ \sqrt{3} \\ 2 \end{Bmatrix}$$

(b) 2 次モード：$\omega^2 = \frac{k}{m}$ を式①に代入する．

$$\begin{bmatrix} 0 & -1 & 0 \\ -1 & 0 & -1 \\ 0 & -1 & 0 \end{bmatrix} \begin{Bmatrix} X_1 \\ X_2 \\ X_3 \end{Bmatrix} = 0, X_1 = 1 \text{ と置くことにより}$$

$$\begin{Bmatrix} X_1 \\ X_2 \\ X_3 \end{Bmatrix} = \begin{Bmatrix} 1 \\ 0 \\ -1 \end{Bmatrix}$$

(c) 3 次モード：$\omega^2 = \left(1+\frac{\sqrt{3}}{2}\right)\frac{k}{m}$ を式①に代入する．

$$\begin{bmatrix} -\sqrt{3} & -1 & 0 \\ -1 & -\sqrt{3} & -1 \\ 0 & -1 & -\frac{\sqrt{3}}{2} \end{bmatrix} \begin{Bmatrix} X_1 \\ X_2 \\ X_3 \end{Bmatrix} = 0, X_1 = 1 \text{ と置くことにより}$$

第 5 章　多自由度系の振動

$$\left\{\begin{array}{c} X_1 \\ X_2 \\ X_3 \end{array}\right\} = \left\{\begin{array}{c} 1 \\ -\sqrt{3} \\ 2 \end{array}\right\}$$

参考までに各モードを図で表すと**図5.11**のようになる．

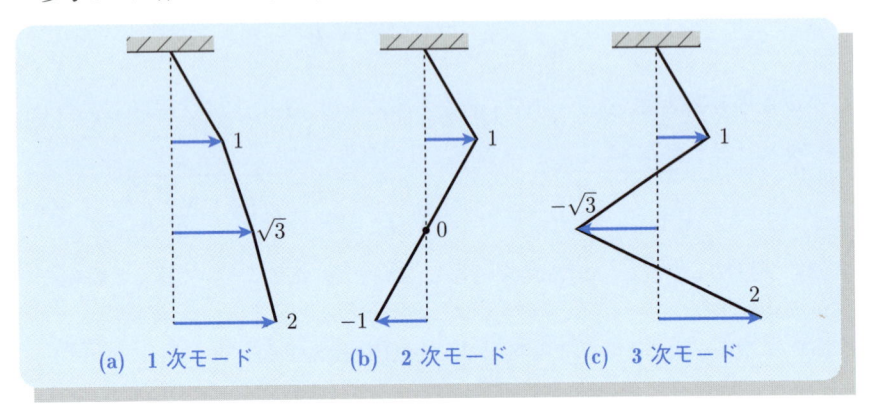

(a) 1次モード　　**(b) 2次モード**　　**(c) 3次モード**

図5.11　3自由度系の固有モード

(3)　自由振動解は次のように表される．

$$\left\{\begin{array}{c} x_1 \\ x_2 \\ x_3 \end{array}\right\} = \left\{\begin{array}{c} 1 \\ \sqrt{3} \\ 2 \end{array}\right\}(A_1\cos\omega_1 t + B_1\sin\omega_1 t) + \left\{\begin{array}{c} 1 \\ 0 \\ -1 \end{array}\right\}(A_2\cos\omega_2 t + B_2\sin\omega_2 t)$$

$$+ \left\{\begin{array}{c} 1 \\ -\sqrt{3} \\ 2 \end{array}\right\}(A_3\cos\omega_3 t + B_3\sin\omega_3 t)$$

初期変位の条件より次式が得られる．

$$\left\{\begin{array}{c} 4 \\ 0 \\ 2 \end{array}\right\} = \left[\begin{array}{ccc} 1 & 1 & 1 \\ \sqrt{3} & 0 & -\sqrt{3} \\ 2 & -1 & 2 \end{array}\right]\left\{\begin{array}{c} A_1 \\ A_2 \\ A_3 \end{array}\right\}$$

これを A_1, A_2, A_3 について解く．

$$\left\{\begin{array}{c} A_1 \\ A_2 \\ A_3 \end{array}\right\} = \left\{\begin{array}{c} 1 \\ 2 \\ 1 \end{array}\right\}$$

初期速度の条件から $B_1 = B_2 = B_3 = 0$ となる．以上より次の自由振動解が得られる．

5.3 モード解析

$$\left\{\begin{array}{c} x_1 \\ x_2 \\ x_3 \end{array}\right\} = \left\{\begin{array}{c} 1 \\ \sqrt{3} \\ 2 \end{array}\right\}\cos\omega_1 t + \left\{\begin{array}{c} 1 \\ 0 \\ -1 \end{array}\right\} 2\cos\omega_2 t + \left\{\begin{array}{c} 1 \\ -\sqrt{3} \\ 2 \end{array}\right\}\cos\omega_3 t$$

(4) 外力が作用する場合の運動方程式は次のようになる.

$$\left[\begin{array}{ccc} 2m & 0 & 0 \\ 0 & 2m & 0 \\ 0 & 0 & m \end{array}\right]\left\{\begin{array}{c} \ddot{x}_1 \\ \ddot{x}_2 \\ \ddot{x}_3 \end{array}\right\} + \left[\begin{array}{ccc} 2k & -k & 0 \\ -k & 2k & -k \\ 0 & -k & k \end{array}\right]\left\{\begin{array}{c} x_1 \\ x_2 \\ x_3 \end{array}\right\} = \left\{\begin{array}{c} 0 \\ 0 \\ F \end{array}\right\}\cos\omega t$$

x_1, x_2, x_3 からモード座標 ξ_1, ξ_2, ξ_3 への変換式はモード行列を利用すると次のようになる.

$$\left\{\begin{array}{c} x_1 \\ x_2 \\ x_3 \end{array}\right\} = \left\{\begin{array}{c} 1 \\ \sqrt{3} \\ 2 \end{array}\right\}\xi_1 + \left\{\begin{array}{c} 1 \\ 0 \\ -1 \end{array}\right\}\xi_2 + \left\{\begin{array}{c} 1 \\ -\sqrt{3} \\ 2 \end{array}\right\}\xi_3$$

$$= \left[\begin{array}{ccc} 1 & 1 & 1 \\ \sqrt{3} & 0 & -\sqrt{3} \\ 2 & -1 & 2 \end{array}\right]\left\{\begin{array}{c} \xi_1 \\ \xi_2 \\ \xi_3 \end{array}\right\} \quad ②$$

これを運動方程式に代入し，左からモード行列の転置行列を掛けて固有モードの直交性を利用すると次式のようになる.

$$\left[\begin{array}{ccc} \overline{m}_1 & 0 & 0 \\ 0 & \overline{m}_2 & 0 \\ 0 & 0 & \overline{m}_3 \end{array}\right]\left\{\begin{array}{c} \ddot{\xi}_1 \\ \ddot{\xi}_2 \\ \ddot{\xi}_3 \end{array}\right\} + \left[\begin{array}{ccc} \overline{k}_1 & 0 & 0 \\ 0 & \overline{k}_2 & 0 \\ 0 & 0 & \overline{k}_3 \end{array}\right]\left\{\begin{array}{c} \xi_1 \\ \xi_2 \\ \xi_3 \end{array}\right\}$$

$$= \left[\begin{array}{ccc} 1 & \sqrt{3} & 2 \\ 1 & 0 & -1 \\ 1 & -\sqrt{3} & 2 \end{array}\right]\left\{\begin{array}{c} 0 \\ 0 \\ F \end{array}\right\}\cos\omega t$$

$$= \left\{\begin{array}{c} 2F \\ -F \\ 2F \end{array}\right\}\cos\omega t$$

$\overline{m}_i, \overline{k}_i$ ($i = 1, 2, 3$) はそれぞれ 1 次, 2 次, 3 次のモード質量とモード剛性を示す. モード質量は次のように計算できる.

$$\overline{m}_1 = \left\{\begin{array}{ccc} 1 & \sqrt{3} & 2 \end{array}\right\}\left[\begin{array}{ccc} 2m & 0 & 0 \\ 0 & 2m & 0 \\ 0 & 0 & m \end{array}\right]\left\{\begin{array}{c} 1 \\ \sqrt{3} \\ 2 \end{array}\right\} = 12m,$$

$$\overline{m}_2 = \begin{Bmatrix} 1 & 0 & -1 \end{Bmatrix} \begin{bmatrix} 2m & 0 & 0 \\ 0 & 2m & 0 \\ 0 & 0 & m \end{bmatrix} \begin{Bmatrix} 1 \\ 0 \\ -1 \end{Bmatrix} = 3m,$$

$$\overline{m}_3 = \begin{Bmatrix} 1 & -\sqrt{3} & 2 \end{Bmatrix} \begin{bmatrix} 2m & 0 & 0 \\ 0 & 2m & 0 \\ 0 & 0 & m \end{bmatrix} \begin{Bmatrix} 1 \\ -\sqrt{3} \\ 2 \end{Bmatrix} = 12m$$

モード剛性は，$\overline{k}_i = \overline{m}_i \omega_i^2$ を利用すると次のようになる．

$$\overline{k}_1 = 12m\omega_1^2, \quad \overline{k}_2 = 3m\omega_2^2, \quad \overline{k}_3 = 12m\omega_3^2$$

よってモード座標 ξ_1, ξ_2, ξ_3 に関する次の運動方程式を導くことができる．

$$\left. \begin{aligned} 12m\ddot{\xi}_1 + 12m\omega_1^2 \xi_1 &= 2F\cos\omega t \\ 3m\ddot{\xi}_2 + 3m\omega_2^2 \xi_2 &= -F\cos\omega t \\ 12m\ddot{\xi}_3 + 12m\omega_3^2 \xi_3 &= 2F\cos\omega t \end{aligned} \right\}$$

上式から ξ_1, ξ_2, ξ_3 の強制振動解は次のようになる．

$$\xi_1 = \frac{F}{6m(\omega_1^2 - \omega^2)}\cos\omega t, \quad \xi_2 = \frac{-F}{3m(\omega_2^2 - \omega^2)}\cos\omega t, \quad \xi_3 = \frac{F}{6m(\omega_3^2 - \omega^2)}\cos\omega t$$

これらを式②に代入すると x_1, x_2, x_3 の強制振動解が得られる．

$$\begin{Bmatrix} x_1 \\ x_2 \\ x_3 \end{Bmatrix} = \left[\begin{Bmatrix} 1 \\ \sqrt{3} \\ 2 \end{Bmatrix} \frac{1}{6m(\omega_1^2 - \omega^2)} - \begin{Bmatrix} 1 \\ 0 \\ -1 \end{Bmatrix} \frac{1}{3m(\omega_2^2 - \omega^2)} \right.$$
$$\left. + \begin{Bmatrix} 1 \\ -\sqrt{3} \\ 2 \end{Bmatrix} \frac{1}{6m(\omega_3^2 - \omega^2)} \right] F\cos\omega t$$

なお，上式から周波数伝達関数 G_{13}, G_{23}, G_{33} は次のようになる

$$G_{13} = \frac{1}{6m(\omega_1^2 - \omega^2)} - \frac{1}{3m(\omega_2^2 - \omega^2)} + \frac{1}{6m(\omega_3^2 - \omega^2)},$$

$$G_{23} = \frac{\sqrt{3}}{6m(\omega_1^2 - \omega^2)} - \frac{\sqrt{3}}{6m(\omega_3^2 - \omega^2)},$$

$$G_{33} = \frac{1}{3m(\omega_1^2 - \omega^2)} + \frac{1}{3m(\omega_2^2 - \omega^2)} + \frac{1}{3m(\omega_3^2 - \omega^2)}$$

5.4 ラグランジュの運動方程式

ラグランジュの運動方程式を利用して n 自由度不減衰振動系の運動方程式を導出する．ラグランジュの運動方程式を次式に示す．

$$\frac{d}{dt}\left(\frac{\partial T}{\partial \dot{q}_r}\right) = Q_r + \frac{\partial T}{\partial q_r} - \frac{\partial U}{\partial q_r} \quad (r = 1, 2, \ldots, n) \tag{5.31}$$

T は運動エネルギ，U はポテンシャルエネルギ，q_r は**一般化座標**，Q_r は q_r 方向の**一般化力**である．ラグランジュ関数 $L = T - U$ を利用すると式 (5.31) は次のように表される．

$$\frac{d}{dt}\left(\frac{\partial L}{\partial \dot{q}_r}\right) - \frac{\partial L}{\partial q_r} = Q_r \quad (r = 1, 2, \ldots, n)$$

例題 7 ──────────────── **2 自由度系の運動方程式 (1)** ──

ラグランジュの運動方程式を利用し，図5.6 に示す 2 自由度ばね質量系に調和外力が作用する場合の運動方程式を求めよ．

解答 系の運動エネルギ T は次のようになる．

$$T = \frac{1}{2}m_1\dot{x}_1^2 + \frac{1}{2}m_2\dot{x}_2^2$$

ポテンシャルエネルギ U は次のようになる．

$$U = \frac{1}{2}k_1x_1^2 + \frac{1}{2}k_2(x_1 - x_2)^2 + \frac{1}{2}k_3x_2^2$$

以上より

$$\frac{\partial T}{\partial \dot{x}_1} = m_1\dot{x}_1, \qquad \frac{\partial T}{\partial \dot{x}_2} = m_2\dot{x}_2,$$

$$\frac{d}{dt}\left(\frac{\partial T}{\partial \dot{x}_1}\right) = m_1\ddot{x}_1, \quad \frac{d}{dt}\left(\frac{\partial T}{\partial \dot{x}_2}\right) = m_2\ddot{x}_2,$$

$$\frac{\partial T}{\partial x_1} = 0, \qquad \frac{\partial T}{\partial x_2} = 0,$$

$$\frac{\partial U}{\partial x_1} = k_1x_1 + k_2(x_1 - x_2), \quad \frac{\partial U}{\partial x_2} = -k_2(x_1 - x_2) + k_3x_2$$

ラグランジュの運動方程式 (5.31) に代入すると運動方程式が得られる．

$$\left.\begin{array}{l} m_1\ddot{x}_1 = F_1\cos\omega t - k_1x_1 - k_2(x_1 - x_2) \\ m_2\ddot{x}_2 = F_2\cos\omega t + k_2(x_1 - x_2) - k_3x_2 \end{array}\right\}$$

これは式 (5.5) に一致する．

例題 8 ── 2自由度系の運動方程式 (2)

図5.12 のようにばね k によって吊り下げられた質量 M に,質量 m を持つ長さ l の単振子がついている.この系の運動方程式を導け.

解答 単振子の質量 m の速度 v は図5.13 のように質量 M の速度と振子支点まわりの速度 $l\dot{\theta}$ の重ね合わせから求められる.

$$v^2 = (l\dot{\theta}\cos\theta)^2 + (\dot{x} - l\dot{\theta}\sin\theta)^2$$

系の運動エネルギ T は

$$T = \frac{1}{2}M\dot{x}^2 + \frac{1}{2}mv^2$$
$$= \frac{1}{2}(M+m)\dot{x}^2 + \frac{1}{2}m(l^2\dot{\theta}^2 - 2l\dot{x}\dot{\theta}\sin\theta)$$

ポテンシャルエネルギ U は

$$U = \frac{1}{2}kx^2 + mgl(1-\cos\theta)$$

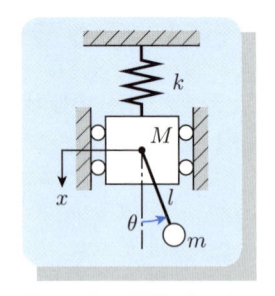

図5.12 質量ばね系と振子からなる2自由度系

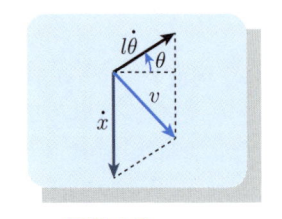

図5.13 振子質量の速度

以上より

$$\frac{\partial T}{\partial \dot{x}} = (M+m)\dot{x} - ml\dot{\theta}\sin\theta, \quad \frac{\partial T}{\partial \dot{\theta}} = ml^2\dot{\theta} - ml\dot{x}\sin\theta,$$

$$\frac{d}{dt}\left(\frac{\partial T}{\partial \dot{x}}\right) = (M+m)\ddot{x} - ml\ddot{\theta}\sin\theta - ml\dot{\theta}^2\cos\theta,$$

$$\frac{d}{dt}\left(\frac{\partial T}{\partial \dot{\theta}}\right) = ml^2\ddot{\theta} - ml\ddot{x}\sin\theta - ml\dot{x}\dot{\theta}\cos\theta,$$

$$\frac{\partial T}{\partial x} = 0, \quad \frac{\partial T}{\partial \theta} = -ml\dot{x}\dot{\theta}\cos\theta,$$

$$\frac{\partial U}{\partial x} = kx, \quad \frac{\partial U}{\partial \theta} = mgl\sin\theta$$

ラグランジュの運動方程式に代入すると運動方程式が得られる.

$$\left.\begin{array}{l} (M+m)\ddot{x} - ml\ddot{\theta}\sin\theta - ml\dot{\theta}^2\cos\theta + kx = 0 \\ l\ddot{\theta} - \ddot{x}\sin\theta + g\sin\theta = 0 \end{array}\right\}$$

5.5 影響係数法

影響係数法は質量が無視できるはりに複数個の質点がついている系に対して固有振動数や固有モードを求めるのに有効な方法である．**図5.14 (a)**のようにn個の質点を持つはりの質点位置に静的荷重$P_1, P_2, \ldots, P_n$が作用するときの各質点位置における変位$x_1, x_2, \ldots, x_n$は次のように表すことができる．

$$\left.\begin{array}{l} x_1 = a_{11}P_1 + a_{12}P_2 + \cdots + a_{1n}P_n \\ x_2 = a_{21}P_1 + a_{22}P_2 + \cdots + a_{2n}P_n \\ \qquad\qquad\vdots \\ x_n = a_{n1}P_1 + a_{n2}P_2 + \cdots + a_{nn}P_n \end{array}\right\} \tag{5.32}$$

ここでa_{ij}は**影響係数**であり，j点に単位力が作用したときのi点のたわみを与える定数である．相反定理より$a_{ij} = a_{ji}$が成立する．はりが振動して各質点が$\ddot{x}_i$の加速度を持って運動するとき，ダランベールの原理により各質点には**図5.14 (b)**のような見かけ上の力$-m_i \ddot{x}_i$が作用する．このとき式 (5.32) においてP_iの代わりに$-m_i \ddot{x}_i$とおくと，次のようになる．

$$\left.\begin{array}{l} x_1 = -a_{11}m_1\ddot{x}_1 - a_{12}m_2\ddot{x}_2 - \cdots - a_{1n}m_n\ddot{x}_n \\ x_2 = -a_{21}m_1\ddot{x}_1 - a_{22}m_2\ddot{x}_2 - \cdots - a_{2n}m_n\ddot{x}_n \\ \qquad\qquad\vdots \\ x_n = -a_{n1}m_1\ddot{x}_1 - a_{n2}m_2\ddot{x}_2 - \cdots - a_{nn}m_n\ddot{x}_n \end{array}\right\} \tag{5.33}$$

式 (5.33) は運動方程式に相当するものであり，自由振動解$x_i = X_i \cos \omega t$を代入し，係数行列式=0の条件から固有振動数と固有モードを求めることができる．

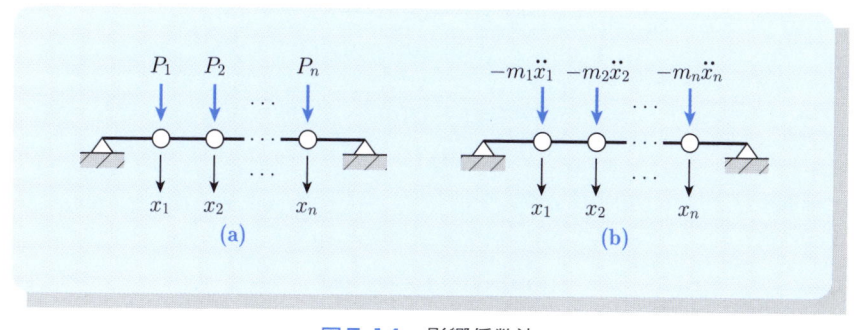

図5.14　影響係数法

例題 9 ── 影響係数法

質量のない均一はりに 2 個の質点 m がついている。左から 1 と 2 の番号をつけ、影響係数を $a_{11}, a_{22}, a_{12} = a_{21}$ とする。この系の固有振動数と固有モードを求めよ。

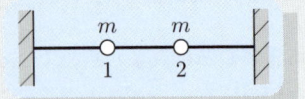

図5.15 2質点を持つはり系

解答 式 (5.33) から次の影響係数法による式を得る。

$$\left.\begin{array}{l} x_1 = -a_{11}m\ddot{x}_1 - a_{12}m\ddot{x}_2 \\ x_2 = -a_{21}m\ddot{x}_1 - a_{22}m\ddot{x}_2 \end{array}\right\}$$

自由振動解は $x_1 = X_1 \cos\omega t$, $x_2 = X_2 \cos\omega t$ と表され、これらを上式に代入する。$a_{12} = a_{21}$ を利用すると次のようになる。

$$\left.\begin{array}{l} (1 - a_{11}m\omega^2)X_1 - a_{12}m\omega^2 X_2 = 0 \\ -a_{12}m\omega^2 X_1 + (1 - a_{22}m\omega^2)X_2 = 0 \end{array}\right\} \quad ①$$

$X_1 = X_2 = 0$ 以外の解が存在するためには式①の係数行列式がゼロである必要がある。

$$\begin{vmatrix} 1 - a_{11}m\omega^2 & -a_{12}m\omega^2 \\ -a_{12}m\omega^2 & 1 - a_{22}m\omega^2 \end{vmatrix} = (a_{11}a_{22} - a_{12}^2)m^2\omega^4 - (a_{11} + a_{22})m\omega^2 + 1 = 0$$

これを ω^2 について解く。

$$\omega_i^2 = \frac{(a_{11} + a_{22}) \mp \sqrt{(a_{11} - a_{22})^2 + 4a_{12}^2}}{2(a_{11}a_{22} - a_{12}^2)m} \quad (i = 1, 2)$$

よって 1 次固有振動数 ω_1 と 2 次固有振動数 ω_2 は次のようになる。

$$\omega_1 = \sqrt{\frac{(a_{11} + a_{22}) - \sqrt{(a_{11} - a_{22})^2 + 4a_{12}^2}}{2(a_{11}a_{22} - a_{12}^2)m}},$$

$$\omega_2 = \sqrt{\frac{(a_{11} + a_{22}) + \sqrt{(a_{11} - a_{22})^2 + 4a_{12}^2}}{2(a_{11}a_{22} - a_{12}^2)m}}$$

固有モードは式①から以下のようになり、これに上記の ω_i^2 を代入することによって得られる。

$$\frac{X_1}{X_2} = \frac{a_{12}m\omega_i^2}{1 - a_{11}m\omega_i^2} = \frac{1 - a_{22}m\omega_i^2}{a_{12}m\omega_i^2} \quad (i = 1, 2)$$

第5章の問題

☐ **1** 図1の2自由度系の固有振動数と固有モードを求めよ．

☐ **2** 図2の2自由度系において $m = 1\,[\text{kg}]$, $k = 10000\,[\text{N/m}]$ とするときの固有振動数と固有モードを求めよ．また，初期変位 $x_1(0) = 10\,[\text{mm}]$, $x_2(0) = 20\,[\text{mm}]$, 初期速度 $\dot{x}_1(0) = 0$, $\dot{x}_2(0) = 0$ のときの自由振動解を示せ．

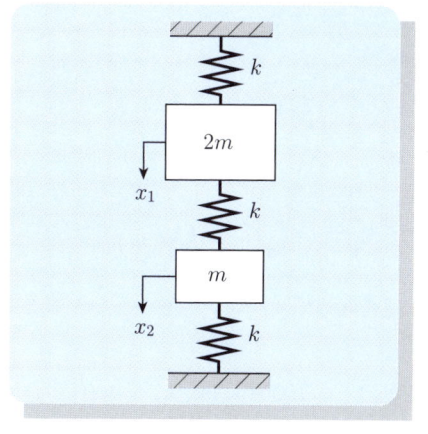

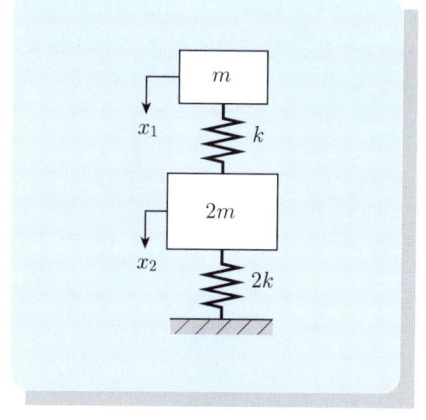

図 1

図 2

☐ **3** 図3のように慣性モーメント J_1 の円板，J_2 の円板，および J_1 の円板が，それぞれねじり剛性 k のねじりばねによって直列につながれている．この系の固有振動数を求めよ．

☐ **4** 図4のように質量 m，慣性モーメント J，半径 r の滑車と3つのばねから構成される系がある．滑車中心の変位を x，滑車の回転角を θ として運動方程式を導け．ただし滑車の中心は上下方向のみに動くものとする．

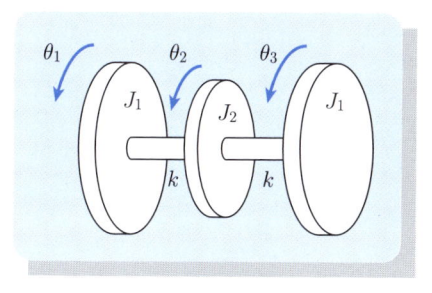

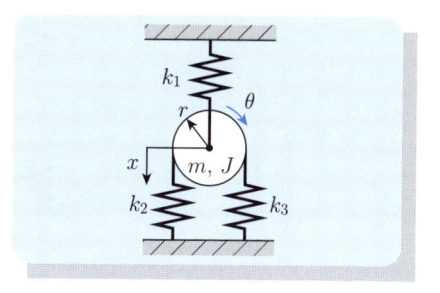

図 3

図 4

146 第 5 章 多自由度系の振動

5 図 5 のように質量 M で長さ l の一様な棒が壁にピン支持され，ピンまわりに自由に回転できるものとする．この棒が中央において天井からばね K によって支持され，かつ棒の先端にばね k を介して質量 m が吊り下げられている．静止した状態で棒は水平であるとする．$M = 6m$, $K = 4k$ とするとき，この系の固有振動数と固有モードを求めよ．ただし棒の角変位を θ，質量 m の変位を x とする．

6 図 6 のように質量のない長さ l のひもと質量 m からなる 2 個の単振子がばね k によって繋がれている．微小振動するとき，この 2 自由度系の固有振動数と固有モードを求めよ．

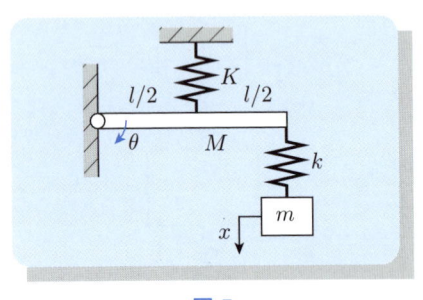

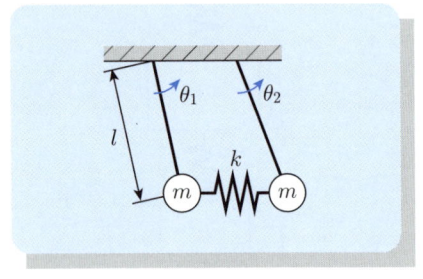

図 5

図 6

7 図 7 において $m_1 = 2$ [kg], $m_2 = 4$ [kg], $k_1 = 1000$ [N/m], $k_2 = 400$ [N/m], $k_3 = 1000$ [N/m] のときの固有振動数を求めよ．また質量 m_1 に $F\cos\omega t$ の外力が作用するとき，振動変位 x_1 と x_2 の振幅 X_1, X_2 の式を導き，$F = 1$ [N] のときのそれぞれの振幅応答曲線を描け．

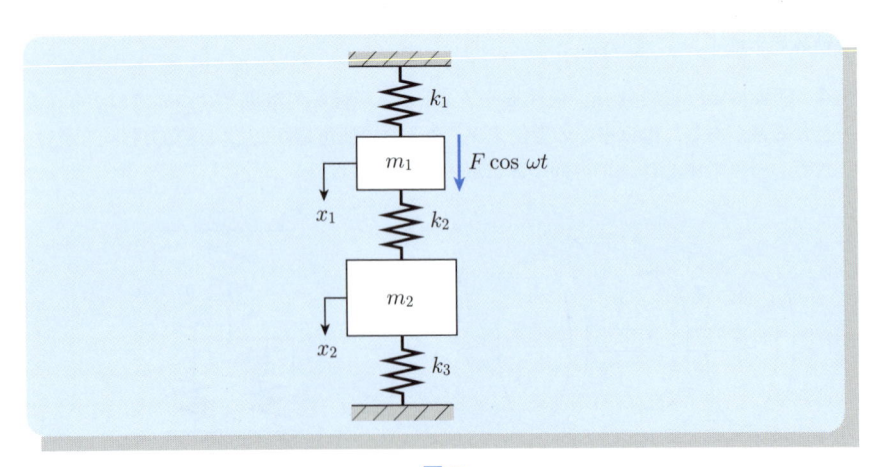

図 7

第 5 章の問題

8 図 8 のように質量 m で慣性モーメント J の剛体棒が両端においてばね k_1 と k_2 によって支持されている．棒の右端に調和外力 $F\cos\omega t$ が作用するときの微小振動の運動方程式を導け．棒の重心変位を x，棒の重心まわりの角変位を θ とする．

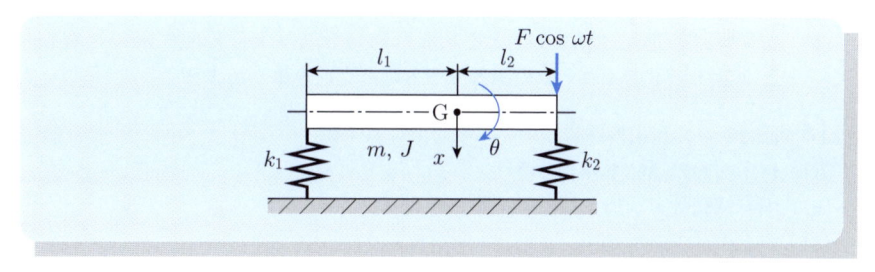

図 8

9 図 9 のように 2 自由度系の基礎が $A\sin\omega t$ の変位で振動している．系の運動方程式を示し，x_1 と x_2 の強制振動解を導け．

10 図 10 のように 2 自由度系上端のばねが $A\sin\omega t$ で変位加振されている．x_1 と x_2 の振幅 X_1, X_2 を求め，$m=10\,[\mathrm{kg}]$，$k=50\,[\mathrm{kN/m}]$，$A=0.001\,[\mathrm{m}]$ のときの X_1 と X_2 の振幅応答曲線を描け．

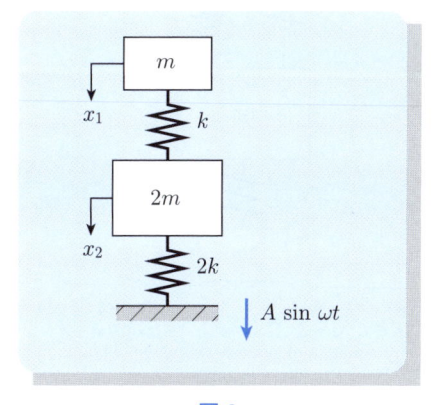

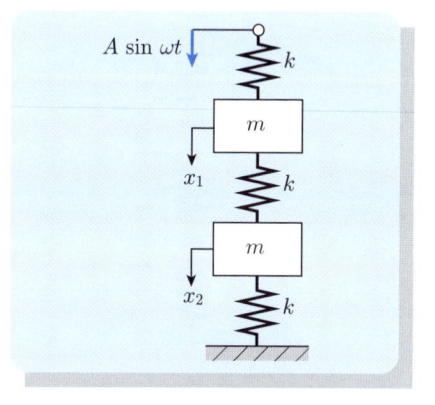

図 9   図 10

11 固有値問題の式として，$[A]\{X\}=\lambda\{X\}$ と表現することがある．λ は固有値，$\{X\}$ は固有ベクトルである．これを**標準固有値問題**という．式 (5.16) の固有値問題を**一般固有値問題**と呼ぶ．標準固有値問題の $[A]$ は一般固有値問題の $[M]$，$[K]$ とどのような関係にあるか．

12 式 (5.16) の固有値問題から得られる固有モード $\{X\}$ について固有モードの直交性を証明せよ．

13 図 11 の 3 自由度系について以下の問に答えよ．
(1) 自由振動の運動方程式を導け．
(2) 固有振動数を求めよ．
(3) 固有モードを示せ．
(4) 質量行列を使い，1 次モードと 2 次モード，1 次モードと 3 次モード，2 次モードと 3 次モードのそれぞれの固有モードの直交性を確かめよ．

14 図 12 の 3 自由度系について以下の問に答えよ．
(1) 自由振動の運動方程式を導け．
(2) 固有振動数を求めよ．
(3) 固有モードを示せ．
(4) モード質量を求めよ．
(5) モード剛性を求めよ．

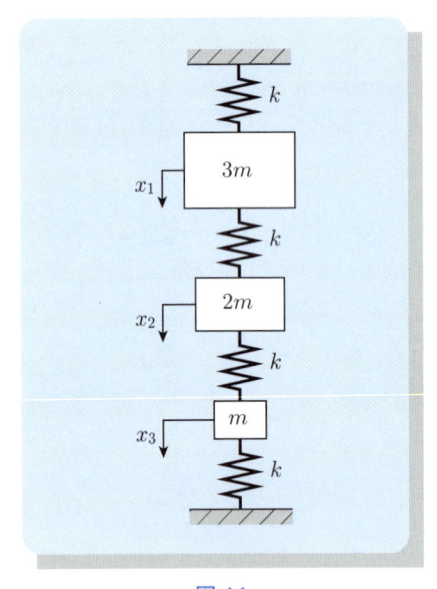

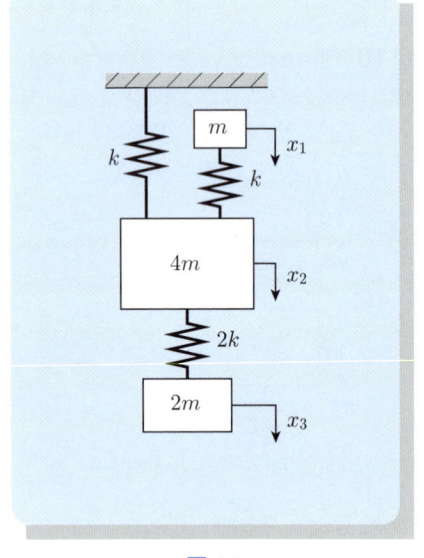

図 11

図 12

第 5 章の問題

□ 15 図 13 の 3 自由度系について以下の問に答えよ.
(1) 自由振動の運動方程式を示せ.
(2) 固有振動数を求めよ.
(3) 固有モードを求めよ.
(4) 質量 m に外力 $F\cos\omega t$ が作用するとき,モード解析を利用して x_1, x_2, x_3 の強制振動解を導け.
(5) 質量 $4m$ と質量 m の間の周波数伝達関数 G_{13} を示せ.

□ 16 図 14 の 3 自由度系について以下の問に答えよ.
(1) 自由振動の運動方程式を示せ.
(2) 固有振動数を求めよ.
(3) 固有モードを求めよ.
(4) 下の床が $A\cos\omega t$ の変位を持って振動するときの運動方程式を導け.
(5) (4) に対し,モード解析を利用して x_1, x_2, x_3 の強制振動解を導け.

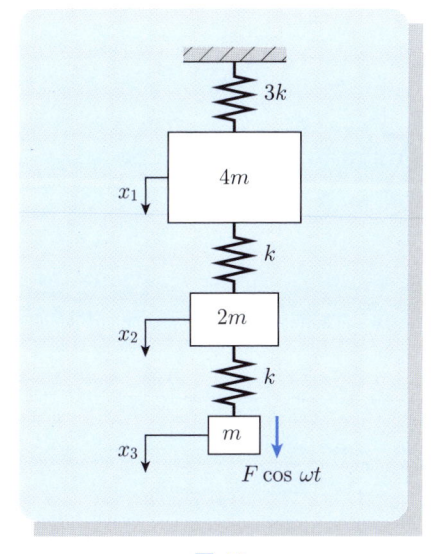

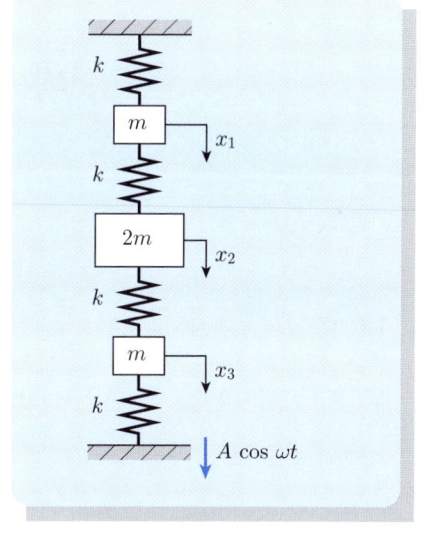

図 13

図 14

17 図 15 のようにばね k と質量 m から構成される振子がある．この振子が紙面内で振子運動するときの運動方程式を求めよ．ただし質量 m を吊り下げた静的釣り合い状態におけるばねの長さを l とする．

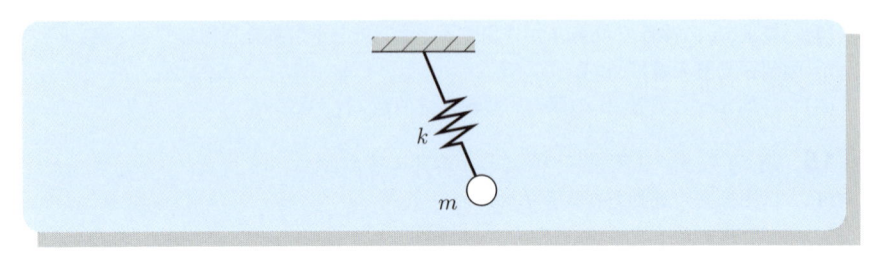

図 15

18 図 16 のように質量 M とばね k の 1 自由度系に，質量 m を持つ長さ l の単振子がついている．この系の運動方程式を導け．

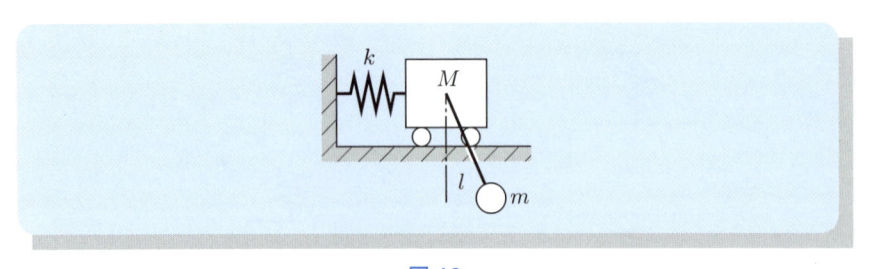

図 16

19 図 17 のように両端支持された質量のない均一はりに等間隔で 2 個の質点 m がついている．この系の固有振動数と固有モードを求めよ．はりの長さを l，縦弾性率を E，断面 2 次モーメントを I とする．

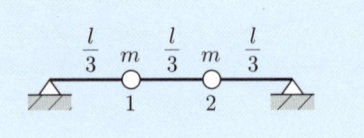

図 17

第5章の問題

20 図 18 のように質量のない均一片持ちはりに等間隔で 2 個の質点 m がついている．この系の固有振動数と固有モードを求めよ．はりの長さを l，縦弾性率を E，断面 2 次モーメントを I とする．

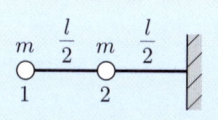

図 18

6 Scilabを用いた数値計算

本章では Scilab を用いて，いくつかの機械振動の問題を解析する．
Scilab[†]は数値解析やアニメーションなどを行うことのできるプログラミング言語であり，フリーのソフトウェアであることが最大の特長である．その機能は機械振動の解析に広く用いられている **MATLAB** とほぼ同等であり，Windows や Linux などのほとんどのプラットホームで動作することができる．また，グラフ化が容易であることから，Scilab は誰にでも，気軽に振動解析を行うツールとして有効である．

Scilab を用いて代表的な機械振動の計算を行い，機械振動の基礎についてより一層の理解を深めていくことが本章の目的である．

例題 1

振動数の差が小さい 2 つの振動が合成された波形を求めよ．

$$x(t) = \cos(6\pi t) + \cos(7\pi t) \tag{6.1}$$

解答 リスト6.1 を実行することで，図6.1 が得られる．

図中において破線と一点鎖線は，それぞれ $2\cos(0.5\pi t)$ および $-2\cos(0.5\pi t)$ である．式 (6.1) の振幅の変化が一点鎖線で得られる理由は次の通りである．

$$\cos A + \cos B = 2\cos\left(\frac{A+B}{2}\right)\cos\left(\frac{A-B}{2}\right)$$

の関係を用いると，式 (6.1) は次式となる．

$$x(t) = 2\cos(0.5\pi t)\cos(13\pi t)$$

となる．したがって，波形 $x(t)$ は振幅が $2\cos(0.5\pi t)$ で変動し，角振動数が $13\pi t$ となる余弦波と見なすことができる．このように振幅が周期的に増減する現象をうなりという．

[†] Scilab は INRIA（フランス国立コンピュータ科学・制御研究所）他で開発されたフリー・オープンソースの数値計算ソフトウェアです．

リスト6.1　Fig.6.1.sce

```
//Fig. 6.1 うなりの波形
clear; xdel(winsid());
t = 0:0.001:5.0;
s=cos(6*%pi*t)+cos(7*%pi*t); // うなりの波形
s1=2*cos(0.5*%pi*t);         // 振幅の変化1
s2=-2*cos(0.5*%pi*t);        // 振幅の変化2

a=get("current_axes");
a.labels_font_size=4;
xlabel('時間'); a.x_label.font_size=4;
ylabel('変位'); a.y_label.font_size=4;
plot(t,s,'k');
plot(t,s1,'k-.');
plot(t,s2,'k--');
```

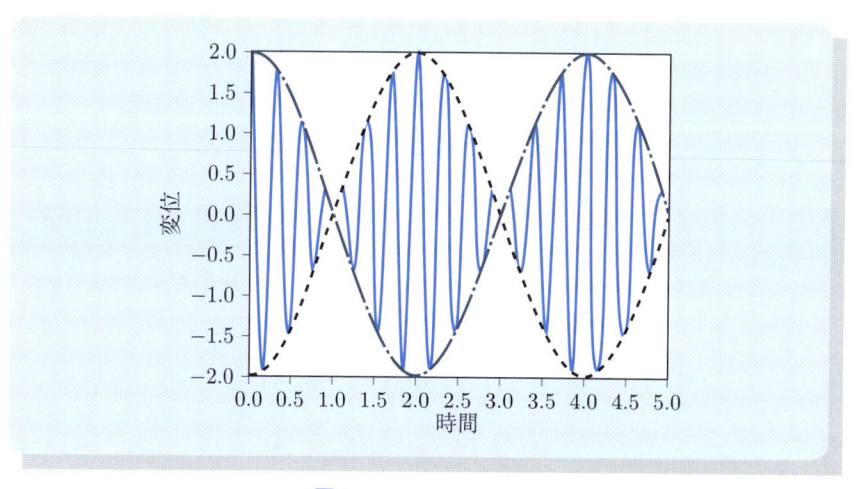

図6.1　うなりの波形

例題 2

図6.2 で表される三角波のフーリエ級数を求め，グラフ化せよ．

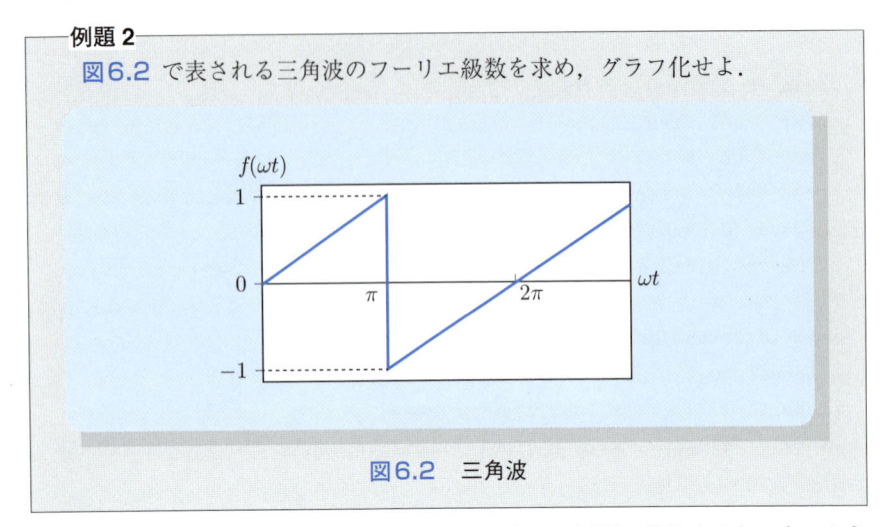

図6.2　三角波

解答　図6.2 に示される波形は，$-\pi$ から π までの区間に着目すると，次のように表される．

$$f(\omega t) = \frac{1}{\pi}(\omega t) \quad (-\pi \leq \omega t < \pi)$$

一方，次式で表されるフーリエ級数における各係数は以下のように求められる．

$$f(\omega t) = C_0 + \sum_{k=1}^{\infty} C_k \cos(k\omega t + \varphi_k)$$
$$= \frac{A_0}{2} + \sum_{k=1}^{\infty} (A_k \cos k\omega t + B_k \sin k\omega t) \tag{6.2}$$

図6.2 で示される三角波において，奇関数のため $C_0 = 0$ および $A_k = 0$ であり，B_k は次のように求められる．

$$B_k = \frac{1}{\pi} \int_{-\pi}^{\pi} f(\omega t) \sin k\omega t\, d(\omega t)$$
$$= \frac{1}{\pi^2} \int_{-\pi}^{\pi} (\omega t) \sin k\omega t\, d(\omega t)$$
$$= -\frac{2}{k\pi} \cos k\pi$$

したがって

$$f(\omega t) = \frac{2}{\pi}\left(\sin \omega t - \frac{1}{2}\sin 2\omega t + \frac{1}{3}\sin 3\omega t - \cdots\right) \tag{6.3}$$

式 (6.3) を用いたリスト6.2 を実行することで，図6.3が得られる．

第6章 Scilabを用いた数値計算   155

リスト6.2 **Fig.6.2.sce**

```
//Fig.6-2  三角波
clear; xdel(winsid());
y=0;
x = 0:0.0001:14.0; //横軸ωt[0～14.0]
k=5;
for n=1:1:k
    bk=-2/(n*%pi)*cos(n*%pi); // 三角波
    y=y+bk*sin(n*x);
end
a=get("current_axes");
a.labels_font_size=4;
a.x_label.text="ωt" ; a.x_label.font_size=4;
a.y_label.text="変位"; a.y_label.font_size=4;
plot(x,y,'k');
```

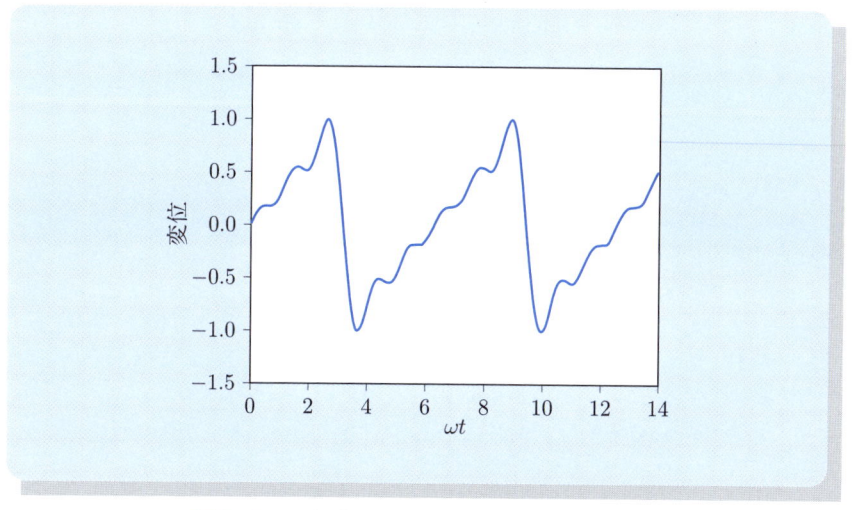

図6.3 三角波のフーリエ級数波形（$k = 5$）

例題 3

図6.4 で表される方形波のフーリエ級数を求め，グラフ化せよ．

解答 図6.4 に示される波形は，0 から 2π までの区間に着目すると，次のように表される．

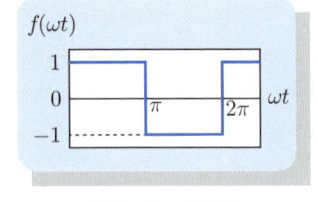

図6.4 方形波

$$f(\omega t) = \begin{cases} 1 & (0 \leq \omega t < \pi) \\ -1 & (\pi \leq \omega t < 2\pi) \end{cases}$$

[例題 2] の解と同様に，フーリエ級数は式 (6.2) で与えられる．図6.4 で示される方形波において，$C_0 = 0$ および $A_k = 0$ であり，B_k は次のように求められる．

$$B_k = \frac{1}{\pi} \int_0^{2\pi} f(\omega t) \sin k\omega t \, d(\omega t)$$
$$= \frac{1}{\pi} \int_0^{\pi} \sin k\omega t \, d(\omega t) + \frac{1}{\pi} \int_{\pi}^{2\pi} (-\sin k\omega t) d(\omega t) = \frac{2}{k\pi}(1 - \cos k\pi)$$

したがって，フーリエ級数は

$$f(\omega t) = \frac{4}{\pi} \sin \omega t + \frac{4}{3\pi} \sin 3\omega t + \frac{4}{5\pi} \sin 5\omega t + \cdots \tag{6.4}$$

式 (6.4) を用いた リスト6.3 を実行することで，図6.5が得られる．

リスト6.3 Fig.6.3.sce

```
//Fig.6-3　方形波
clear; xdel(winsid());
y=0;
x = 0:0.0001:14.0; //横軸ωt[0〜14.0]
k=10;
for n=1:1:k
    bk=2/(n*%pi)*(1-cos(n*%pi));  // 方形波
    y=y+bk*sin(n*x);
end
a=get("current_axes");
a.labels_font_size=4;
a.x_label.text="ωt"   ; a.x_label.font_size=4;
a.y_label.text="変位"  ; a.y_label.font_size=4;
plot(x,y,'k');
```

第6章　Scilabを用いた数値計算　　**157**

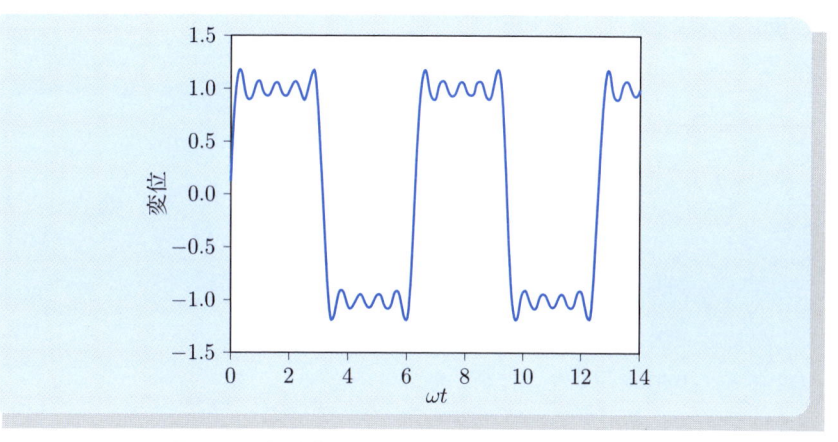

図6.5　方形波のフーリエ級数波形（$k = 10$）

例題 4

図6.6 は，長さ l のひもの一端に質量 m の物体が固定された単振子を示している．次の問に答えよ．なお，$g = 9.8\,[\text{m/s}], l = 1\,[\text{m}]$ とする．

(1) 初期条件を $t = 0, \theta = \theta_0 = \pi/6\,[\text{rad}]$, $\dot{\theta} = 0\,[\text{rad/s}]$ として，振子の運動をアニメーションで表示せよ．

(2) 初期条件を $t = 0, \theta = \theta_0 = \pi/4\,[\text{rad}]$, $\dot{\theta} = 0\,[\text{rad/s}]$ として，回転角度 θ の時刻歴応答をグラフで表示せよ．特に，$\sin\theta \cong \theta$ とした場合とそうでない場合でどのような違いが生じるかを示せ．

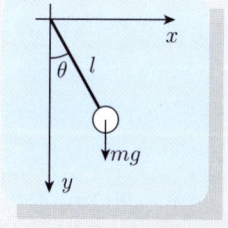

図6.6　振子

解答　(1) 運動方程式は

$$ml^2\ddot{\theta} = -mlg\sin\theta \tag{6.5}$$

で表される．両辺を ml^2 で割って

$$\ddot{\theta} + \frac{g\sin\theta}{l} = 0 \tag{6.6}$$

で表す．ここで，θ が微小のときは，$\sin\theta \cong \theta$ とおけることから，次式が得られる．

$$\ddot{\theta} + \frac{g\theta}{l} = 0 \tag{6.7}$$

式 (6.6) を考慮すれば，上式の解は次のようになる．

$$\theta = \theta_0 \cos\left(\sqrt{\frac{g}{l}}\, t\right) \quad (6.8)$$

また，物体の重心位置 x_G, y_G は次式となる．

$$x_G = l\sin\theta,$$
$$y_G = l\cos\theta \quad (6.9)$$

式 (6.8), (6.9) を用いて，作成したアニメーションを表示するプログラムがリスト6.4である．それを実行することで，振子のアニメーションが得られる．図6.7 は，そのアニメーションのスクリーンショットである．

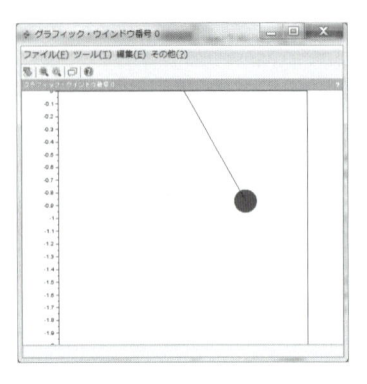

図6.7 振子のアニメーション

(2) $\sin\theta \neq \theta$ の場合については，式 (6.5) を直接，数値積分で解く方法が便利である．その場合，2 階の微分方程式である式 (6.6) を次のように，2 つの 1 階の微分方程式に変換して，数値計算される．

$$\left.\begin{array}{l}\dfrac{d\theta}{dt} = \omega \\ \dfrac{d\omega}{dt} = -\dfrac{g}{l}\sin\theta\end{array}\right\} \quad (6.10)$$

式 (6.10) を用いて，数値積分を行うプログラムがリスト6.5である．図6.8 は，実線が $\sin\theta \neq \theta$ とした場合，すなわち，数値積分を行った結果である．一点鎖線は $\sin\theta \cong \theta$ とした場合の結果であり，式 (6.8) を用いて求めた．また，図6.8 (a) は初期条件を $t = 0$, $\theta = \theta_0 = \pi/4\,[\text{rad}]$, $\dot{\theta} = 0\,[\text{rad/s}]$ とし，図6.8 (b) では $t = 0$, $\theta = \theta_0 = \pi/12\,[\text{rad}]$, $\dot{\theta} = 0\,[\text{rad/s}]$ とした．図6.8 (a) では，$\sin\theta \cong \theta$ とした場合とそうでない場合で両者の周期に違いが生じていることがわかる．$\sin\theta \cong \theta$ が成り立つのは，$\pi/18$（約 10°）より小さい場合であり，その値に近い初期条件である図6.8 (b) では $\sin\theta \cong \theta$ とした場合とそうでない場合の応答がほぼ一致することが理解できる．

リスト6.4　Anim_pend0.sce

```
clf();
l=1;     g=9.8;
sita0= 30 * %pi / 180;
omega=sqrt(g/l);
xc = l*sin(sita0);    yc = -l*cos(sita0);
xe = [0,xc];          ye = [0,-yc];

plot(xc,yc,'o');
b = gce();
b.children.mark_size = 40;
b.children.mark_background = 2;
h=gcf();
h.figure_size = [600 600];
h.children.isoview='on';
h.children.margins = [0,0,0,0];
h.children.data_bounds=[-1,1,-2,0];

xfpoly(xe,ye,1);
a=get("current_axes");
realtimeinit(0.5);
for tt=0:1:100
    t=tt*0.1;
    realtime(t);
    sita=sita0*cos(omega*t);
    xc=l * sin(sita);  yc=-l * cos(sita);
    xe = [0,xc];       ye = [0,yc];
    drawlater();
    a.children(1).data = [xe',ye'];
    b.children(1).data = [xc,yc];
    drawnow();
end
```

リスト6.5　Pendulum.sce

```
clear; xdel(winsid());
g = 9.8; l = 1.0;
function ydot=pend(t,y)
ydot=zeros(2,1);
ydot(1)=y(2);
ydot(2)=-g/l *sin(y(1));
endfunction

omega=sqrt(g/l);
sita0= 15 * %pi / 180;
t=0:0.05:6;
y=ode([sita0;0],0,t, pend);
sita=sita0*cos(omega*t);

a=get("current_axes");
a.labels_font_size=4;
a.x_label.text="時間 [sec]"    ; a.x_label.font_size=4;
a.y_label.text="θ [度]"       ; a.y_label.font_size=4;
plot(t,y(1,:)*180/%pi,'k', t,sita*180/%pi,'k-.')
```

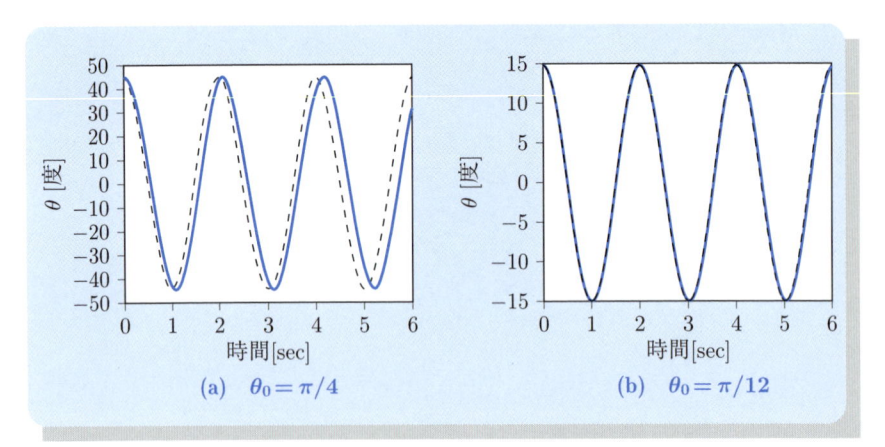

(a)　$\theta_0 = \pi/4$

(b)　$\theta_0 = \pi/12$

図6.8　回転角度 θ の時刻歴応答

例題 5

図6.9 で示される振動系において，固有振動数は 7.6 rad/s であった．減衰比が 1.0 と 0.1 のそれぞれの場合に関する自由振動波形を求めよ．ここで，初期条件を $t=0$ において, $x = 0.54\,[\mathrm{m}]$, $\dot{x} = 0\,[\mathrm{m/s}]$ とする．

解答 運動方程式は $m\ddot{x} + c\dot{x} + kx = 0$ で表される．両辺を m で割って

$$\ddot{x} + 2\sigma\omega_{\mathrm{n}}\dot{x} + \omega_{\mathrm{n}}^2 x = 0$$

で表す．ここで，$\sigma = c/2\sqrt{mk}$, $\omega_{\mathrm{n}}^2 = k/m$．リスト6.6 を実行することで，図6.10 が得られる．図中において実線と一点鎖線は，それぞれ減衰比が 1.0 と 0.1 の場合を示している．

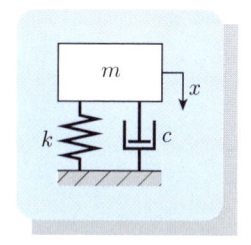

図6.9　粘性減衰系

リスト6.6　damp.sce

```
//減衰波形
clear; xdel(winsid());
x0 = [0.54, 0.0]' ; // 初期値
t0 = 0;
omegan = 7.6;
jita1=1.0; jita2=0.1;
M1 = [[0 1]; [-omegan^2    -2*jita1*omegan]];
M2 = [[0 1]; [-omegan^2    -2*jita2*omegan]];

deff("xdot = df1(t,x)", "xdot=M1*x");
deff("xdot = df2(t,x)", "xdot=M2*x");

t = t0: 0.01: 3;
y1 = ode(x0, t0, t, df1);   y2 = ode(x0, t0, t, df2);

a=get("current_axes");
a.labels_font_size=4;
a.x_label.text="時間"      ; a.x_label.font_size=4;
a.y_label.text="変位"      ; a.y_label.font_size=4;
plot(t, y1(1,:),'k');  plot(t, y2(1,:),'k-.');
```

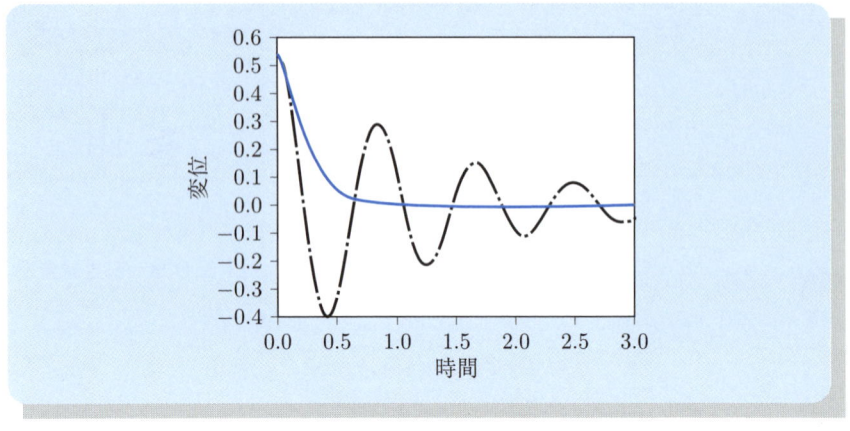

図6.10　粘性減衰系

例題 6

図6.11 で示される振動系において，減衰比が 0.1, 0.2, 1.0 の 3 つの場合に関する振幅応答曲線を求めよ．なお，横軸は固有振動数に対する外力の振動数の比とし，縦軸は静たわみに対する応答振幅の比とする．

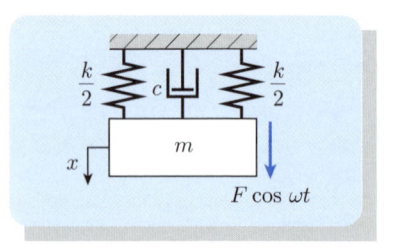

図6.11　粘性減衰系の強制振動

解答　運動方程式は

$$m\ddot{x} + c\dot{x} + 2 \times \frac{k}{2}x = F\cos\omega t$$

上式の定常振動解は式 (4.10) となることから，無次元化すると

$$\frac{A}{\delta_0} = \frac{1}{\sqrt{\left\{1 - \left(\frac{\omega}{\omega_n}\right)^2\right\}^2 + \left(2\zeta\frac{\omega}{\omega_n}\right)^2}}$$

上式を用いた リスト6.7 を実行することで，図6.12 が得られる．図中において，実線および破線，さらに一点鎖線は，それぞれ，減衰比が 0.1, 0.2, 1.0 の場合を示している．

リスト6.7　f_res.sce

```
//振幅応答曲線
clear; xdel(winsid());
jita1=0.1; jita2=0.2; jita3=1.0;
omeg = 0:0.005:2;// ω/ωn の変化
y1=1.0./sqrt((1-omeg.^2).^2+(2*jita1*omeg).^2);
y2=1.0./sqrt((1-omeg.^2).^2+(2*jita2*omeg).^2);
y3=1.0./sqrt((1-omeg.^2).^2+(2*jita3*omeg).^2);

a=get("current_axes");
a.labels_font_size=4; //目盛の数字
a.x_label.text="ω/ωn"    ; a.x_label.font_size=4;
a.y_label.text="振幅"     ; a.y_label.font_size=4;
plot(omeg,y1,'k');
plot(omeg,y2,'k--');
plot(omeg,y3,'k-.');
```

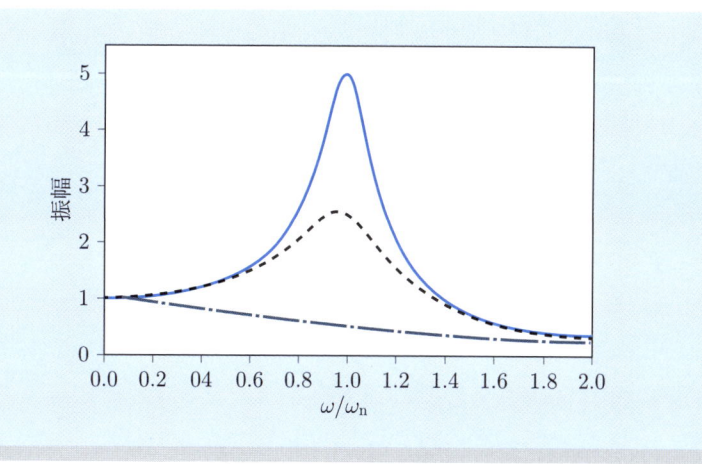

図6.12　振幅応答曲線

例題 7

図6.13 のように,互いに反対方向に回転する 2 つの偏心質量を有する機械がある.不釣り合い質量はいずれも m_u であり,半径 e だけ偏心して角速度 ω で回転しているとする.いま,減衰比が 0.1, 0.4, 1.0 の 3 つの場合に関する振幅応答曲線を求めよ.なお,横軸は固有振動数に対する振動数 ω の比とし,縦軸は無次元振幅の比とする.

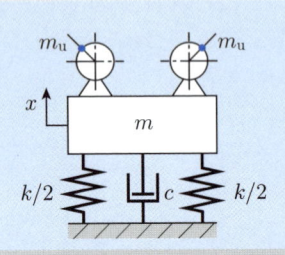

図6.13 2 つの不釣り合い外力を受ける粘性減衰系の強制振動

解答 運動方程式は

$$(m - m_\mathrm{u})\ddot{x} + 2 \times m_\mathrm{u}\frac{d^2}{dt^2}(x + e\sin\omega t) = -c\dot{x} - 2 \times \frac{k}{2}x$$

これを書き換えると

$$m\ddot{x} + c\dot{x} + kx = 2m_\mathrm{u}e\omega^2\sin\omega t$$

上式の応答は次のように求められる.

$$x = A\cos(\omega t - \varphi)$$

$$A = \frac{\frac{2m_\mathrm{u}e}{m}\left(\frac{\omega}{\omega_\mathrm{n}}\right)^2}{\sqrt{\left\{1 - \left(\frac{\omega}{\omega_\mathrm{n}}\right)^2\right\}^2 + \left(2\zeta\frac{\omega}{\omega_\mathrm{n}}\right)^2}} \tag{6.11}$$

さらに,式 (6.11) を無次元化して次式を得る.

$$\frac{A}{\frac{2m_\mathrm{u}e}{m}} = \frac{\left(\frac{\omega}{\omega_\mathrm{n}}\right)^2}{\sqrt{\left\{1 - \left(\frac{\omega}{\omega_\mathrm{n}}\right)^2\right\}^2 + \left(2\zeta\frac{\omega}{\omega_\mathrm{n}}\right)^2}}$$

上式を用いたリスト6.8 を実行することで,図6.14 が得られる.図中において,実線および破線,さらに一点鎖線は,それぞれ,減衰比が 0.1, 0.4, 1.0 の場合を示している.

第 6 章　Scilab を用いた数値計算　　　　　　　　　　**165**

リスト6.8　unbalance.sce

```
//不釣り合い外力による振幅応答曲線
clear; xdel(winsid());
jita1=0.1; jita2=0.4; jita3=1.0;
omeg = 0:0.005:2;// ω/ωn の変化
x0 =omeg.^2;
y1=x0./sqrt((1-omeg.^2).^2+(2*jita1*omeg).^2);
y2=x0./sqrt((1-omeg.^2).^2+(2*jita2*omeg).^2);
y3=x0./sqrt((1-omeg.^2).^2+(2*jita3*omeg).^2);

a=get("current_axes");
a.labels_font_size=4;
a.x_label.text="ω/ωn"      ; a.x_label.font_size=4;
a.y_label.text="振幅"       ; a.y_label.font_size=4;
plot(omeg,y1,'k');
plot(omeg,y2,'k--');
plot(omeg,y3,'k-.');
```

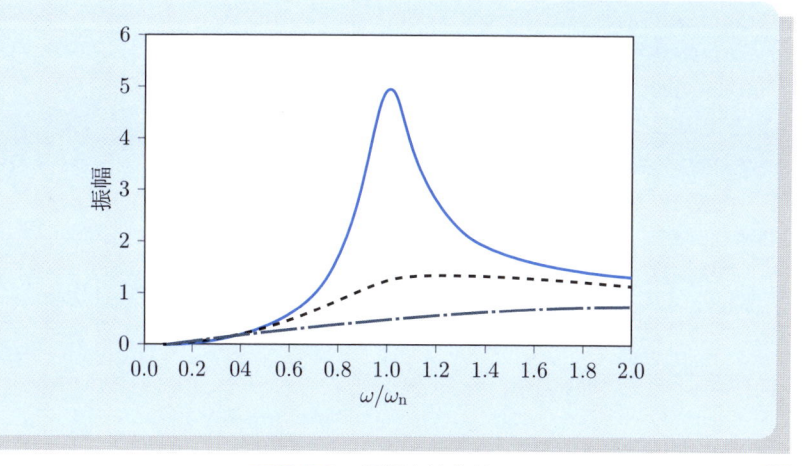

図6.14　振幅応答曲線

例題 8

図6.15 において，質量 m の機械には，$F\cos\omega t$ なる調和外力が作用している．いま，基礎に伝達される力を低減するために，ばね定数 k, 減衰比 c の防振要素を付加したとする．いま，減衰比が 0.1, 0.4, 1.0 の 3 つの場合について，振動数に対する力の伝達の値を図示せよ．なお，横軸は固有振動数に対する外力の振動数の比とし，縦軸は外力に対する伝達力の振幅とする．

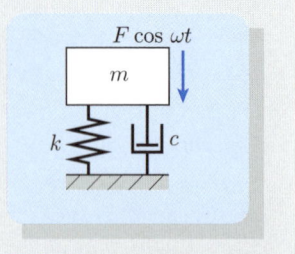

図6.15　基礎に伝わる力

解答　伝達力の振幅 $|F_T|$ と外力 F との間の比率 T_R は，式 (4.21) で求められている．それを利用したリスト6.9 を実行することで，図6.16 が得られる．図中において，実線および破線，さらに一点鎖線は，それぞれ，減衰比が 0.1, 0.4, 1.0 の場合を示している．

リスト6.9　transmissibility.sce

```
//振動の伝達率
clear; xdel(winsid());
jita1=0.1; jita2=0.4; jita3=1.0;
omeg = 0:0.005:2;// ω/ωn の変化
x1 =sqrt(1+(2*jita1*omeg).^2);
y1=x1./sqrt((1-omeg.^2).^2+(2*jita1*omeg).^2);
x2 =sqrt(1+(2*jita2*omeg).^2);
y2=x2./sqrt((1-omeg.^2).^2+(2*jita2*omeg).^2);
x3 =sqrt(1+(2*jita3*omeg).^2);
y3=x3./sqrt((1-omeg.^2).^2+(2*jita3*omeg).^2);

a=get("current_axes");
a.x_label.text="ω/ωn"     ; a.x_label.font_size=4;
a.y_label.text="振幅"      ; a.y_label.font_size=4;
plot(omeg,y1,'k'); plot(omeg,y2,'k--'); plot(omeg,y3,'k-.');
```

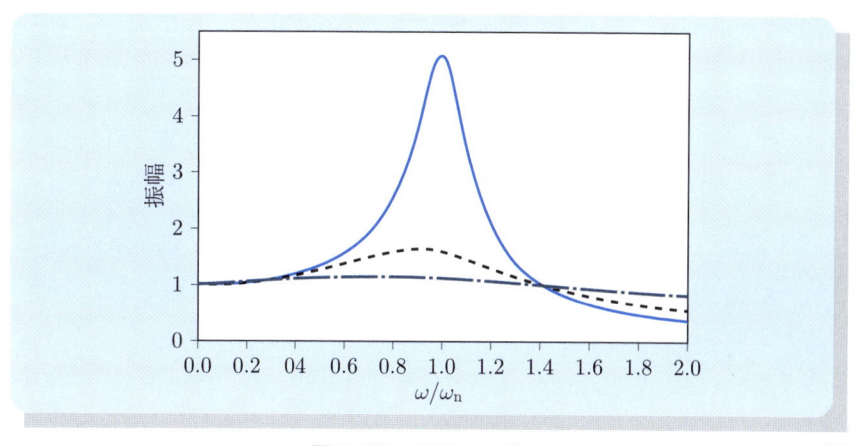

図6.16 振動の伝達率

例題 9

図6.17 における 3 自由度系において，固有振動数，モード行列を求めよ．さらに，モード質量およびモード剛性も求めよ．なお，$m = 1\,[\text{kg}]$，$k = 1000\,[\text{N/m}]$ とする．

解答 運動方程式は次のようになる．

$$m\ddot{x}_1 + 2kx_1 - kx_2 = 0$$
$$m\ddot{x}_2 - kx_1 + 2kx_2 - kx_3 = 0$$
$$m\ddot{x}_3 - kx_2 + 2kx_3 = 0$$

マトリクスを用いて表すと

$$m\begin{bmatrix} 1 & 0 & 0 \\ 0 & 1 & 0 \\ 0 & 0 & 1 \end{bmatrix}\begin{Bmatrix} \ddot{x}_1 \\ \ddot{x}_2 \\ \ddot{x}_3 \end{Bmatrix}$$

$$+ k\begin{bmatrix} 2 & -1 & 0 \\ -1 & 2 & -1 \\ 0 & -1 & 2 \end{bmatrix}\begin{Bmatrix} x_1 \\ x_2 \\ x_3 \end{Bmatrix} = 0 \qquad (6.12)$$

図6.17

上式を次式とおく．

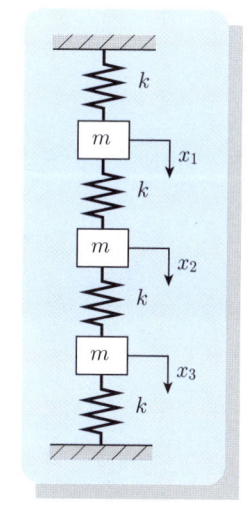

$$[M]\frac{d^2\{x\}}{dt^2} + [K]\{x\} = \{0\} \tag{6.13}$$

ここで

$$[M] = m\begin{bmatrix} 1 & 0 & 0 \\ 0 & 1 & 0 \\ 0 & 0 & 1 \end{bmatrix}, \quad [K] = k\begin{bmatrix} 2 & -1 & 0 \\ -1 & 2 & -1 \\ 0 & -1 & 2 \end{bmatrix}, \quad \{x\} = \begin{Bmatrix} x_1 \\ x_2 \\ x_3 \end{Bmatrix}$$

式 (6.12) の解を $\{x\} = \{x\}e^{j\omega t}$ とおくと,式 (6.13) は

$$[K]\{x\} = \lambda[M]\{x\} \tag{6.14}$$

ただし,$j = \sqrt{-1}$,$\lambda = \omega^2$ である.さらに,$[B] = [M]^{-1}[K]$ とすると,式 (6.14) は

$$[B]\{x\} = \lambda\{x\}$$

となり,標準固有値問題に書き表すことができる.以上を利用した **リスト6.10** を実行することで,**図6.18** が得られる.

```
固有振動数(Hz)
  3.852
  7.118
  9.3

モード行列
     1         1         1
  1.414  -6.728e-017  -1.414
     1        -1         1

モード質量
         4     -7.772e-016     6.661e-016
-7.772e-016             2    -4.441e-016
 6.661e-016    -4.441e-016             4

モード剛性
      2343    -6.821e-013     9.095e-013
-9.095e-013          4000    -1.364e-012
 9.095e-013    -9.095e-013    1.366e+004

実行は完了しました.
```

図6.18　コンソール画面

第 6 章 Scilab を用いた数値計算

リスト6.10 multidegree.sce

```
//多自由度系
clear; xdel(winsid());
m0=1; k0=1000;
M(1,1)=m0; M(2,2)=m0; M(3,3)=m0;
K(1,1)=2*k0   ; K(1,2)=-k0    ; K(1,3)=0.0;
K(2,1)=K(1,2) ; K(2,2)=2*k0   ; K(2,3)=-k0;
K(3,1)=K(1,3) ; K(3,2)=K(2,3) ; K(3,3)=2*k0;
IMK=inv(M)*K;
[al,be,R]=spec(K,M);
eig=al./be;
[s,k]=gsort(eig,'g','i');
om2=s; omegan=sqrt(om2); fn=omegan/(2*%pi);
n=max(size(fn));


eig0=R(:,k);
eig1=[1 1 1; ...
eig0(2,1)/eig0(1,1) eig0(2,2)/eig0(1,2) eig0(2,3)/eig0(1,3);...
eig0(3,1)/eig0(1,1) eig0(3,2)/eig0(1,2) eig0(3,3)/eig0(1,3)];

printf('\n\n 固有振動数 (Hz) \n')
for(i=1:n)
printf('%8.4g\n',fn(i))
end
printf('\n モード行列 \n')
for(i=1:n)
    for(j=1:n)
        printf('%8.4g ',eig1(i,j) );
    end
    printf('\n')
end
MM=eig1'*M*eig1;
KK=eig1'*K*eig1;
```

リスト6.11 （続き）

```
printf('\n モード質量 \n')
for(i=1:n)
    for(j=1:n)
        printf('  %8.4g    ',MM(i,j) );
    end
    printf('\n')
end
printf('\n モード剛性 \n')
for(i=1:n)
    for(j=1:n)
        printf('  %8.4g    ',KK(i,j) );
    end
    printf('\n')
end
```

問題解答

第1章

1. 物体の質量を m，初速度を v_0，打ち上げ角度を α とする．また，物体の水平方向位置を x，垂直方向位置を y とすると，両方向に関する初期条件および運動方程式はそれぞれ次のようになる．

(1) 水平方向　初期条件： $t=0$ で $x=0$, $\dot{x}=v_0\cos\alpha$

運動方程式： $m\ddot{x}=0$

(2) 鉛直方向（上向きを正方向とする）

初期条件： $t=0$ で $y=0$, $\dot{y}=v_0\sin\alpha$

運動方程式： $m\ddot{y}=-mg$

鉛直方向の運動を表す解は，(2) より $y=-\frac{1}{2}gt^2+v_0 t\sin\alpha$．ここで，発射直後から着地までに要する時間をこの式から求めると

$$t=\frac{2v_0\sin\alpha}{g}$$

一方，水平方向距離は，(1) より $x=v_0 t\cos\alpha$．この式に，先に求めた時刻を代入し，$v_0=30\,[\mathrm{m/s}]$, $\alpha=30°$ を代入すると，水平到達距離は以下のように求まる．

$$x=\frac{2v_0^2\sin\alpha\cos\alpha}{g}=79.5\,[\mathrm{m}]$$

また，$\alpha=45°$ のときは，$x=\frac{v_0^2}{g}=91.8\,[\mathrm{m}]$ となり，前者と比べ，到達距離は 1.15 倍となる．

2. (1) 地面を原点，鉛直上向きを正方向として，ボールの変位を x とすると，初期条件および運動方程式は次のように書ける．

初期条件： $t=0$ で $x=h$, $\dot{x}=0$

運動方程式： $m\ddot{x}=-mg$, $\ddot{x}=-g$

運動方程式を解いて

$$\dot{x}=-gt,\quad x=-\frac{1}{2}gt^2+h_0$$

地面と衝突する場合，$x=0$ なので $0=-\frac{1}{2}gt_0^2+h_0$，よって $t_0=\sqrt{\frac{2h_0}{g}}$

(2) 地面と 1 回目に接触する直前の速度は (1) より, $\dot{x} = -gt_0 = -\sqrt{2gh_0}$. これより, 接触直後の跳ね返り速度は, 反発係数 e を考慮して $\dot{x} = e\sqrt{2gh_0}$. 1 回目の接触時点での時刻をゼロとし, 初期条件を $t=0$ で $x=0$, $\dot{x} = e\sqrt{2gh_0}$ と与えて運動方程式を解くと, $\dot{x} = -gt + e\sqrt{2gh_0}$, $x = -\frac{1}{2}gt^2 + e\sqrt{2gh_0}\,t$.

1 回目の跳ね返り後の最大高さ h_1 に至るまでの時間は, その瞬間の速度がゼロであることから

$$t_1 = \frac{e\sqrt{2gh_0}}{g} = e\sqrt{\frac{2h_0}{g}}$$

となる. さらに, そのときの到達高さ h_1 は

$$h_1 = e^2 h_0$$

(3) (2) で求めた地面から最大高さまでの跳ね上がりに要する時間と, 再びその高さから落下して地面に接触する瞬間までの時間は同じであることから, $t_1 = e\sqrt{\frac{2h_0}{g}} = et_0$ であり, (1) で求めた時間 t_0 に反発係数 e を乗じた値として得られる.

(4) (3) で得られた t_0 と t_1 の関係は, 任意の衝突回における時刻 t_i と t_{i+1} との間にも成り立つ. よって, 無限回の衝突を考えた場合, その所要時間は

$$T = t_0 + 2t_1 + 2t_2 + \cdots + 2t_i + \cdots = t_0 + 2(e + e^2 + \cdots + e^i + \cdots)t_0$$

この式の両辺に反発係数 e を乗じた式を作成し, 辺々の差を求めることにより, $(1-e)T = t_0(1+e)$. これより, ボールが静止するまでの時間 T は

$$T = \frac{1+e}{1-e}t_0 = \frac{1+e}{1-e}\sqrt{\frac{2h_0}{g}}$$

3. 台が物体に及ぼす力を Q, 物体の変位を x として, 運動方程式は図 1 より $m\ddot{x} = Q - P - mg$. これより, 台からの反力 Q は台に乗っているときは $x = u$ なので

$$Q = P + mg + m\ddot{x} = P + mg - ma\omega^2 \sin\omega t$$
$$\geq P + mg - ma\omega^2$$

質量 m に生じる加速度が押し付け力 P や重力 mg とは逆方向に最大となる瞬間の Q の値 (最小値) について考える. 台から離れるのは, $Q < 0$ のときなので

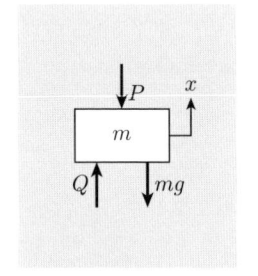

$$P + mg - ma\omega^2 < 0, \quad a > \frac{1}{\omega^2}\left(\frac{P}{m} + g\right) = \frac{1}{(2\pi \times 50)^2}\left(\frac{10}{1} + 9.81\right)$$
$$= 2.0 \times 10^{-4}\,[\mathrm{m}] = 0.2\,[\mathrm{mm}]$$

図 1

よって, 物体が振動台表面から離れ始める振幅は $0.2\,\mathrm{mm}$.

4. 自然長からのばねの最大変形量を δ とすると, エネルギ保存則より, $\frac{1}{2}k\delta^2 = mg\delta$,

$\delta = \frac{2mg}{k}$. 一方，ばねにつながれたおもりが静止している状態では，静的な力の釣り合いより，$k\delta_0 = mg$, $\delta_0 = \frac{mg}{k}$. よって，前者では後者の場合の 2 倍だけ変形する．

5. 質量 m の物体には，図 2 のように重力 mg, 遠心力 $ml\omega^2 \sin\alpha$, ひもの張力 T が作用する．これらの力の釣り合いより

$$T\sin\alpha = ml\omega^2 \sin\alpha, \quad T = ml\omega^2,$$
$$T\cos\alpha = mg$$

図 2

これらより，T を消去して $ml\omega^2 \cos\alpha = mg$. よって $\alpha = \cos^{-1}\left(\frac{g}{l\omega^2}\right)$.

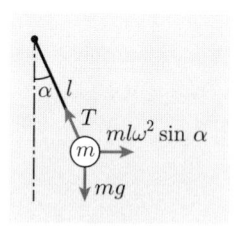

6. 砲弾の打ち出し速度より，台車が動かないように固定された状態での系全体の運動エネルギは $T = \frac{1}{2}mv_0^2$ である．台車が動く場合でも系全体ではこのエネルギを有することから砲弾発射直後の台車速度を V, 砲弾速度を v として，エネルギ保存則より

$$\frac{1}{2}mv_0^2 = \frac{1}{2}MV^2 + \frac{1}{2}mv^2$$

また，発射前後で運動量は保存されることから

$$0 = MV + mv$$

これら 2 式より，砲弾発射後の台車および砲弾の速度は次となる．

$$V = -\sqrt{\frac{m^2}{M(m+M)}}\,v_0, \quad v = \sqrt{\frac{M^2}{M(m+M)}}\,v_0$$

7. (1) 図 3 のように微小要素を考える．慣性モーメントの定義より

$$J_x = \int_0^{2\pi}\int_r^R \rho^2 \rho d\rho \frac{m}{\pi(R^2 - r^2)} d\theta$$
$$= \frac{m}{\pi(R^2 - r^2)} \frac{(R^4 - r^4)}{4} 2\pi = \frac{m(R^2 + r^2)}{2}$$

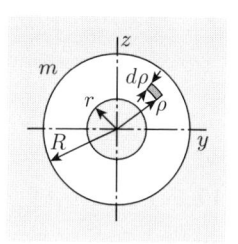

図 3

(2) 図 3 の微小要素と z 軸との距離は $\rho\sin\theta$ なので

$$J_z = \int_0^{2\pi}\int_r^R (\rho\sin\theta)^2 \rho d\theta d\rho \frac{m}{\pi(R^2 - r^2)}$$
$$= \frac{m}{\pi(R^2 - r^2)} \int_0^{2\pi}\int_r^R \rho^3 \sin^2\theta d\rho d\theta$$
$$= \frac{m}{\pi(R^2 - r^2)} \frac{(R^4 - r^4)}{4} \pi = \frac{m(R^2 + r^2)}{4}$$

8. 大円板の支点まわりの慣性モーメントは，$J_R = MR^2 + \frac{MR^2}{2} = \frac{3}{2}MR^2$. 小円板のみが存在するとしたときの支点まわりの慣性モーメントは

$$J_r = m(R-d)^2 + \frac{mr^2}{2} = \frac{m}{2}\{2(R-d)^2 + r^2\}$$

小円板がくり抜かれた大円板の慣性モーメントは，前者から後者を差し引くことで求まる．よって

$$J_O = J_R - J_r = \frac{1}{2}\{3MR^2 - 2m(R-d)^2 - mr^2\}$$

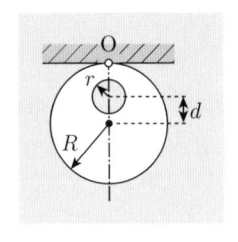

図 4

また，重心位置は，水平方向については対称性のため $x_G = 0$．一方，鉛直方向は，

$y_G = \frac{MR - m(R-d)}{M-m} = R + \frac{md}{M-m}$

9. 正方形平板の重心まわりの慣性モーメントは $J_G = \frac{ma^2}{6}$．また，重心と支点との距離 d は，$d = \frac{\sqrt{2}a}{2}$．これらより，支点まわりの慣性モーメント J_O は

$$J_O = J_G + m\left(\frac{\sqrt{2}}{2}a\right)^2 = \frac{ma^2}{6} + \frac{ma^2}{2} = \frac{2}{3}ma^2$$

10. 重心 G の水平方向位置は対称性により $x_G = 0$．一方，鉛直方向については，$my_G = \frac{m}{\pi r^2/2}\int_0^r 2\sqrt{r^2-y^2}\,y\,dy$．ここで，$y = r\sin\theta$，$dy = rd\theta\cos\theta$，$\sqrt{r^2-y^2} = r\cos\theta$，積分範囲を $0\sim r \to 0\sim\pi/2$ として

$$y_G = \frac{4}{\pi r^2}\int_0^{\pi/2} r^3\sin\theta\cos^2\theta\, d\theta = \frac{4r}{3\pi}$$

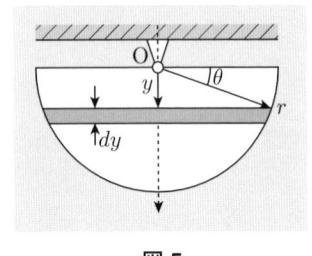

O 点まわりの慣性モーメントは

図 5

$$J_O = \frac{m}{\frac{\pi r^2}{2}}\int_0^\pi \int_0^r \rho^2 \rho\, d\theta\, d\rho = \frac{2m}{\pi r^2}\frac{r^4}{4}\pi = \frac{mr^2}{2}$$

11. 鉛直方向の重心位置は，O 点を原点として，下方に $y_G = r - a$．O 点まわりの慣性モーメントは，支点と質点間を直接結ぶ距離 $R = \sqrt{(r-a)^2 + r^2}$ より

$$J_O = 2m\{(r-a)^2 + r^2\}$$

12. 均一断面棒の単位長さ当たりの質量は $m/2l$．微小質量要素 dm を考え，回転軸と dm との距離は $r = x\sin\alpha$，慣性モーメントの定義に従って，棒の長さ方向に積分すると

$$J = 2\times\frac{m}{2l}\int_0^l (x\sin\alpha)^2 dx = \frac{ml^2}{3}\sin^2\alpha$$

問題解答　　　　　　　　　　　　　　　　**175**

13. 支点 O まわりの回転運動に関する剛体の慣性モーメントは，$I_O = I_G + Md^2$. 水平に支持したときの剛体の持つ位置エネルギの一部が振子の運動に使われるとして，エネルギ保存則より，$Mgd = \frac{1}{2}I_O\dot{\theta}^2 + Mgd(1-\cos\theta),\ \dot{\theta} = \pm\sqrt{\frac{2Mgd\cos\theta}{I_O}}$.

14. 剛体棒の支点まわりの慣性モーメント J は，$J = \frac{ml^2}{12} + m\left(\frac{l}{2}\right)^2 = \frac{ml^2}{3}$. 衝突後，一体となった物体の慣性モーメントは，$J' = J + m_0 l^2 = \left(\frac{m}{3} + m_0\right)l^2$. 角運動量の保存則より，$m_0 l^2 \frac{v_0}{l} = J'\omega$. よって，衝突直後の物体の角速度は
$$\omega = \frac{m_0 l v_0}{J'} = \frac{3m_0 v_0}{(m+3m_0)l}$$
衝突後，一体となった物体の重心は，支点からの距離 y_G として
$$y_G = \frac{m + 2m_0}{2(m+m_0)}l$$
また，鉛直方向からの棒の角度を θ として，最大振り上げ角度は，エネルギ保存則より
$$\frac{1}{2}J'\omega^2 = (m+m_0)g\frac{m+2m_0}{2(m+m_0)}l(1-\cos\theta) = \frac{m+2m_0}{2}gl(1-\cos\theta)$$
これを θ について解くと $\theta = \cos^{-1}\left\{1 - \frac{3(m_0 v_0)^2}{(m+2m_0)(m+3m_0)gl}\right\}$

15. (1) ヨーヨーの鉛直下方向への並進運動について考える．ヨーヨーの等価質量は，総運動エネルギ
$$T = \frac{1}{2}M\dot{x}^2 + \frac{1}{2}J\dot{\theta}^2 = \frac{1}{2}\left(M + \frac{J}{a^2}\right)\dot{x}^2$$
より，$M + \frac{J}{a^2}$ である．鉛直下方向には重力が作用しているので，運動方程式は，$\left(M + \frac{J}{a^2}\right)\ddot{x} = Mg,\ \ddot{x} = \frac{Ma^2 g}{Ma^2 + J}$. 時間について積分し，初期条件の $t=0$ で $x=0,\ \dot{x}=0$ を考慮して
$$\dot{x} = \frac{Ma^2 g}{Ma^2 + J}t,\quad x = \frac{Ma^2 g}{2(Ma^2 + J)}t^2$$

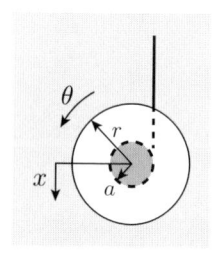

図 6

(2) (1) より，$t_L = \sqrt{\frac{2L(Ma^2+J)}{Ma^2 g}}$. 速度の式に代入して，$\dot{x}_L = \sqrt{\frac{2LMa^2 g}{Ma^2+J}}$

■第 2 章

1. 棒先端の変位を x としたとき，この系の運動エネルギは
$$T = \frac{1}{2}J\dot{\theta}^2 = \frac{1}{2}\frac{1}{3}ml^2\left(\frac{\dot{x}}{l}\right)^2 = \frac{1}{2}\left(\frac{m}{3}\right)\dot{x}^2$$
よって，棒先端の並進運動において，系の等価質量は $m_e = m/3$ となる．

2. x_1 と x_2 との間には，$x_1 = 2x_2$ の関係がある．系の全運動エネルギ T は
$$T = \frac{1}{2}m_1 \dot{x}_1^2 + \frac{1}{2}m_2 \dot{x}_2^2 = \frac{1}{2}m_1 \dot{x}_1^2 + \frac{1}{2}m_2\left(\frac{\dot{x}_1}{2}\right)^2 = \frac{1}{2}\left(m_1 + \frac{m_2}{4}\right)\dot{x}_1^2$$

よって, m_1 側に付加される m_2 の等価質量は, $m_\mathrm{e} = m_2/4$.

3. 系全体の運動エネルギ T は, $T = \frac{1}{2}(I_\mathrm{A} + I_\mathrm{B})\dot\theta_1^2 + \frac{1}{2}(I_\mathrm{C} + I_\mathrm{D})\dot\theta_2^2$. ここで, 歯数比の関係より, $\theta_2 = \theta_1/N$ なので $T = \frac{1}{2}\left\{(I_\mathrm{A} + I_\mathrm{B}) + \frac{1}{N^2}(I_\mathrm{C} + I_\mathrm{D})\right\}\dot\theta_1^2$. これより, 等価慣性モーメントは $I_\mathrm{e} = (I_\mathrm{A} + I_\mathrm{B}) + (I_\mathrm{C} + I_\mathrm{D})/N^2$.

また, 歯数比より系の右端に作用するトルク T_F は, 歯車を介して T_F/N となって左側へ伝達される. したがって, 運動方程式は $I_\mathrm{e}\ddot\theta_1 = T_\mathrm{F}/N$

4. 系全体の運動エネルギ T は

$$T = \frac{1}{2}J_\mathrm{r}\dot\theta^2 + \frac{1}{2}\left(m_\mathrm{v} + \frac{m_\mathrm{s}}{3}\right)(b\dot\theta)^2 = \frac{1}{2}\left\{J_\mathrm{r} + b^2\left(m_\mathrm{v} + \frac{m_\mathrm{s}}{3}\right)\right\}\dot\theta^2$$

問図 4 の A 点における変位を x とすると, $x = a\theta$ より

$$T = \frac{1}{2}\left\{J_\mathrm{r} + b^2\left(m_\mathrm{v} + \frac{m_\mathrm{s}}{3}\right)\right\}\left(\frac{\dot x}{a}\right)^2 = \frac{1}{2}\left\{\frac{J_\mathrm{r}}{a^2} + \left(\frac{b}{a}\right)^2\left(m_\mathrm{v} + \frac{m_\mathrm{s}}{3}\right)\right\}\dot x^2$$

よって, A 点における等価質量は, $m_\mathrm{e} = \frac{J_\mathrm{r}}{a^2} + \left(\frac{b}{a}\right)^2\left(m_\mathrm{v} + \frac{m_\mathrm{s}}{3}\right)$.

5. 長さ $2l$ のはりの左端を原点に, 位置 u におけるはりのたわみを y とする. 中央部に集中荷重 P の作用する両端単純支持はりのたわみは, $0 < u < l$ について, $y = \frac{P}{12EI}(3l^2u - u^3)$ である. ここで, 中央点のたわみ $x = \frac{Pl^3}{6EI}$ より, y と x の関係式として $y = \frac{x}{2}\left\{3\left(\frac{u}{l}\right) - \left(\frac{u}{l}\right)^3\right\}$ を得る. A をはりの断面積, ρ をはりの密度として, はりの質量は $m_\mathrm{b} = 2\rho Al$. また, 系の全運動エネルギは

$$T = \frac{1}{2}m\dot x^2 + 2 \times \frac{1}{2}\int_0^l \rho A\dot y^2 du = \frac{1}{2}\left(m + \frac{17}{35}2\rho Al\right)\dot x^2$$
$$= \frac{1}{2}\left(m + \frac{17}{35}m_\mathrm{b}\right)\dot x^2$$

よって, 中央に集中質量の付加されたはりの等価質量は, $m_\mathrm{e} = m + \frac{17}{35}m_\mathrm{b}$ となる.

6. 2 つの k_1 のばねと k_2 をはいずれも並列であることから, $k_\mathrm{e} = 2k_1 + k_2$

7. K_1, K_2 のねじり剛性の軸は並列であり, ばね k_1 も並列であることから

$$T = (K_1 + K_2)\theta + k_1r^2\theta = (K_1 + K_2 + k_1r^2)\theta = K_\mathrm{e}$$

よって, $K_\mathrm{e} = K_1 + K_2 + k_1r^2$

8. (a) はりによるばね k_p とばね k は並列であることから

$$k_\mathrm{p} = \frac{192EI}{l^3}, \quad k_\mathrm{e} = k_\mathrm{p} + k = \frac{192EI}{l^3} + k$$

(b) はりによるばね k_p とばね k は直列であることから

$$\frac{1}{k_\mathrm{e}} = \frac{1}{k_\mathrm{p}} + \frac{1}{k}, \quad k_\mathrm{e} = \frac{k_\mathrm{p}k}{k_\mathrm{p} + k} = \frac{192kEI}{kl^3 + 192EI}$$

問題解答　　　**177**

9. $f = c\dot{x}$ より $c = \frac{10}{2} = 5\,[\mathrm{N\cdot s/m}]$

10. 並列のダンパは $c_1 + c_2$ の 1 つのダンパとなり，これに c_3 のダンパが直列についているので f と $\dot{x}$ の関係は以下のようになる．
$$f = \frac{(c_1 + c_2)c_3}{c_1 + c_2 + c_3}\dot{x}$$

第3章

1. 力のモーメントの釣り合いより
$$f \times a = k \times b\theta \times b, \quad f = \frac{kb^2}{a}\theta$$

2. $f = x\cos\alpha \times A \times \rho \times g + x\cos\beta \times A \times \rho \times g = \rho A g x(\cos\alpha + \cos\beta)$

3. 3 つのばねは，いずれも並列なので，1 つのばね定数に置き換えると
$$k_\mathrm{e} = k\cos^2\alpha + k\cos^2\beta + k = k(1 + \cos^2\alpha + \cos^2\beta)$$
運動方程式は $m\ddot{x} + k_\mathrm{e}x = 0$，固有振動数は $\omega_\mathrm{n} = \sqrt{\frac{k(1+\cos^2\alpha+\cos^2\beta)}{m}}$

4. 静的な釣り合いの位置を $x = 0$ とすると，運動エネルギ T，位置エネルギ U は
$$T = \frac{1}{2}J\dot{\theta}^2 + \frac{1}{2}m\dot{x}^2, \quad U = \frac{1}{2}kx^2$$
$x = R\theta$ より $\theta = x/R$．したがって
$$T = \frac{1}{2}J\left(\frac{\dot{x}}{R}\right)^2 + \frac{1}{2}m\dot{x}^2 = \frac{1}{2}\left(m + \frac{J}{R^2}\right)\dot{x}^2$$
また，$J = \frac{mR^2}{2}$ より，$T = \frac{3}{4}m\dot{x}^2$．$\frac{d}{dt}(T+U) = 0$ より，運動方程式は $\frac{3}{2}m\ddot{x} + kx = 0$ となる．固有振動数は $\omega_\mathrm{n} = \sqrt{\frac{2k}{3m}}$

5. 上の 2 つの軸のねじり剛性を 1 つのねじり剛性 K_0 に置き換えると
$$\frac{1}{K_0} = \frac{1}{K_1} + \frac{1}{K_2}, \quad K_0 = \frac{K_1 K_2}{K_1 + K_2}$$
さらに，下の軸のねじり剛性も含めて全てを 1 つのねじり剛性 K_a に置き換えると
$$K_\mathrm{a} = \frac{K_1 K_2}{K_1 + K_2} + K_3 = \frac{K_1 K_2 + K_2 K_3 + K_3 K_1}{K_1 + K_2}$$
したがって，運動方程式は $J\ddot{\theta} + \frac{K_1 K_2 + K_2 K_3 + K_3 K_1}{K_1 + K_2}\theta = 0$ となる．
固有振動数は $\omega_\mathrm{n} = \sqrt{\frac{K_1 K_2 + K_2 K_3 + K_3 K_1}{J(K_1 + K_2)}}$

6. 運動エネルギ T，位置エネルギ U は
$$T = \frac{1}{2}J\dot{\theta}^2, \quad U = \frac{1}{2}k(b\theta)^2 \times 2 - mga(1 - \cos\theta)$$

$J = ma^2$, $\frac{d}{dt}(T+U) = 0$ より，運動方程式は $ma^2\ddot{\theta} + (2kb^2 - mga)\theta = 0$ となる．
固有振動数は $\omega_{\mathrm{n}} = \sqrt{\frac{2kb^2 - mga}{ma^2}} = \sqrt{\frac{2k}{m}\left(\frac{b}{a}\right)^2 - \frac{g}{a}}$

7. 運動方程式は $m\ddot{x} + a^2\rho g x = 0$ となる．ここで，$m = a^2 h \times \alpha$. 固有振動数は $\omega_{\mathrm{n}} = \sqrt{\frac{\rho g}{\alpha h}}$

8. $m\ddot{x} = -T_1$, $\quad J_0\ddot{\theta} = T_1 R - T_2 r$

$T_2 = k \times r\theta$, $\quad x = r\theta$

以上から，運動方程式は $\left(m + \frac{J_0}{R^2}\right)\ddot{x} + k\left(\frac{r}{R}\right)^2 x = 0$ となる．
固有振動数は $\omega_{\mathrm{n}} = \sqrt{\frac{kr^2}{mR^2 + J_0}}$

9. K_1, K_2 の軸は直列であることから，それらをまとめると，$K_{\mathrm{u}} = \frac{K_1 K_2}{K_1 + K_2}$．これと K_3 のばねは並列であることから，まとめると

$$K_{\mathrm{e}} = K_{\mathrm{u}} + K_3 = \frac{K_1 K_2}{K_1 + K_2} + K_3$$

k_{a}, k_{b} のばねによるねじり剛性 K_{s} は

$$K_{\mathrm{s}} = k_{\mathrm{a}} r^2 + k_{\mathrm{b}} r^2 = (k_{\mathrm{a}} + k_{\mathrm{b}}) r^2$$

K_{e}, K_{s} のねじり剛性の軸は並列であることから

$$K_{\mathrm{all}} = K_{\mathrm{e}} + K_{\mathrm{s}} = \frac{K_1 K_2}{K_1 + K_2} + K_3 + (k_{\mathrm{a}} + k_{\mathrm{b}}) r^2$$

したがって，運動方程式は $J\ddot{\theta} = -K_{\mathrm{all}}\theta$ となる．固有振動数は $\omega_{\mathrm{n}} = \sqrt{\frac{K_{\mathrm{all}}}{J}}$

10. (a) 合成したばね定数 K_{a} は $K_{\mathrm{a}} = \frac{k_1 k_2}{k_1 + k_2} = \frac{1000 \times 1500}{1000 + 1500} = 600\,[\mathrm{N/m}]$
固有振動数は $\omega_{\mathrm{n}} = \sqrt{\frac{K_{\mathrm{a}}}{m}} = \sqrt{\frac{600}{10}} = 7.75\,[\mathrm{rad/s}]$
速度振幅は $\dot{X}_0 = X_0 \omega_{\mathrm{n}} = 20 \times \sqrt{\frac{600}{10}} = 155\,[\mathrm{mm/s}]$

(b) 合成したばね定数 K_{a} は $K_{\mathrm{a}} = k_1 + k_2 = 1000 + 1500 = 2500\,[\mathrm{N/m}]$
固有振動数は $\omega_{\mathrm{n}} = \sqrt{\frac{K_{\mathrm{a}}}{m}} = \sqrt{\frac{2500}{10}} = 15.8\,[\mathrm{rad/s}]$
速度振幅は $\dot{X}_0 = X_0 \omega_{\mathrm{n}} = 20 \times \sqrt{\frac{2500}{10}} = 316\,[\mathrm{mm/s}]$

11. (1) 問の図 11(a), (b) の周期は

$$T_{\mathrm{a}} = 2\pi\sqrt{\frac{m + 2\Delta m}{k}}, \quad T_{\mathrm{b}} = 2\pi\sqrt{\frac{m + \Delta m}{k}}$$

2つの式を割ると

$$\frac{m + 2\Delta m}{m + \Delta m} = \left(\frac{T_{\mathrm{a}}}{T_{\mathrm{b}}}\right)^2, \quad m = \frac{\{(T_{\mathrm{a}}/T_{\mathrm{b}})^2 - 2\}}{1 - (T_{\mathrm{a}}/T_{\mathrm{b}})^2}\Delta m$$

(2) 問の図 11(b) の周期から

$$\frac{T_{\rm b}}{2\pi} = \sqrt{\frac{m+\Delta m}{k}}, \quad k = (m+\Delta m)\left(\frac{2\pi}{T_{\rm b}}\right)^2$$

(1) の解を用いると
$$k = \left[\frac{\{(T_{\rm a}/T_{\rm b})^2 - 2\}}{1-(T_{\rm a}/T_{\rm b})^2}\Delta m + \Delta m\right]\left(\frac{2\pi}{T_{\rm b}}\right)^2 = \frac{\Delta m(2\pi)^2}{T_{\rm a}^2 - T_{\rm b}^2}$$

(3) $T_{\rm c} = 2\pi\sqrt{\frac{m}{k}}$. (1), (2) の解を用いると, $m = \frac{2T_{\rm b}^2 - T_{\rm a}^2}{T_{\rm a}^2 - T_{\rm b}^2}\Delta m$, $k = \frac{\Delta m(2\pi)^2}{T_{\rm a}^2 - T_{\rm b}^2}$ より

$$T_{\rm c} = 2\pi\sqrt{\frac{m}{k}} = \sqrt{2T_{\rm b}^2 - T_{\rm a}^2}$$

12. 丸棒の運動は次式で与えられる.
$$m\ddot{x} = F_1 - F_2 \qquad ①$$

ここで, F_1, F_2 はそれぞれ, 左右のプーリーから丸棒が受ける摩擦力を示しており, それらは次式で与えられる.
$$F_1 = 2\mu N_1, \quad F_2 = 2\mu N_2 \qquad ②$$
ここで, N_1, N_2 はそれぞれ, 左右のプーリーから丸棒が受ける垂直抗力を示している.

また, 垂直方向の力の釣り合いから, 次式が成り立つ.
$$2N_1 \sin\alpha + 2N_2 \sin\alpha = mg \qquad ③$$

さらに, 左側のプーリーと丸棒との接触点まわりのモーメントの釣り合いから
$$mg(a+x) = 2N_2 \sin\alpha \times 2a \qquad ④$$
が成り立つ. 式②より, 式①は
$$m\ddot{x} = 2\mu N_1 - 2\mu N_2 \qquad ⑤$$
となる. また, 式③, ④より
$$N_1 = \frac{mg(a-x)}{4a\sin\alpha}, \quad N_2 = \frac{mg(a+x)}{4a\sin\alpha} \qquad ⑥$$
となる. 式⑥を式⑤に代入すると, 丸棒の運動方程式は次式となる.
$$\ddot{x} = -\frac{\mu g}{a\sin\alpha}x$$
上式より, 丸棒の運動は質量には依存しないことがわかる. また, 左右に振動する丸棒の固有振動数 $\omega_{\rm n}$ と周期 T は次式で与えられる.
$$\omega_{\rm n} = \sqrt{\frac{\mu g}{a\sin\alpha}}, \quad T = 2\pi\sqrt{\frac{a\sin\alpha}{\mu g}}$$

13. 振子の回転運動には回転軸に垂直な成分 $mg\sin\alpha$ が関与する. したがって, 振子に作用する復元モーメントは $mgl\sin\alpha\sin\theta$ となることから, 回転の運動方程式は

$J\ddot{\theta} = -mgl\sin\alpha\sin\theta$ となる. 振動角が小さいとすると, $J\ddot{\theta} + mgl\sin\alpha\,\theta = 0$. したがって, 固有周期 T_n は, $T_\mathrm{n} = 2\pi\sqrt{\dfrac{J}{mgl\sin\alpha}}$

14. 矩形板の回転の運動方程式は $J\ddot{\theta} = -K\theta$ となる. また, 矩形板の慣性モーメント J は $J = \dfrac{1}{12}m(a^2 + b^2)$. したがって, 固有周期は, $T_\mathrm{n} = 2\pi\sqrt{\dfrac{J}{K}} = 2\pi\sqrt{\dfrac{m(a^2 + b^2)}{12K}}$

15. 質量 m を吊るロープの張力を T とすると, 質量 m の運動方程式は $m\ddot{x}_1 = -T$. また, k のばねに働くばね力と張力 T の関係から $kx_2 = 2T$ が得られる. さらに, $2x_2 = x_1$ となることから, 3つの式を利用すると, 運動方程式は $m\ddot{x}_1 + \dfrac{k}{4}x_1 = 0$. また, 固有振動数は $\omega_\mathrm{n} = \sqrt{\dfrac{k}{4m}}$

16. 球が x だけ移動したときに働く復元力の水平成分は, $T\sin\theta_\mathrm{a}$, $T\sin\theta_\mathrm{b}$ である. したがって, 運動方程式は $m\ddot{x} = -T\sin\theta_\mathrm{a} - T\sin\theta_\mathrm{b}$ となる. ここで, $\sin\theta_\mathrm{a} = \dfrac{x}{\sqrt{a^2 + x^2}}$, $\sin\theta_\mathrm{b} = \dfrac{x}{\sqrt{(l-a)^2 + x^2}}$. $\sin\theta_\mathrm{a}$, $\sin\theta_\mathrm{b}$ を $x = 0$ のまわりでテイラー展開して, 1次の項まで近似すると, $\sin\theta_\mathrm{a} = \dfrac{x}{a}$, $\sin\theta_\mathrm{b} = \dfrac{x}{l-a}$. よって, 運動方程式は
$$m\ddot{x} = -\dfrac{x}{a}T - \dfrac{x}{l-a}T$$
$$m\ddot{x} + \dfrac{lT}{a(l-a)}x = 0$$
固有振動数は
$$\omega_\mathrm{n} = \sqrt{\dfrac{lT}{ma(l-a)}}$$

17. 回転の運動方程式は $J\ddot{\theta} = -ka^2\theta$ となる. したがって, 固有周期 T_n は
$$T_\mathrm{n} = 2\pi\sqrt{\dfrac{J}{ka^2}} = T$$
上式を変形すると, 慣性モーメント J は
$$J = ka^2\left(\dfrac{T}{2\pi}\right)^2$$

18. 円板が θ だけ回転したときの糸の傾き角を α とすると
$$L\alpha = r\theta, \quad \alpha = \dfrac{r}{L}\theta \qquad \text{①}$$
円板の質量を m とすると, 1本の糸にかかる張力は, $mg/4$ である. そのうち, 円板を回転させようとする成分は $mg\sin\alpha/4$ より, 円板の中心まわりの回転の運動方程式は次式となる.
$$J\ddot{\theta} = 4 \times \left(-\dfrac{1}{4}mg\sin\alpha \times r\right)$$
$$J\ddot{\theta} + mgr\sin\alpha = 0$$

α が小さいとすると
$$J\ddot{\theta} + mgr\alpha = 0 \qquad ②$$
式①を式②に代入すると，$J\ddot{\theta} + mg\frac{r^2}{L}\theta = 0$. また，円板の慣性モーメント J は $J = \frac{1}{2}mr^2$. 固有振動数は
$$\omega_n = \sqrt{\frac{mgr^2}{JL}} = \sqrt{\frac{2}{mr^2}\frac{mgr^2}{L}} = \sqrt{\frac{2g}{L}}$$

19. 質量 m_1 と m_2 の2台の車両の運動方程式は次式となる．
$$m_1\ddot{x}_1 = -k(x_1 - x_2), \qquad ①$$
$$m_2\ddot{x}_2 = k(x_1 - x_2) \qquad ②$$
式①に m_2 を掛け，式②に m_1 を掛け，両辺の引き算を行うと
$$m_1 m_2 (\ddot{x}_1 - \ddot{x}_2) = -(m_1 + m_2)k(x_1 - x_2)$$
$X = x_1 - x_2$ とおくと，$m_1 m_2 \ddot{X} + (m_1 + m_2)kX = 0$. したがって，周期 T は
$$T = 2\pi\sqrt{\frac{m_1 m_2}{(m_1 + m_2)k}}$$
となる．上式を変形すると，ばね定数 k が以下のように求められる．
$$k = \frac{m_1 m_2}{m_1 + m_2}\left(\frac{2\pi}{T}\right)^2$$

20. (1) $F = m\left\{r\cos\varphi + l\sin\left(\frac{\pi}{2} + \varphi - \theta\right)\right\}\omega^2$
ここで，$\sin\left(\frac{\pi}{2} + \varphi - \theta\right) = \cos(\varphi - \theta)$ より，$F = m\{r\cos\varphi + l\cos(\varphi - \theta)\}\omega^2$ となる．θ, φ を微小とすると
$$F = m(r + l)\omega^2$$

(2) $M = Fr\sin\varphi = m(r+l)\omega^2 r\sin\varphi \cong mr(r+l)\varphi\omega^2 \qquad ①$

(3) $r\sin\varphi = l\cos\left(\frac{\pi}{2} + \varphi - \theta\right)$

$r\sin\varphi = l\sin(\theta - \varphi), \quad (r+l)\varphi = l\theta$

$$\varphi = \frac{l}{r+l}\theta \qquad ②$$

(4) 式①に式②を代入すると
$$M = mr(r+l)\frac{l}{r+l}\theta\omega^2, \quad M = mrl\omega^2\theta$$
回転の運動方程式は次式となる．
$$J\ddot{\theta} = -M, \quad J\ddot{\theta} + mrl\omega^2\theta = 0$$
$J = ml^2$ より，固有振動数は

$$\omega_n = \sqrt{\frac{mrl\omega^2}{J}} = \sqrt{\frac{mrl\omega^2}{ml^2}} = \omega\sqrt{\frac{r}{l}}$$

21. (1) 質量 m の衝突直前の速度を v_0 とすると, 落下前と衝突直前におけるエネルギの釣り合いから, $\frac{1}{2}mv_0^2 = mgh$ が得られる. v_0 を求めると, $v_0 = \sqrt{2gh}$ となる.

(2) 衝突後の質量 m および質量 M の速度をそれぞれ v_1, V とすると, 運動量保存の法則より

$$mv_0 = mv_1 + MV \qquad ①$$

が得られる. また, 反発係数の定義より, 次式が得られる.

$$\frac{V - v_1}{v_0} = e, \quad V = v_1 + ev_0 \qquad ②$$

上式を式①に代入し, v_1 を求めると, $v_1 = \frac{m - eM}{m + M}v_0$

(3) v_1 を式②に代入し, V を求めると, $V = \frac{m(1+e)}{m+M}v_0$

(4) 衝突後の運動については, 質量 M がばねで支持された静的釣り合い位置を $x = 0$ とすると, 質量 M の運動方程式は $M\ddot{x} + kx = 0$ となる. 初期条件は $t = 0$ のとき, $x = 0, \dot{x} = V$ となることから, 式 (3.6) を参考にすれば変位応答 $x(t)$ は

$$x(t) = \frac{V}{\omega_n}\sin\omega_n t = \frac{1}{\omega_n}\frac{m(1+e)}{m+M}v_0\sin\omega_n t = \frac{1}{\omega_n}\frac{m(1+e)}{m+M}\sqrt{2gh}\sin\omega_n t$$

が得られる. ここで, $\omega_n = \sqrt{\frac{k}{M}}$

22. 衝突後に2つの物体は一体となるので衝突後の運動については, 質量 $(m+M)$ がばねで支持された静的釣り合い位置を $x = 0$ とする. 運動方程式は $(m+M)\ddot{x} + kx = 0$ となる. $t = 0$ のとき速度 $\dot{x} = V$ は, 問題 21(3) で得られた V の式において $e = 0$ とおくと

$$V = \frac{mv_0}{m+M} = \frac{m\sqrt{2gh}}{m+M}$$

となる. また, $t = 0$ のとき, x は $x = -\frac{mg}{k}$ となる.

したがって, 式 (3.6) を参考にすれば, 変位応答 $x(t)$ は

$$x(t) = -\frac{mg}{k}\cos\omega_n t + \frac{1}{\omega_n}\frac{m\sqrt{2gh}}{m+M}\sin\omega_n t$$

が得られる. ここで, $\omega_n = \sqrt{k/(m+M)}$

参考 問題 21 と問題 22 では, 静的な釣り合い位置が異なることに注意する. □

23. (1) $\frac{X_1}{X_3} = \frac{X_1}{X_2}\frac{X_2}{X_3} = \left(\frac{X_1}{X_2}\right)^2 = 1.44$ より, $\frac{X_1}{X_2} = 1.2$

(2) ζ を微小とすると, $\log\frac{X_1}{X_2} = 2\pi\zeta$, $\frac{X_1}{X_2} = 1.2$ より, $\zeta = 0.0290$

(3) $\frac{Y_1}{Y_2} = e^{2\pi \cdot 2\zeta} = (e^{2\pi\zeta})^2 = \left(\frac{X_1}{X_2}\right)^2$

24. (1) $f_n = \frac{1}{T} = \frac{1}{0.2-0.1} = 10\,[\text{Hz}]$, または, $\omega_n = \frac{2\pi}{T} = \frac{2\pi}{0.2-0.1} = 62.8\,[\text{rad/s}]$

(2) $\log_e \frac{10}{A} \cong 2\pi\zeta$, $A = \frac{10}{e^{2\pi\zeta}} = 8.82\,[\text{mm}]$

(3) $\omega_n = \sqrt{\frac{k}{m}}$, $k = m\omega_n^2 = 31600\,[\text{N/m}]$

$c = 2\zeta\sqrt{mk} = 20.1\,[\text{N}\cdot\text{s/m}]$

25. (1) $\zeta = \frac{c}{2\sqrt{mk}} = \frac{20000}{2\sqrt{1500\times 18000}} = 1.92$

(2) 衝突後の車の運動方程式は

$$m\ddot{x} + c\dot{x} + kx = 0$$

が得られる．初期条件は $t=0$ のとき，$x=0, \dot{x} = v_0 = 90\times\frac{1000}{3600} = 25\,[\text{m/s}]$ となる．$\zeta > 1$ より，式 (3.18) を参考にすれば，変位応答 $x(t)$ は次式となる．

$$x = \frac{v_0}{\omega_h}e^{-\varepsilon t}\sinh(\omega_h t) = 4.39e^{-6.67t}\sinh(5.70t)$$

(3)

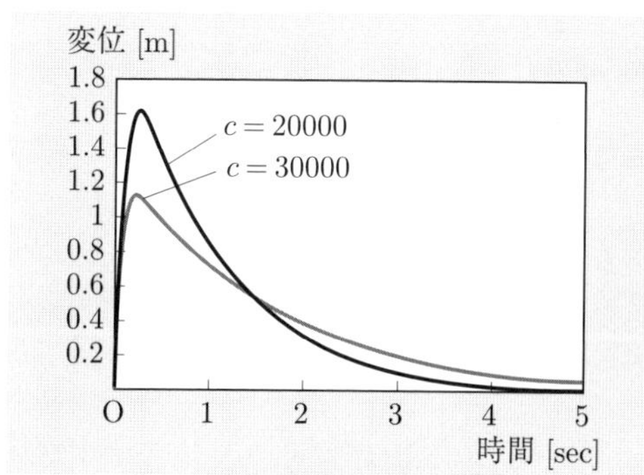

図 7

26. (1) 空気中では，$\omega_n = 2\pi\times\frac{260}{60} = \frac{26}{3}\pi$. $\omega_n = \sqrt{\frac{k}{m}}$ より

$$k = \left(\frac{26}{3}\pi\right)^2 \times 3 = 2220\,[\text{N/m}]$$

(2) 液体中では

$$\omega_d = 2\pi\times\frac{240}{60} = 8\pi$$

$$\omega_d = \omega_n\sqrt{1-\zeta^2} = 8\pi$$

が得られる．したがって，$\zeta = \sqrt{1-\left(\frac{8\pi}{\omega_n}\right)^2} = 0.385$

(3) $c = 2\zeta\sqrt{mk} = 62.8\,[\text{N}\cdot\text{s/m}]$

第4章

1. (1) 均一断面棒の支点まわりの慣性モーメントは $J = \frac{ml^2}{3}$. 支点まわりの角変位を θ として，運動方程式は $\frac{ml^2}{3}\ddot{\theta} + kl^2\theta = Fl\cos\omega t$

また，$x = l\theta$ の関係より，$\frac{m}{3}\ddot{x} + kx = F\cos\omega t$

(2) 運動方程式の解を，$x = A\cos\omega t$ として

$$\left(k - \frac{m}{3}\omega^2\right)A = F, \quad A = \frac{F}{k - \frac{m}{3}\omega^2} = \frac{3F}{3k - m\omega^2} = \frac{\delta_0}{1 - (\omega/\omega_n)^2}$$

ただし，$\delta_0 = \frac{F}{k}$, $\omega_n = \sqrt{\frac{3k}{m}}$. よって，定常振動解は，$x = \frac{3F}{3k - m\omega^2}\cos\omega t = \frac{\delta_0}{1-(\omega/\omega_n)^2}\cos\omega t$

2. (1) 運動方程式は $m\ddot{x} + c\dot{x} + kx = F\sin\omega t$. 定常振動解は，$x = A\sin(\omega t - \varphi)$ として

$$A = \frac{F}{\sqrt{(k - m\omega^2)^2 + (c\omega)^2}} = \frac{\delta_0}{\sqrt{\{1 - (\omega/\omega_n)^2\}^2 + (2\zeta\omega/\omega_n)^2}},$$

$$\tan\varphi = \frac{2\zeta\omega/\omega_n}{1 - (\omega/\omega_n)^2}$$

ただし，$\delta_0 = \frac{F}{k}$, $\omega_n = \sqrt{\frac{k}{m}}$

(2) 減衰比は小さいと仮定して，$e^{20\pi\zeta} = 5$. よって $\zeta = \frac{1}{20\pi}\ln 5 = 0.026$

(3) 減衰比が小さい場合，$\frac{\omega}{\omega_n} \cong 1$ のとき，振幅は最大値 $A = \frac{\delta_0}{2\zeta}$ と見なせるので

振動数： $f = \frac{1}{2\pi}\sqrt{\frac{k}{m}} = \frac{1}{2\pi}\sqrt{\frac{10000}{1}} = 15.9\,[\text{Hz}]$

振幅の最大値： $A = \frac{\delta_0}{2\zeta} = \frac{10/10^4}{2 \times 0.026} = 0.019\,[\text{m}] = 19\,[\text{mm}]$

(4) 減衰が小さいならば，最大振幅値は減衰比に反比例するので，減衰比を 4 倍にすればよい．したがって，$\zeta = 0.1$ とする．

3. (1) 調和外力の作用する 1 自由度不減衰系の応答振幅は，

$$|A| = \frac{F}{|k - m\omega^2|} = \frac{\delta_0}{|1 - (\omega/\omega_n)^2|}$$

よって $|A| = \frac{F}{|k - m\omega^2|} = \frac{10}{|10 \times 10^3 - (2 \times \pi \times 50)^2|} = 1.1 \times 10^{-4}\,[\text{m}] = 0.11\,[\text{mm}]$

(2) $\frac{\delta_0}{|1-(\omega/\omega_n)^2|} \leq 0.1\delta_0$ として

① $\frac{\omega}{\omega_n} < 1$ の場合，$\frac{1}{1-(\omega/\omega_n)^2} \leq 0.1$, $\left(\frac{\omega}{\omega_n}\right)^2 \leq -9$. これは不成立．

② $\frac{\omega}{\omega_n} > 1$ の場合，$\frac{1}{(\omega/\omega_n)^2-1} \leq 0.1$, $\left(\frac{\omega}{\omega_n}\right)^2 \geq 11$ より

問 題 解 答　　　　　　　　　　　　　　　　　　　**185**

$$k \leq \frac{m\omega^2}{11} = \frac{(2 \times \pi \times 50)^2}{11} = 8972$$

よって，ばね定数を，8972 [N/m] 以下に設計する．

4. (1) 運動方程式は，$m\ddot{x}+c\dot{x}+2kx = F\cos\omega t$．定常振動解は，$x = A\cos(\omega t-\varphi)$ として

$$A = \frac{F}{\sqrt{(2k - m\omega^2)^2 + (c\omega)^2}} = \frac{\delta_0}{\sqrt{\{1 - (\omega/\omega_\mathrm{n})^2\}^2 + (2\zeta\omega/\omega_\mathrm{n})^2}},$$

$$\tan\varphi = \frac{2\zeta\omega/\omega_\mathrm{n}}{1 - (\omega/\omega_\mathrm{n})^2}$$

ただし，$\delta_0 = \frac{F}{2k}, \omega_\mathrm{n} = \sqrt{\frac{2k}{m}}, \zeta = \frac{c}{2\sqrt{2mk}}$
(2) $\zeta = \frac{c}{2\sqrt{2mk}} = 0.11$，$\zeta$ は小さいとして振幅の最大値は

$$A \cong \frac{\delta_0}{2\zeta} = \frac{F/2k}{2\zeta} = 0.045 \,[\mathrm{m}] = 45 \,[\mathrm{mm}]$$

これは，静的変位に対して4.5倍．また，このときの振動数は，$f = \frac{1}{2\pi}\sqrt{\frac{2k}{m}} = 3.56 \,[\mathrm{Hz}]$．

5. (1) 支点まわりの慣性モーメントを J とすると，$J = \left(\frac{m}{3} + m_0\right)l^2$．
運動方程式は，$J\ddot{\theta} + cs^2\dot{\theta} + ks^2\theta = Fl\cos\omega t$
また，系の不減衰固有角振動数 ω_n は

$$\omega_\mathrm{n} = \sqrt{\frac{ks^2}{J}} = \frac{s}{l}\sqrt{\frac{3k}{m + 3m_0}}$$

$$= \frac{1}{2.5}\sqrt{\frac{3 \times 500}{10 + 30}} = 2.45 \,[\mathrm{rad/s}]$$

(2) 系の減衰比 ζ は，$\zeta = \frac{cs^2}{2\sqrt{Jks^2}} = \frac{s}{l}\frac{\sqrt{3}}{2}\frac{c}{\sqrt{(m+3m_0)k}} = 0.049$
(3) (1) の運動方程式を角変位 θ について解き，定常振動解の振幅を求めると

$$\Theta = \frac{Fl}{\sqrt{(ks^2 - J\omega^2)^2 + (cs^2\omega)^2}} = \frac{Fl/ks^2}{\sqrt{\{1 - (\omega/\omega_\mathrm{n})^2\}^2 + (2\zeta\omega/\omega_\mathrm{n})^2}}$$

減衰比が小さいとき，$\omega \cong \omega_\mathrm{n}$ で最大角振幅 $\Theta_\mathrm{max} = \frac{Fl/ks^2}{2\zeta}$ となる．よって $f = \frac{1}{2\pi}\omega_\mathrm{n} = 0.39 \,[\mathrm{Hz}]$ のとき，最大振幅 $\Theta_\mathrm{max}l = \frac{Fl^2/ks^2}{2\zeta} = 0.128 \,[\mathrm{m}] = 12.8 \,[\mathrm{cm}]$．

6. 調和外力の作用する1自由度減衰系の応答振幅を A とすると

$$A = \frac{\delta_0}{\sqrt{\{1 - (\omega/\omega_\mathrm{n})^2\}^2 + (2\zeta\omega/\omega_\mathrm{n})^2}}$$

ζ が小さいと仮定して系の最大振幅は，$A_\mathrm{max} \cong \frac{\delta_0}{2\zeta}$．これより，$\zeta = \frac{\delta_0}{2A_\mathrm{max}} = 0.05$．
また，このときの振動数 $\omega \cong \omega_\mathrm{n}$ より，$\omega_\mathrm{n} = 2\pi f = 62.8 \,[\mathrm{rad/s}]$．

7. 1自由度減衰振動系の強制振動応答の振幅は，$\frac{\omega}{\omega_n} = \Omega$ として

$$A = \frac{\delta_0}{\sqrt{\{1-(\omega/\omega_n)^2\}^2 + (2\zeta\omega/\omega_n)^2}} = \frac{\delta_0}{\sqrt{(1-\Omega^2)^2 + (2\zeta\Omega)^2}}$$

A が極大値を持つとき，分母の根号内にある Ω の関数が極値を持つ条件から，$f(\Omega) = (1-\Omega^2)^2 + (2\zeta\Omega)^2$ として，$f'(\Omega) = 2(1-\Omega^2)(-2\Omega) + 2(2\zeta\Omega)2\zeta = 0$ より

$$\Omega = \sqrt{1-2\zeta^2},$$

$$A = \frac{\delta_0}{\sqrt{\{1-(1-2\zeta^2)\}^2 + (2\zeta\sqrt{1-2\zeta^2})^2}} = \frac{\delta_0}{2\zeta\sqrt{1-\zeta^2}}$$

8. 強制外力の作用する1自由度系の応答振幅は，減衰がない場合

$$|A| = \frac{F}{|k-m\omega^2|} = \frac{\delta_0}{|1-(\omega/\omega_n)^2|}$$

条件より，$\frac{|A|}{\delta_0} = \frac{1}{|1-(\omega/\omega_n)^2|} \leq \frac{1}{10}$. この条件を満たすのは，$\frac{\omega}{\omega_n} > 1$ の領域なので，$\frac{1}{(\omega/\omega_n)^2-1} \leq \frac{1}{10}$，よって $\omega_n \leq \frac{\omega}{\sqrt{11}}$.

次に，減衰がある場合について考える．応答振幅は $A = \frac{\delta_0}{\sqrt{\{1-(\omega/\omega_n)^2\}^2 + (2\zeta\omega/\omega_n)^2}}$. 条件より

$$\frac{|A|}{\delta_0} = \frac{1}{\sqrt{\{1-(\omega/\omega_n)^2\}^2 + (2\zeta\omega/\omega_n)^2}} \leq \frac{1}{10}$$

$$\left\{1 - \left(\frac{\omega}{\omega_n}\right)^2\right\}^2 + \left(2\zeta\frac{\omega}{\omega_n}\right)^2 \geq 100$$

$\zeta = 0.5$ より，$(1-\Omega^2)^2 + \Omega^2 \geq 100$．ただし，ここで $\Omega = \frac{\omega}{\omega_n}$ とおいた．これを解くと，$\Omega^2 \geq \frac{1+\sqrt{397}}{2}$．$\Omega > 0$ なので，$\Omega \geq \sqrt{\frac{1+\sqrt{397}}{2}}$，$\omega_n \leq \frac{\omega}{\sqrt{(1+\sqrt{397})/2}}$．よって $\omega_n \leq 0.31\omega$

9. 強制外力の作用する1自由度不減衰系の振幅は，$|A| = \frac{F}{|k-m\omega^2|} = \frac{\delta_0}{|1-(\omega/\omega_n)^2|}$．ここで，$\omega_n = \sqrt{\frac{k}{m}} = \sqrt{\frac{mg}{m\delta}} = \sqrt{\frac{g}{\delta}} = 99\,\mathrm{[rad/s]}$，$\delta_0 = \frac{F}{k} = \frac{F\delta}{mg} = 2.04 \times 10^{-4}\,\mathrm{[m]}$ より

$$|A| = \frac{\delta_0}{|1-(\omega/\omega_n)^2|} = 2.13 \times 10^{-4}\,\mathrm{[m]} = 0.213\,\mathrm{[mm]}$$

10. (1) $mg = k\delta$ より，固有振動数は $f_n = \frac{1}{2\pi}\sqrt{\frac{g}{\delta}} = 111.5\,\mathrm{[Hz]}$．よって，危険速度は，$f_n \times 60 = 6688\,\mathrm{[rpm]}$.

(2) ある回転速度における弾性軸中央部の振幅は，円板の質量を m，軸のばね定数を k，偏心量を e として，$|A| = \frac{me\omega^2}{|k-m\omega^2|}$．この変位によって，軸両端の軸受にか

かる力の総和は
$$F = k|A| = \frac{mke\omega^2}{|k - m\omega^2|} = \frac{me\omega^2}{|1 - (\omega/\omega_n)^2|}$$
$$= \frac{10 \times 0.05 \times 10^{-3} \times \left(\frac{5000}{60 \times 2 \times \pi}\right)^2}{\left|1 - \left(\frac{5000}{6688}\right)^2\right|} = 310.8 \,[\text{N}]$$

よって，軸受 1 個当たりにかかる荷重は，155.4 [N]．

11. 不釣り合いを有する 1 自由度不減衰系の応答振幅は，$|A| = \frac{m_u e \omega^2}{|k - m\omega^2|}$．これより，支持ばねを介して基礎に伝達される力の最大値 F_T は，$F_T = k|A| = \frac{m_u e k \omega^2}{|k - m\omega^2|}$．

一方，モータを基礎に直接固定した場合の伝達力の最大値は，$F_T' = m_u e \omega^2$．条件より，$\frac{F_T}{F_T'} = \frac{k}{|k - m\omega^2|} = \frac{1}{|1 - (\omega/\omega_n)^2|} \leq \frac{1}{20}$

① $\frac{\omega}{\omega_n} < 1$ の場合，$\frac{1}{1-(\omega/\omega_n)^2} \leq \frac{1}{20}$，$\left(\frac{\omega}{\omega_n}\right)^2 \leq -19$．これは成立しない．

② $\frac{\omega}{\omega_n} > 1$ の場合，$\frac{1}{(\omega/\omega_n)^2 - 1} \leq \frac{1}{20}$，$\omega \geq \sqrt{21}\,\omega_n$．また，系の固有角振動数は，$\omega_n = \sqrt{\frac{k}{m}} = \sqrt{\frac{g}{\delta}} = 9.9 \,[\text{rad/s}]$．以上より，$\omega \geq \sqrt{21}\,\omega_n = 45.4 \,[\text{rad/s}]$．

よって，モータ回転数を，433 [rpm] 以上とする．

12. (1) 1 自由度減衰系の不釣り合い応答の振幅は，$A = \frac{m_u e \omega^2}{\sqrt{(k-m\omega^2)^2 + (c\omega)^2}}$．また，回転数 500 rpm より，$\omega = 500/60 \times 2 \times \pi = 52.4 \,[\text{rad/s}]$．これらより

$$m_u e = \frac{A\sqrt{(k-m\omega^2)^2 + (c\omega)^2}}{\omega^2}$$
$$= \frac{0.5 \times 10^{-3} \times \sqrt{(10 \times 10^3 - 10 \times 52.4^2)^2 + (50 \times 52.4)^2}}{52.4^2}$$
$$= 3.2 \times 10^{-3} \,[\text{kg} \cdot \text{m}]$$

(2) 床へ作用する変動力は，不釣り合い応答の定常振動解を $x = A\cos(\omega t - \varphi)$ とすると

$$f = c\dot{x} + kx = -c\omega A \sin(\omega t - \varphi) + kA\cos(\omega t - \varphi)$$
$$= A\sqrt{k^2 + (c\omega)^2}\cos(\omega t - \varphi + \theta)$$

ただし，$\tan\theta = \frac{c\omega}{k}$．最大力は

$$F = A\sqrt{k^2 + (c\omega)^2} = \frac{m_u e \omega^2 \sqrt{k^2 + (c\omega)^2}}{\sqrt{(k-m\omega^2)^2 + (c\omega)^2}}$$
$$= \frac{m_u e \omega^2 \sqrt{1 + (2\zeta\omega/\omega_n)^2}}{\sqrt{\{1 - (\omega/\omega_n)^2\}^2 + (2\zeta\omega/\omega_n)^2}}$$

によって求められる．減衰比 $\zeta = 0.08$，不減衰固有角振動数 $\omega_n = 31.6 \,[\text{rad/s}]$，

$\omega = 52.4\,[\text{rad/s}]$ を考慮すると，$F = \dfrac{m_\text{u}e\omega^2\sqrt{1+(2\zeta\omega/\omega_\text{n})^2}}{\sqrt{\{1-(\omega/\omega_\text{n})^2\}^2+(2\zeta\omega/\omega_\text{n})^2}} = 5.1\,[\text{N}]$.

13. 減衰がない場合，不釣り合い応答の振幅は，$|A| = \dfrac{m_\text{u}e\omega^2}{|k-m\omega^2|}$ である。また，回転数 $800\,\text{rpm}$ は $13.3\,\text{Hz}$. これより

$$\dfrac{m_\text{u}e\omega^2}{|k-m\omega^2|} = 0.1,$$

$$m_\text{u}e = \dfrac{0.1|k-m\omega^2|}{\omega^2} = \dfrac{0.1|10\times 10^3 - (2\times\pi\times 13.3)^2|}{(2\times\pi\times 13.3)^2} = 0.043\,[\text{kg}\cdot\text{m}]$$

14. (1) 不釣り合いを有する 1 自由度不減衰系の応答振幅 A は，$|A| = \dfrac{m_\text{u}e\omega^2}{|k-m\omega^2|}$

(a) $300\,\text{rpm}$ のとき，$\omega = 2\pi f = 2\times\pi\times 300/60 = 31.4\,[\text{rad/s}]$ より

$$|A| = \dfrac{0.05\times 31.4^2}{|50\times 10^3 - 20\times 31.4^2|} = 1.63\times 10^{-3}\,[\text{m}] = 1.63\,[\text{mm}]$$

(b) $1200\,\text{rpm}$ のとき，$\omega = 2\pi f = 2\times\pi\times 1200/60 = 125.7\,[\text{rad/s}]$ より

$$|A| = \dfrac{0.05\times 125.7^2}{|50\times 10^3 - 20\times 125.7^2|} = 2.97\times 10^{-3}\,[\text{m}] = 2.97\,[\text{mm}]$$

(2) 不釣り合いを有する 1 自由度減衰系の応答振幅 A は，$A = \dfrac{m_\text{u}e\omega^2}{\sqrt{(k-m\omega^2)^2+(c\omega)^2}}$

(a) $300\,\text{rpm}$ のとき

$$A = \dfrac{0.05\times 31.4^2}{\sqrt{(50\times 10^3 - 20\times 31.4^2)^2 + (400\times 31.4)^2}}$$

$$= 0.0015\,[\text{m}] = 1.50\,[\text{mm}]$$

(b) $1200\,\text{rpm}$ のとき

$$A = \dfrac{0.05\times 125.7^2}{\sqrt{(50\times 10^3 - 20\times 125.7^2)^2 + (400\times 125.7)^2}}$$

$$= 0.00292\,[\text{m}] = 2.92\,[\text{mm}]$$

(3) 減衰比 $\zeta = \dfrac{c}{2\sqrt{mk}} = 0.2$ より，減衰比は小さいと見なす．$\omega \cong \omega_\text{n}$ で振幅が最大になるとして，このときの振動数は，$f = \dfrac{1}{2\pi}\sqrt{\dfrac{k}{m}} = 7.96\,[\text{Hz}]$. 回転数に変換すると，$477\,\text{rpm}$. また，このときの最大振幅は

$$A \cong \dfrac{m_\text{u}e/m}{2\zeta} = \dfrac{0.05/20}{2\times 0.2} = 6.25\times 10^{-3}\,[\text{m}] = 6.25\,[\text{mm}]$$

15. (1) 運動方程式は，$m\ddot{x} + 2kx = ka\sin\omega t$

(2) 定常振動解を，$x = A\sin\omega t$ として，振幅 A は $A = \dfrac{ka}{2k-m\omega^2} = \dfrac{a}{2\{1-(\omega/\omega_\text{n})^2\}}$, $\omega_\text{n} = \sqrt{\dfrac{2k}{m}}$

(3) 変位の伝達率は，(2) より $T_\text{R} = \dfrac{|A|}{a} = \dfrac{1}{2|1-(\omega/\omega_\text{n})^2|}$. $T_\text{R} < 0.5$ より，$\dfrac{1}{2|1-(\omega/\omega_\text{n})^2|} < 0.5$, $\dfrac{1}{|1-(\omega/\omega_\text{n})^2|} < 1$

① $\frac{\omega}{\omega_n} < 1$ の場合, $\frac{1}{1-(\omega/\omega_n)^2} < 1$, $\left(\frac{\omega}{\omega_n}\right)^2 < 0$ となり,解として成立しない.
② $\frac{\omega}{\omega_n} > 1$ の場合, $\frac{1}{(\omega/\omega_n)^2-1} < 1$, $\omega_n < \frac{\omega}{\sqrt{2}}$.
以上より, $0 < \omega_n < \frac{\omega}{\sqrt{2}}$.

16. 絶対変位を x として,運動方程式は
$$m\ddot{x} + c\dot{x} + kx = ka\cos\omega t$$
解を $x = A\cos(\omega t - \varphi)$ として,振幅 A は
$$A = \frac{ka}{\sqrt{(k-m\omega^2)^2 + (c\omega)^2}} = \frac{a}{\sqrt{\{1-(\omega/\omega_n)^2\}^2 + (2\zeta\omega/\omega_n)^2}}$$
また,位相 φ は,$\tan\varphi = \frac{c\omega}{k-m\omega^2} = \frac{2\zeta\omega/\omega_n}{1-(\omega/\omega_n)^2}$, ただし, $\zeta = \frac{c}{2\sqrt{mk}}$, $\omega_n = \sqrt{\frac{k}{m}}$.
以上より,変位の伝達率は, $T_R = \frac{A}{a} = \frac{1}{\sqrt{\{1-(\omega/\omega_n)^2\}^2 + (2\zeta\omega/\omega_n)^2}}$ となる.この式に基づいて,伝達率の応答曲線をいくつかの減衰比について描くと図 8 のようになる.

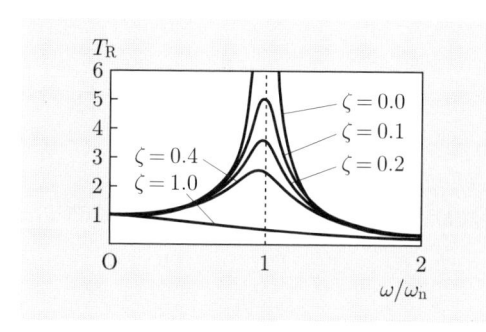

図 8

17. (1) 減衰比 $\zeta = \frac{c}{2\sqrt{mk}} = 0.5$, 不減衰固有振動数 $f_n = \frac{1}{2\pi}\sqrt{\frac{k}{m}} = 15.9\,[\text{Hz}]$, 減衰固有振動数 $f_d = \frac{1}{2\pi}\sqrt{\frac{k}{m}}\sqrt{1-\zeta^2} = 13.8\,[\text{Hz}]$

(2) 変位加振を受ける 1 自由度減衰振動系の変位の伝達率は
$$T_R = \frac{\sqrt{1+(2\zeta\omega/\omega_n)^2}}{\sqrt{\{1-(\omega/\omega_n)^2\}^2 + (2\zeta\omega/\omega_n)^2}}$$
(1) で得られた値を代入して, $T_R = 0.67$. また,このときの絶対振幅 A は
$$A = \frac{a\sqrt{1+(2\zeta\omega/\omega_n)^2}}{\sqrt{\{1-(\omega/\omega_n)^2\}^2 + (2\zeta\omega/\omega_n)^2}} = 0.34\,[\text{mm}]$$

(3) $T_R = \frac{1}{|1-(\omega/\omega_n)^2|}$ より, $T_R = 0.39$.

18. 変位加振を受ける1自由度不減衰振動系に関する変位の伝達率 T_R は，絶対変位応答を $x = A\cos\omega t$ として，$T_R = \frac{|A|}{a} = \frac{k}{|k-m\omega^2|}$. 基礎の振幅 $a = 1\,[\mathrm{mm}]$ に対して，絶対変位応答の振幅を $0.2\,\mathrm{mm}$ 以下に抑えるので，変位の伝達率としては $\frac{1}{5}$.
よって，$T_R = \frac{k}{|k-m\omega^2|} \leq \frac{1}{5}$.

伝達率が1未満なので，$k < m\omega^2$ $(\omega > \omega_n)$ として
$$T_R = \frac{k}{m\omega^2 - k} \leq \frac{1}{5}, \quad k \leq \frac{m\omega^2}{6} = \frac{1 \times (2 \times \pi \times 10)^2}{6} = 658$$
よって，ばね定数を $658\,[\mathrm{N/m}]$ 以下とする．

19. 絶対変位を x として，運動方程式は，$(m+M)\ddot{x} + kx = ka\cos\omega t$.
定常振動解を $x = A\sin\omega t$ として，振幅 A を求めると
$$|A| = \frac{ka}{|k-(m+M)\omega^2|} = \frac{a}{|1-(\omega/\omega_n)^2|} \quad \text{ただし} \quad \omega_n = \sqrt{\frac{k}{m+M}}$$

これより，変位の伝達率 T_R は，$T_R = \frac{|A|}{a} = \frac{k}{|k-(m+M)\omega^2|} = \frac{1}{|1-(\omega/\omega_n)^2|}$. 題意より，$T_R < 0.1$ なので，$\frac{1}{|1-(\omega/\omega_n)^2|} < 0.1$. 伝達率が1を下回るのは，$\frac{\omega}{\omega_n} > \sqrt{2}$ なので，$\frac{1}{(\omega/\omega_n)^2 - 1} < 0.1$, $\omega_n < \frac{\omega}{\sqrt{11}}$. ここで，$M$ を質量 m の α 倍として $M = \alpha m$ とおき，$m = 1\,[\mathrm{kg}]$, $k = 10\,[\mathrm{kN/m}]$, $f = 20\,[\mathrm{Hz}]$ より
$$\sqrt{\frac{k}{m+M}} = \sqrt{\frac{k}{(1+\alpha)m}} < \frac{\omega}{\sqrt{11}}, \quad \alpha > \frac{11 \times 10 \times 10^3}{(2 \times \pi \times 20)^2} - 1 \cong 6$$
よって M を m の約6倍とする．

20. (1) 速度 V で走行する車両に対して，路面から入力される変位加振の振動数は，$\omega = 2\pi f = \frac{2\pi V}{\lambda}$ である．また，絶対変位 x の運動方程式は，$m\ddot{x} + kx = ka\sin\omega t$. 定常振動解を $x = A\sin\omega t$ とすると，振幅 $|A|$ は
$$|A| = \frac{ka}{|k-m\omega^2|} = \frac{ka}{|k-m(2\pi V/\lambda)^2|} = \frac{ka\lambda^2}{|k\lambda^2 - 4m\pi^2 V^2|}$$

(2) 系の固有振動数は，$f_n = \frac{1}{2\pi}\sqrt{\frac{k}{m}} = \frac{1}{2\pi}\sqrt{\frac{100000}{1000}} = 1.6\,[\mathrm{Hz}]$. $f = \frac{V}{\lambda}$ より，共振が起きるときの車速は，$V = f_n\lambda = 1.6 \times 2 = 3.2\,[\mathrm{m/s}] = 11.5\,[\mathrm{km/h}]$

(3) (2) の2倍の速度で走行するとき，路面から受ける変位加振の振動数は，$\omega = 2\pi f = 20.1\,[\mathrm{rad/s}]$. (1) より，絶対変位の振幅は
$$|A| = \frac{ka}{|k-m\omega^2|} = \frac{100 \times 10^3 \times 5 \times 10^{-3}}{|100 \times 10^3 - 1 \times 10^3 \times 20.1^2|}$$
$$= 1.6 \times 10^{-3}\,[\mathrm{m}] = 1.6\,[\mathrm{mm}]$$

21. (1) 絶対変位を x として，運動方程式は
$$m\ddot{x} + k(x-u) = 0, \quad m\ddot{x} + kx = ka\sin\omega t$$
定常振動解を，$x = A\sin\omega t$ と仮定すると
$$A = \frac{ka}{k - m\omega^2} = \frac{a}{1 - (\omega/\omega_n)^2} \quad \text{ただし} \quad \omega_n = \sqrt{\frac{k}{m}}$$
よって，定常振動解は，$x = \frac{ka}{k-m\omega^2}\sin\omega t = \frac{a}{1-(\omega/\omega_n)^2}\sin\omega t$

(2) 絶対変位の振幅より，$\frac{\omega}{\omega_n} \gg 1$ のとき
$$|A| = \frac{a}{|1 - (\omega/\omega_n)^2|} = \frac{\frac{a}{(\omega/\omega_n)^2}}{\left|\frac{1}{(\omega/\omega_n)^2} - 1\right|} \to 0$$

これより，絶対変位は限りなくゼロに近づく．また記録紙には，その変位 u とペンの変位 x との相対変位 y の波形が描かれるので，$y = x - u \cong -u$ より，記録紙に描かれる波形の振幅は，基礎の振幅 a である．

22. 運動方程式は，$m\ddot{x} + kx = ka\sin\omega t$．この運動方程式の定常振動解を $x = A\sin\omega t$ とすると，振幅 $|A|$ は
$$|A| = \frac{ka}{|k - m\omega^2|} = \frac{a}{|1 - (\omega/\omega_n)^2|} \quad \text{ただし} \quad \omega_n = \sqrt{\frac{k}{m}}$$

また，このときの加速度振幅は，$\ddot{x} = -\omega^2 A\sin\omega t$ より，$|\omega^2 A| = \frac{a\omega^2}{|1-(\omega/\omega_n)^2|}$．加速度振幅が重力加速度を超えたとき，物体はばねから離れはじめると考えて，$\frac{a\omega^2}{|1-(\omega/\omega_n)^2|} > g$

① $\frac{\omega}{\omega_n} < 1$ のとき $\frac{a\omega^2}{1-(\omega/\omega_n)^2} > g$, $\omega^2 > \frac{g\omega_n^2}{g+a\omega_n^2}$ より，$\omega > \sqrt{\frac{g\omega_n^2}{g+a\omega_n^2}}$

② $\frac{\omega}{\omega_n} > 1$ のとき $\frac{a\omega^2}{(\omega/\omega_n)^2-1} > g$, $\omega^2\left(a - \frac{g}{\omega_n^2}\right) > -g$. ここで

1) $a > \frac{g}{\omega_n^2}$ のとき ($a > \frac{mg}{k}$. 重力による静たわみよりも振幅が大きい場合)
$$\omega^2 > -\frac{g\omega_n^2}{a\omega_n^2 - g}.$$ これは常に成立する．ゆえに，$\omega > \omega_n$

2) $a < \frac{g}{\omega_n^2}$ のとき ($a < \frac{mg}{k}$. 重力による静たわみよりも振幅が小さい場合)
$$\omega < \sqrt{\frac{g\omega_n^2}{g - a\omega_n^2}}.$$ ゆえに $\omega_n < \omega < \sqrt{\frac{g\omega_n^2}{g - a\omega_n^2}}$

以上を整理すると，物体が離れはじめる振動数 f は
$$a > \frac{mg}{k} \text{ の場合} \quad f > \frac{1}{2\pi}\sqrt{\frac{g\omega_n^2}{g+a\omega_n^2}}$$
$$a < \frac{mg}{k} \text{ の場合} \quad \frac{1}{2\pi}\sqrt{\frac{g\omega_n^2}{g+a\omega_n^2}} < f < \frac{1}{2\pi}\sqrt{\frac{g\omega_n^2}{g-a\omega_n^2}}$$

23. 均一断面棒の支点まわりの角変位を θ として, 系の運動方程式は

$$\frac{ml^2}{3}\ddot{\theta} + cs^2\dot{\theta} + ks(s\theta - u) = 0, \quad \frac{ml^2}{3}\ddot{\theta} + cs^2\dot{\theta} + ks^2\theta = ksa\sin\omega t$$

この方程式の解を $\theta = \Theta\sin(\omega t - \varphi)$ とすると

$$\Theta = \frac{ksa}{\sqrt{(ks^2 - ml^2\omega^2/3)^2 + (cs^2\omega)^2}} = \frac{\frac{a}{s}}{\sqrt{\{1 - (\omega/\omega_n)^2\}^2 + (2\zeta\omega/\omega_n)^2}},$$

$$\zeta = \frac{s\sqrt{3}}{l}\frac{c}{2\sqrt{mk}}, \quad \omega_n = \frac{s}{l}\sqrt{\frac{3k}{m}}, \quad \tan\varphi = \frac{2\zeta\omega/\omega_n}{1 - (\omega/\omega_n)^2}$$

24. 支点 O の水平方向の変位を $x = a\sin\omega t$, 振子の角変位を θ とすると, 振子の水平方向運動に関する運動方程式は

$$m(\ddot{x} + l\ddot{\theta}) + mg\theta = 0$$

ただし, 運動は微小と仮定した. $x = a\sin\omega t$ より, $ml\ddot{\theta} + mg\theta = ma\omega^2\sin\omega t$. この方程式の解を $\theta = \Theta\sin\omega t$ と仮定すると

$$\Theta = \frac{a\omega^2/l}{g/l - \omega^2} = \frac{a\omega^2}{g - l\omega^2} = \frac{a}{l}\frac{(\omega/\omega_n)^2}{1 - (\omega/\omega_n)^2}$$

ただし $\omega_n = \sqrt{\dfrac{g}{l}}$ （単振子の固有角振動数）

よって, 定常振動解は

$$\theta = \frac{a}{l}\frac{(\omega/\omega_n)^2}{1 - (\omega/\omega_n)^2}\sin\omega t,$$

$$\frac{|\Theta|}{a/l} = \frac{(\omega/\omega_n)^2}{|1 - (\omega/\omega_n)^2|}$$

として振幅応答曲線を描くと, 図 9 となる.

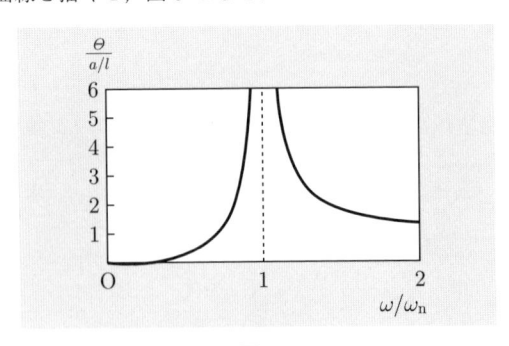

図 9

25. 機械とばねからなる1自由度不減衰振動系が基礎に伝える力の伝達率を考える．振動伝達率は，1自由度不減衰系の場合

$$T_\mathrm{R} = \frac{|F_\mathrm{T}|}{F}$$
$$= \frac{k}{|k-m\omega^2|} = \frac{1}{|1-(\omega/\omega_\mathrm{n})^2|}$$

である．最初の機械をばねに載せたときの固有振動数を ω_{n1}，2番目の機械の場合を ω_{n2}，それぞれの場合の伝達率を T_{R1}, T_{R2} とすると

$$T_{R1} = \frac{1}{|1-(\omega/\omega_{n1})^2|} = 0.2, \quad T_{R2} = \frac{1}{|1-(\omega/\omega_{n2})^2|} = 0.5$$

両者とも，伝達率が1を下回っているので，$\frac{\omega}{\omega_{n1}} > \sqrt{2}, \frac{\omega}{\omega_{n2}} > \sqrt{2}$．したがって

$$\frac{1}{(\omega/\omega_{n1})^2 - 1} = 0.2 \quad \text{より} \quad \omega = \sqrt{6}\,\omega_{n1}$$

$$\frac{1}{(\omega/\omega_{n2})^2 - 1} = 0.5 \quad \text{より} \quad \omega = \sqrt{3}\,\omega_{n2}$$

同じ振動数における伝達率を考えているので，両者を等値し，固有振動数比として表すと次が得られる．

$$\frac{\omega_{n2}}{\omega_{n1}} = \sqrt{\frac{6}{3}} = \sqrt{2} \quad \therefore \quad \text{固有振動数は}\sqrt{2}\text{倍}$$

26. 1自由度系がばねを介して基礎に伝える力の伝達率 T_R は，問25と同様に，$T_\mathrm{R} = \frac{1}{|1-(\omega/\omega_\mathrm{n})^2|}$ である．題意より，$T_\mathrm{R} \leq \frac{1}{15}$ であるので $\frac{1}{|1-(\omega/\omega_\mathrm{n})^2|} \leq \frac{1}{15}$，伝達率が1未満となるのは $\frac{\omega}{\omega_\mathrm{n}} > \sqrt{2}$ の領域なので $\frac{1}{(\omega/\omega_\mathrm{n})^2-1} \leq \frac{1}{15}, \left(\frac{\omega}{\omega_\mathrm{n}}\right)^2 \geq 16$ より，$\omega_\mathrm{n} \leq \frac{\omega}{4} = \frac{20}{4}$．よって，系の固有振動数が5 Hz以下となるように設定すればよい．

27. 1自由度不減衰振動系の強制振動に関する一般解は，自由振動の一般解と強制振動における特殊解を足し合わせることで以下のように書ける．

$$x = A\cos\omega_\mathrm{n} t + B\sin\omega_\mathrm{n} t + \frac{F/k}{1-(\omega/\omega_\mathrm{n})^2}\cos\omega t$$

A, B は未定係数である．ここで，初期条件を $t=0$ において，$x=0, \dot{x}=0$ として

$$A = -\frac{F/k}{1-(\omega/\omega_\mathrm{n})^2}, \quad B = 0$$

と定まるので，解は次のように書くことができる．

$$x = \frac{F/k}{1-(\omega/\omega_\mathrm{n})^2}(\cos\omega t - \cos\omega_\mathrm{n} t)$$

28. 1自由度減衰振動系の単位インパルス応答 $h(t)$ は
$$h(t) = \frac{1}{m\omega_d} e^{-\varepsilon t} \sin \omega_d t$$
また，大きさ P のステップ入力が作用する系の応答は，畳み込み積分の式より
$$\begin{aligned}
x(t) &= \frac{1}{m\omega_d} \int_0^t e^{-\varepsilon(t-\tau)} \sin \omega_d(t-\tau) P d\tau \\
&= \frac{P}{m\omega_d} e^{-\varepsilon t} \left\{ \int_0^t e^{\varepsilon \tau} \sin \omega_d(t-\tau) d\tau \right\} \\
&= \frac{P}{m} \frac{1}{\varepsilon^2 + \omega_d^2} \left\{ 1 - e^{-\varepsilon t} \left(\cos \omega_d t + \frac{\varepsilon}{\omega_d} \sin \omega_d t \right) \right\} \\
&= \delta_0 \left\{ 1 - \frac{e^{-\varepsilon t}}{\sqrt{1-\zeta^2}} \cos(\omega_d t - \varphi) \right\}
\end{aligned}$$
と求まる．ただし，$\varepsilon = \frac{c}{2m}$, $\delta_0 = \frac{P}{k}$, $\omega_n = \sqrt{\frac{k}{m}}$, $\omega_d = \omega_n \sqrt{1-\zeta^2}$, $\zeta = \frac{c}{2\sqrt{mk}}$, $\tan \varphi = \frac{\zeta}{\sqrt{1-\zeta^2}}$.

29. 4章の例題 13 を参考に，また，1自由度減衰振動系のステップ応答は問 28 のように表されることを利用して

(a) $0 < t \leq t_1$ について
$$x = \delta_0 \left\{ 1 - \frac{e^{-\varepsilon t}}{\sqrt{1-\zeta^2}} \cos(\omega_d t - \varphi) \right\}$$

(b) $t_1 < t$ について
$$\begin{aligned}
x &= \delta_0 \left\{ 1 - \frac{e^{-\varepsilon t}}{\sqrt{1-\zeta^2}} \cos(\omega_d t - \varphi) \right\} - \delta_0 \left[1 - \frac{e^{-\varepsilon(t-t_1)}}{\sqrt{1-\zeta^2}} \cos\{\omega_d(t-t_1) - \varphi\} \right] \\
&= \frac{\delta_0}{\sqrt{1-\zeta^2}} e^{-\varepsilon t} \left[e^{\varepsilon t_1} \cos\{\omega_d(t-t_1) - \varphi\} - \cos(\omega_d t - \varphi) \right]
\end{aligned}$$

30. $f(t) = P \sin \omega t$ による 1自由度不減衰系の応答は，畳み込み積分より
$$\begin{aligned}
x(t) &= \int_0^t h(t-\tau) f(\tau) d\tau = \frac{P}{m\omega_n} \int_0^t \sin \omega_n(t-\tau) \sin \omega \tau d\tau \\
&= \frac{P}{m\omega_n(\omega^2 - \omega_n^2)} (\omega \sin \omega_n t - \omega_n \sin \omega t) \\
&= \frac{\delta_0 \omega_n}{(\omega^2 - \omega_n^2)} (\omega \sin \omega_n t - \omega_n \sin \omega t)
\end{aligned}$$
ただし，$\delta_0 = \frac{P}{k}$, $\omega_n = \sqrt{\frac{k}{m}}$. 半波正弦波は 2 つの正弦波の重ね合わせとして表現でき，$t > \frac{\pi}{\omega}$ に対して $f(t) = P \sin \omega t + P \sin \omega \left(t - \frac{\pi}{\omega} \right)$ と表されるので，応答 $\tilde{x}(t)$ は
$$\tilde{x}(t) = x(t) + x\left(t - \frac{\pi}{\omega}\right) = \frac{2\delta_0 \omega_n \omega}{\omega^2 - \omega_n^2} \sin\left(\omega_n t - \frac{\omega_n}{2\omega}\pi\right) \cos \frac{\omega_n}{2\omega} \pi$$

問 題 解 答

31. 運動方程式は，$m\ddot{x}+c\dot{x}+kx=Fu(t)=F$．この式をラプラス変換すると
$$m(s^2X(s)-sx_0-v_0)+c(sX(s)-x_0)+kX(s)=\frac{F}{s}$$
ここで初期条件の $t=0$ で $x_0=0, v_0=0$ を考慮すると，$(ms^2+cs+k)X(s)=\frac{F}{s}$ となる．$X(s)$ について整理すると
$$X(s)=\frac{F}{s(ms^2+cs+k)}=\frac{F}{s}\frac{1}{m(s+\zeta\omega_\mathrm{n}-j\omega_\mathrm{d})(s+\zeta\omega_\mathrm{n}+j\omega_\mathrm{d})}$$
$$=\frac{F}{k}\left\{\frac{1}{s}-\frac{s+\zeta\omega_\mathrm{n}}{(s+\zeta\omega_\mathrm{n})^2+\omega_\mathrm{d}^2}-\frac{\zeta\omega_\mathrm{n}}{(s+\zeta\omega_\mathrm{n})^2+\omega_\mathrm{d}^2}\right\}$$
が得られる．さらにこの式を，ラプラス逆変換することによって，一定の力 F が作用したときの応答 $x(t)$ が次のように求まる．
$$X(s)=\frac{F}{k}\left\{1-e^{-\zeta\omega_\mathrm{n}t}\cos\omega_\mathrm{d}t-\frac{\zeta\omega_\mathrm{n}}{\omega_\mathrm{d}}e^{-\zeta\omega_\mathrm{n}t}\sin\omega_\mathrm{d}t\right\}$$
$$=\delta_0\left\{1-\frac{e^{-\zeta\omega_\mathrm{n}t}}{\sqrt{1-\zeta^2}}\cos(\omega_\mathrm{d}t-\varphi)\right\}$$
ただし，$\delta_0=\frac{F}{k}, \omega_\mathrm{n}=\sqrt{\frac{k}{m}}, \zeta=\frac{c}{2\sqrt{mk}}, \tan\varphi=\frac{\zeta}{\sqrt{1-\zeta^2}}$ である．

32. 運動方程式は，$m\ddot{x}+kx=F\sin\omega t$．この式をラプラス変換し，初期条件を考慮すると $(ms^2+k)X(s)=\frac{F\omega}{s^2+\omega^2}$ さらに，上式を $X(s)$ について整理して
$$X(s)=\frac{F\omega}{(ms^2+k)(s^2+\omega^2)}=\frac{F}{m}\frac{\omega}{\omega_\mathrm{n}^2-\omega^2}\left\{\frac{1}{s^2+\omega^2}-\frac{1}{s^2+\omega_\mathrm{n}^2}\right\}$$
この式をラプラス逆変換することにより，不減衰系の強制振動応答 $x(t)$ は
$$x(t)=\frac{F}{m(\omega_\mathrm{n}^2-\omega^2)}\left(\sin\omega t-\frac{\omega}{\omega_\mathrm{n}}\sin\omega_\mathrm{n}t\right)$$
$$=\frac{\delta_0\omega_\mathrm{n}}{\omega_\mathrm{n}^2-\omega^2}(\omega_\mathrm{n}\sin\omega t-\omega\sin\omega_\mathrm{n}t)$$
ただし，$\delta_0=\frac{F}{k}, \omega_\mathrm{n}=\sqrt{\frac{k}{m}}$ である．

33. 自由振動の運動方程式は，$m\ddot{x}+c\dot{x}+kx=0$．初期条件の $t=0$ で，$x=x_0$，$\dot{x}=v_0$ を考慮して，運動方程式をラプラス変換すると
$$m(s^2X(s)-sx_0-v_0)+c(sX(s)-x_0)+kX(s)=0,$$
$$(ms^2+cs+k)X(s)=mx_0s+(mv_0+cx_0)$$
$\zeta<1$ として
$$X(s)=\frac{mx_0s+(mv_0+cx_0)}{(ms^2+cs+k)}=\frac{mx_0s+(mv_0+cx_0)}{m(s+\zeta\omega_\mathrm{n}-j\omega_\mathrm{d})(s+\zeta\omega_\mathrm{n}+j\omega_\mathrm{d})}$$

$$= \frac{x_0(s+\varepsilon)}{(s+\varepsilon)^2+\omega_{\mathrm{d}}^2} + \frac{v_0+\varepsilon x_0}{(s+\varepsilon)^2+\omega_{\mathrm{d}}^2}$$

この式をラプラス逆変換することにより，1自由度減衰振動系の自由振動応答は

$$x(t) = \mathcal{L}^{-1}\left[x_0\frac{(s+\varepsilon)}{(s+\varepsilon)^2+\omega_{\mathrm{d}}^2}\right] + \mathcal{L}^{-1}\left[(v_0+\varepsilon x_0)\frac{1}{(s+\varepsilon)^2+\omega_{\mathrm{d}}^2}\right]$$

$$= x_0 e^{-\varepsilon t}\cos\omega_{\mathrm{d}}t + \frac{v_0+\varepsilon x_0}{\omega_{\mathrm{d}}}e^{-\varepsilon t}\sin\omega_{\mathrm{d}}t$$

34. 運動方程式は，$m\ddot{x}+c\dot{x}+kx = \delta(t)$ であり，初期条件の $t=0$ で，$x=0$，$\dot{x}=0$ を考慮して，方程式をラプラス変換すると

$$m(s^2X(s)-sx_0-v_0)+c(sX(s)-x_0)+kX(s) = 1$$

$$(ms^2+cs+k)X(s) = 1$$

$\zeta < 1$ として，$X(s)$ について整理すると

$$X(s) = \frac{1}{(ms^2+cs+k)} = \frac{1}{m(s+\omega_{\mathrm{n}}\zeta-j\omega_{\mathrm{d}})(s+\omega_{\mathrm{n}}\zeta+j\omega_{\mathrm{d}})}$$

$$= \frac{1}{m\{(s+\omega_{\mathrm{n}}\zeta)^2+\omega_{\mathrm{d}}^2\}}$$

上式をラプラス逆変換して，減衰系の単位インパルス応答は

$$x(t) = \frac{1}{m\omega_{\mathrm{d}}}e^{-\varepsilon t}\sin\omega_{\mathrm{d}}t$$

35. 作用する一般外力を $f(t)$ として，1自由度粘性減衰振動系の運動方程式は，$m\ddot{x}+c\dot{x}+kx = f(t)$ であり，初期条件を $x=0, \dot{x}=0$ として，運動方程式をラプラス変換すると $(ms^2+cs+k)X(s) = F(s)$ となる．よって，伝達関数 $G(s)$ は

$$G(s) = \frac{1}{ms^2+cs+k}$$

第5章

1. 運動の第2法則より

$$\left.\begin{array}{l}2m\ddot{x}_1 = -kx_1 - k(x_1-x_2)\\ m\ddot{x}_2 = -k(x_2-x_1) - kx_2\end{array}\right\}$$

運動方程式

$$\left.\begin{array}{l}2m\ddot{x}_1 + 2kx_1 - kx_2 = 0\\ m\ddot{x}_2 - kx_1 + 2kx_2 = 0\end{array}\right\}$$

$x_1 = X_1\cos\omega t, x_2 = X_2\cos\omega t$ を代入し整理

$$\begin{bmatrix} 2k-2m\omega^2 & -k \\ -k & 2k-m\omega^2 \end{bmatrix} \begin{Bmatrix} X_1 \\ X_2 \end{Bmatrix} = 0 \qquad ①$$

$X_1 = X_2 = 0$ 以外の解が存在するためには式①の係数行列式がゼロ.

$$\begin{vmatrix} 2k-2m\omega^2 & -k \\ -k & 2k-m\omega^2 \end{vmatrix} = (2k-2m\omega^2)(2k-m\omega^2) - k^2$$
$$= 2m^2\omega^4 - 6mk\omega^2 + 3k^2 = 0$$

$$\therefore \quad \omega^2 = \frac{3 \mp \sqrt{3}}{2} \frac{k}{m}$$

よって，1次固有振動数：$\omega_1 = \sqrt{\dfrac{3-\sqrt{3}}{2} \dfrac{k}{m}} = 0.796\sqrt{\dfrac{k}{m}}$

2次固有振動数：$\omega_2 = \sqrt{\dfrac{3+\sqrt{3}}{2} \dfrac{k}{m}} = 1.538\sqrt{\dfrac{k}{m}}$

固有モードは式①の上式より，$\dfrac{X_1}{X_2} = \dfrac{k}{2k-2m\omega_i^2} \quad (i = 1, 2)$.

1次モードは $\omega_i = \omega_1$ を代入して

$$\frac{X_1}{X_2} = \frac{k}{2k - 2m\omega_1^2} = \frac{1}{-1+\sqrt{3}} = \frac{1}{0.732}$$

2次モードは $\omega_i = \omega_2$ を代入して

$$\frac{X_1}{X_2} = \frac{k}{2k - 2m\omega_2^2} = \frac{1}{-1-\sqrt{3}} = -\frac{1}{2.732}$$

2. 運動方程式

$$\left.\begin{array}{l} m\ddot{x}_1 + kx_1 - kx_2 = 0 \\ 2m\ddot{x}_2 - kx_1 + 3kx_2 = 0 \end{array}\right\}$$

$x_1 = X_1 \cos\omega t,\ x_2 = X_2 \cos\omega t$ を代入し整理

$$\begin{bmatrix} k-m\omega^2 & -k \\ -k & 3k-2m\omega^2 \end{bmatrix} \begin{Bmatrix} X_1 \\ X_2 \end{Bmatrix} = 0 \qquad ①$$

$X_1 = X_2 = 0$ 以外の解が存在するためには式①の係数行列式がゼロ.

$$\begin{vmatrix} k-m\omega^2 & -k \\ -k & 3k-2m\omega^2 \end{vmatrix} = (k-m\omega^2)(3k-2m\omega^2) - k^2$$
$$= (k-2m\omega^2)(2k-m\omega^2) = 0$$

$$\therefore \quad \omega^2 = \frac{k}{2m},\ \frac{2k}{m}$$

よって，1次固有振動数：$\omega_1 = \sqrt{\dfrac{k}{2m}} = 70.7\,[\mathrm{rad/s}]$,

または，$f_1 = \dfrac{\omega_1}{2\pi} = 11.3\,[\mathrm{Hz}]$

2次固有振動数：$\omega_2 = \sqrt{\dfrac{2k}{m}} = 141\,[\mathrm{rad/s}]$,

または，$f_2 = \dfrac{\omega_2}{2\pi} = 22.5\,[\mathrm{Hz}]$

固有モードは式①の上式より，$\dfrac{X_1}{X_2} = \dfrac{k}{k - m\omega_i^2}$ $(i = 1, 2)$.

1次モードは $\omega_i = \omega_1$ を代入して，$\dfrac{X_1}{X_2} = \dfrac{k}{k - m\omega_1^2} = 2$

2次モードは $\omega_i = \omega_2$ を代入して，$\dfrac{X_1}{X_2} = \dfrac{k}{k - m\omega_2^2} = -1$

以上より自由振動解は次のように表される．

$$\left.\begin{aligned} x_1 &= 2(A_1 \cos\omega_1 t + B_1 \sin\omega_1 t) + (A_2 \cos\omega_2 t + B_2 \sin\omega_2 t) \\ x_2 &= (A_1 \cos\omega_1 t + B_1 \sin\omega_1 t) - (A_2 \cos\omega_2 t + B_2 \sin\omega_2 t) \end{aligned}\right\}$$

初期変位 $x_1(0) = 10\,[\mathrm{mm}],\ x_2(0) = 20\,[\mathrm{mm}]$ より

$$\left.\begin{aligned} 2A_1 + A_2 &= 10 \\ A_1 - A_2 &= 20 \end{aligned}\right\}$$

初期速度 $\dot{x}_1(0) = 0,\ \dot{x}_2(0) = 0$ より

$$\left.\begin{aligned} -2B_1\omega_1 - B_2\omega_2 &= 0 \\ -B_1\omega_1 + B_2\omega_2 &= 0 \end{aligned}\right\}$$

したがって，$A_1 = 10\,[\mathrm{mm}],\ A_2 = -10\,[\mathrm{mm}],\ B_1 = 0\,[\mathrm{mm}],\ B_2 = 0\,[\mathrm{mm}]$ となるので自由振動解は次のようになる．

$$\left.\begin{aligned} x_1 &= 20\cos 70.7t - 10\cos 141t \\ x_2 &= 10\cos 70.7t + 10\cos 141t \end{aligned}\right\}$$

3. 運動方程式

$$\left.\begin{aligned} J_1\ddot{\theta}_1 + k\theta_1 - k\theta_2 &= 0 \\ J_2\ddot{\theta}_2 - k\theta_1 + 2k\theta_2 - k\theta_3 &= 0 \\ J_1\ddot{\theta}_3 - k\theta_2 + k\theta_3 &= 0 \end{aligned}\right\}$$

自由振動解として $\theta_1 = \Theta_1\cos\omega t,\ \theta_2 = \Theta_2\cos\omega t,\ \theta_3 = \Theta_3\cos\omega t$ を代入する．

$$\begin{bmatrix} k - J_1\omega^2 & -k & 0 \\ -k & 2k - J_2\omega^2 & -k \\ 0 & -k & k - J_1\omega^2 \end{bmatrix} \begin{Bmatrix} \Theta_1 \\ \Theta_2 \\ \Theta_3 \end{Bmatrix} = 0$$

問題解答

$\Theta_1 = \Theta_2 = \Theta_3 = 0$ 以外の解が存在するためには上式の係数行列式がゼロ.
$$(k - J_1\omega^2)^2(2k - J_2\omega^2) - 2k^2(k - J_1\omega^2)$$
$$= \omega^2(k - J_1\omega^2)\{k(2J_1 + J_2) - J_1J_2\omega^2\} = 0$$
$\omega = 0$ の解は軸が変形せずに回転運動する状態を表す.軸がねじり振動を起こす場合の 1 次固有振動数は $\omega_1 = \sqrt{\frac{k}{J_1}}$, 2 次固有振動数は $\omega_2 = \sqrt{k\left(\frac{1}{J_1} + \frac{2}{J_2}\right)}$ になる.

4. 滑車中心に作用する復元力は $-k_1 x$, 滑車の左側に作用する復元力は $-k_2(x - r\theta)$, 右側の復元力は $-k_3(x + r\theta)$ になる.よって運動方程式は次のようになる.
$$\left.\begin{array}{l} m\ddot{x} + (k_1 + k_2 + k_3)x - (k_2 - k_3)r\theta = 0 \\ J\ddot{\theta} - (k_2 - k_3)rx + (k_2 + k_3)r^2\theta = 0 \end{array}\right\}$$

5. 棒のピン支持まわりの慣性モーメントは $\frac{Ml^2}{3}$ であることを考慮すると運動方程式は次のようになる.
$$\left.\begin{array}{l} m\ddot{x} + kx - kl\theta = 0 \\ \dfrac{1}{3}Ml^2\ddot{\theta} + \left(\dfrac{K}{4} + k\right)l^2\theta - klx = 0 \end{array}\right\}$$
$M = 6m$, $K = 4k$ を代入する.
$$\left.\begin{array}{l} m\ddot{x} + kx - kl\theta = 0 \\ 2ml^2\ddot{\theta} + 2kl^2\theta - klx = 0 \end{array}\right\}$$
自由振動解として $x = X\cos\omega t$, $\theta = \Theta\cos\omega t$ を代入する.
$$\begin{bmatrix} k - m\omega^2 & -kl \\ -kl & 2kl^2 - 2ml^2\omega^2 \end{bmatrix} \begin{Bmatrix} X_1 \\ X_2 \end{Bmatrix} = 0 \qquad ①$$
$X_1 = X_2 = 0$ 以外の解が存在するためには式①の係数行列式がゼロ.
$$\begin{vmatrix} k - m\omega^2 & -kl \\ -kl & 2kl^2 - 2ml^2\omega^2 \end{vmatrix} = 2l^2(k - m\omega^2)^2 - k^2l^2$$
$$= l^2(2m^2\omega^4 - 4mk\omega^2 + k^2) = 0$$
$$\therefore \quad \omega^2 = \frac{2 \mp \sqrt{2}}{2}\frac{k}{m}$$
よって,1 次固有振動数:$\omega_1 = \sqrt{\dfrac{2 - \sqrt{2}}{2}\dfrac{k}{m}} = 0.541\sqrt{\dfrac{k}{m}}$

2 次固有振動数:$\omega_2 = \sqrt{\dfrac{2 + \sqrt{2}}{2}\dfrac{k}{m}} = 1.307\sqrt{\dfrac{k}{m}}$

固有モードは式①の上式より,$\dfrac{X_1}{X_2} = \dfrac{kl}{k - m\omega_i^2}$ $(i = 1, 2)$.

1次モードは $\omega_i = \omega_1$ を代入して，$\dfrac{X_1}{X_2} = \dfrac{kl}{k - m\omega_1^2} = \sqrt{2}\, l$

2次モードは $\omega_i = \omega_2$ を代入して，$\dfrac{X_1}{X_2} = \dfrac{k}{k - m\omega_2^2} = -\sqrt{2}\, l$

6. それぞれの振子について支点まわりの運動方程式を作成する．
$$\left.\begin{array}{l} ml^2\ddot{\theta}_1 = -mgl\sin\theta_1 - kl^2(\theta_1 - \theta_2) \\ ml^2\ddot{\theta}_2 = -mgl\sin\theta_2 - kl^2(\theta_2 - \theta_1) \end{array}\right\}$$
微小振動とすると次のようになる．
$$\left.\begin{array}{l} ml^2\ddot{\theta}_1 + (mgl + kl^2)\theta_1 - kl^2\theta_2 = 0 \\ ml^2\ddot{\theta}_2 - kl^2\theta_1 + (mgl + kl^2)\theta_2 = 0 \end{array}\right\}$$
自由振動解として $\theta_1 = \Theta_1\cos\omega t$, $\theta_2 = \Theta_2\cos\omega t$ を代入する．
$$\begin{bmatrix} mg + kl - ml\omega^2 & -kl \\ -kl & mg + kl - ml\omega^2 \end{bmatrix} \begin{Bmatrix} \Theta_1 \\ \Theta_2 \end{Bmatrix} = 0 \qquad ①$$

$\Theta_1 = \Theta_2 = 0$ 以外の解が存在するためには式①の係数行列式がゼロ．
$$(mg + kl - ml\omega^2)^2 - (kl)^2 = m(g - l\omega^2)(mg + 2kl - ml\omega^2) = 0$$

よって，1次固有振動数：$\omega_1 = \sqrt{\dfrac{g}{l}}$，2次固有振動数：$\omega_2 = \sqrt{\dfrac{mg + 2kl}{ml}}$

固有モードは式①の上式より，$\dfrac{X_1}{X_2} = \dfrac{kl}{mg + kl - ml\omega_i^2}$ $(i = 1, 2)$．

1次モードは $\omega_i = \omega_1$ を代入して，$\dfrac{\Theta_1}{\Theta_2} = 1$

2次モードは $\omega_i = \omega_2$ を代入して，$\dfrac{\Theta_1}{\Theta_2} = -1$

7. $m = 2\,[\text{kg}]$, $k = 100\,[\text{N/m}]$ とおくと自由振動の運動方程式は
$$\left.\begin{array}{l} m\ddot{x}_1 + 14kx_1 - 4kx_2 = 0 \\ 2m\ddot{x}_2 - 4kx_1 + 14kx_2 = 0 \end{array}\right\}$$
自由振動解として $x_1 = X_1\cos\omega t$, $x_2 = X_2\cos\omega t$ を代入すると
$$\begin{bmatrix} 14k - m\omega^2 & -4k \\ -4k & 14k - 2m\omega^2 \end{bmatrix} \begin{Bmatrix} X_1 \\ X_2 \end{Bmatrix} = 0$$
固有振動数は上式の 係数行列式 $= 0$ から求められる．
$$(14k - m\omega^2)(14k - 2m\omega^2) - 16k^2 = 2(6k - m\omega^2)(15k - m\omega^2)$$
$$= 0$$

よって，1次固有振動数：$\omega_1 = \sqrt{\dfrac{6k}{m}} = 17.3\,[\mathrm{rad/s}]$，

または，$f_1 = \dfrac{\omega_1}{2\pi} = 2.76\,[\mathrm{Hz}]$

2次固有振動数：$\omega_2 = \sqrt{\dfrac{15k}{m}} = 27.4\,[\mathrm{rad/s}]$，

または，$f_2 = \dfrac{\omega_2}{2\pi} = 4.36\,[\mathrm{Hz}]$

強制振動の運動方程式は次のようになる．

$$\left.\begin{array}{l} m\ddot{x}_1 + 14kx_1 - 4kx_2 = F\cos\omega t \\ 2m\ddot{x}_2 - 4kx_1 + 14kx_2 = 0 \end{array}\right\}$$

$x_1 = X_1\cos\omega t,\ x_2 = X_2\cos\omega t$ を代入すると

$$\begin{bmatrix} 14k - m\omega^2 & -4k \\ -4k & 14k - 2m\omega^2 \end{bmatrix} \begin{Bmatrix} X_1 \\ X_2 \end{Bmatrix} = \begin{Bmatrix} F \\ 0 \end{Bmatrix}$$

X_1 と X_2 についての連立方程式を解き，$m = 2\,[\mathrm{kg}]$ と $k = 100\,[\mathrm{N/m}]$ を代入すると

$$X_1 = \dfrac{\begin{vmatrix} F & -4k \\ 0 & 14k - 2m\omega^2 \end{vmatrix}}{2(m\omega^2 - 6k)(m\omega^2 - 15k)} = \dfrac{F(7k - m\omega^2)}{(6k - m\omega^2)(15k - m\omega^2)}$$

$$= \dfrac{1 \times (700 - 2\omega^2)}{(600 - 2\omega^2)(1500 - 2\omega^2)},$$

$$X_2 = \dfrac{\begin{vmatrix} 14k - 2m\omega^2 & F \\ -4k & 0 \end{vmatrix}}{2(m\omega^2 - 6k)(m\omega^2 - 15k)} = \dfrac{2kF}{(6k - m\omega^2)(15k - m\omega^2)}$$

$$= \dfrac{2 \times 100 \times 1}{(600 - 2\omega^2)(1500 - 2\omega^2)}$$

振幅応答曲線を描くと図10のようになる．

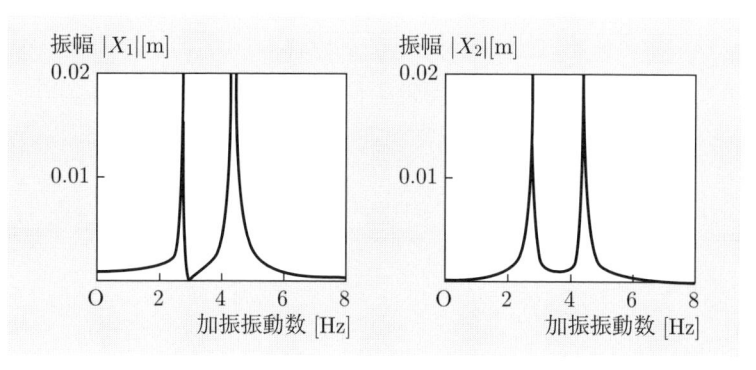

図 10

8. 運動方程式

$$m\ddot{x} + (k_1 + k_2)x - (k_1l_1 - k_2l_2)\theta = F\cos\omega t \\ J\ddot{\theta} - (k_1l_1 - k_2l_2)x + (k_1l_1^2 + k_2l_2^2)\theta = Fl_2\cos\omega t \Bigg\}$$

9. それぞれの質量に運動の第 2 法則を適用すると

$$m\ddot{x}_1 = -k(x_1 - x_2) \\ 2m\ddot{x}_2 = -k(x_2 - x_1) - 2k(x_2 - A\sin\omega t) \Bigg\}$$

よって運動方程式は次のようになる.

$$m\ddot{x}_1 + kx_1 - kx_2 = 0 \\ 2m\ddot{x}_2 - kx_1 + 3kx_2 = 2kA\sin\omega t \Bigg\}$$

強制振動解として $x_1 = X_1 \sin\omega t$, $x_2 = X_2 \sin\omega t$ を代入すると

$$\begin{bmatrix} k - m\omega^2 & -k \\ -k & 3k - 2m\omega^2 \end{bmatrix} \begin{Bmatrix} X_1 \\ X_2 \end{Bmatrix} = \begin{Bmatrix} 0 \\ 2kA \end{Bmatrix}$$

X_1, X_2 について解く.

$$X_1 = \frac{\begin{vmatrix} 0 & -k \\ 2kA & 3k - 2m\omega^2 \end{vmatrix}}{\begin{vmatrix} k - m\omega^2 & -k \\ -k & 3k - 2m\omega^2 \end{vmatrix}} = \frac{2k^2 A}{(k - 2m\omega^2)(2k - m\omega^2)},$$

$$X_2 = \frac{\begin{vmatrix} k - m\omega^2 & 0 \\ -k & 2kA \end{vmatrix}}{(k - 2m\omega^2)(2k - m\omega^2)} = \frac{2kA(k - m\omega^2)}{(k - 2m\omega^2)(2k - m\omega^2)}$$

よって強制振動解は次のようになる.

$$x_1 = \frac{2k^2 A}{(k - 2m\omega^2)(2k - m\omega^2)} \sin\omega t,$$

$$x_2 = \frac{2kA(k - m\omega^2)}{(k - 2m\omega^2)(2k - m\omega^2)} \sin\omega t$$

10. それぞれの質量に運動の第 2 法則を適用する.

$$m\ddot{x}_1 = -k(x_1 - A\sin\omega t) - k(x_1 - x_2) \\ m\ddot{x}_2 = -k(x_2 - x_1) - kx_2 \Bigg\}$$

整理すると

$$m\ddot{x}_1 + 2kx_1 - kx_2 = kA\sin\omega t \\ m\ddot{x}_2 - kx_1 + 2kx_2 = 0 \Bigg\}$$

強制振動解として $x_1 = X_1 \sin\omega t$, $x_2 = X_2 \sin\omega t$ を代入すると

$$\begin{bmatrix} 2k - m\omega^2 & -k \\ -k & 2k - m\omega^2 \end{bmatrix} \begin{Bmatrix} X_1 \\ X_2 \end{Bmatrix} = \begin{Bmatrix} kA \\ 0 \end{Bmatrix}$$

X_1, X_2 について解く.

$$X_1 = \frac{\begin{vmatrix} kA & -k \\ 0 & 2k - m\omega^2 \end{vmatrix}}{\begin{vmatrix} 2k - m\omega^2 & -k \\ -k & 2k - m\omega^2 \end{vmatrix}} = \frac{(2k - m\omega^2)kA}{(k - m\omega^2)(3k - m\omega^2)}$$

$$= \frac{(10^5 - 10\omega^2) \times 5 \times 10^4 \times 0.001}{(5 \times 10^4 - 10\omega^2)(15 \times 10^4 - 10\omega^2)},$$

$$X_2 = \frac{\begin{vmatrix} 2k - m\omega^2 & kA \\ -k & 0 \end{vmatrix}}{(k - m\omega^2)(3k - m\omega^2)} = \frac{k^2 A}{(k - m\omega^2)(3k - m\omega^2)}$$

$$= \frac{25 \times 10^8 \times 0.001}{(5 \times 10^4 - 10\omega^2)(15 \times 10^4 - 10\omega^2)}$$

上式の 分母 $= 0$ となる ω が固有振動数になるので，1 次固有振動数は 11.3 Hz，2 次固有振動数は 19.5 Hz になる．振幅応答曲線は図 11 のようになる．

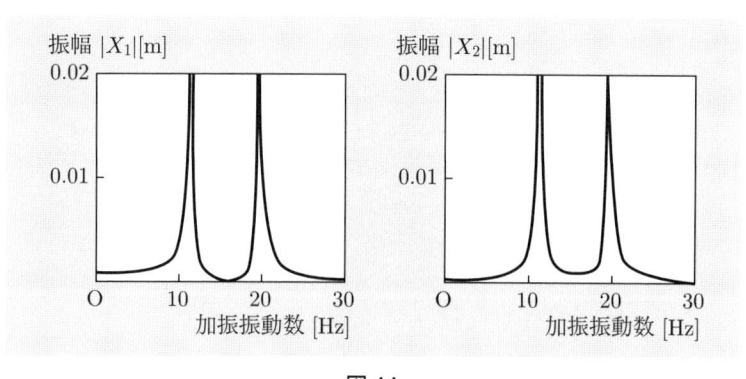

図 11

11. 一般固有値問題の式 $[K]\{X\} = \omega^2[M]\{X\}$ において左から $[M]$ の逆行列を掛けると

$$[M]^{-1}[K]\{X\} = \omega^2\{X\}$$

よって $[A] = [M]^{-1}[K]$ の関係がある．

12. 式 (5.16) において r 次の固有振動数を ω_r，固有モードを $\{X^{(r)}\}$，s 次の固有振動数を ω_s，固有モードを $\{X^{(s)}\}$ とすると次の 2 式が成り立つ．

$$[K]\{X^{(r)}\} = \omega_r^2[M]\{X^{(r)}\},$$
$$[K]\{X^{(s)}\} = \omega_s^2[M]\{X^{(s)}\}$$

上の式に左から $\{X^{(s)}\}$ の転置行列 $\{X^{(s)}\}^T$ を，同様に下の式に $\{X^{(r)}\}^T$ を掛けると

$$\{X^{(s)}\}^T[K]\{X^{(r)}\} = \omega_r^2\{X^{(s)}\}^T[M]\{X^{(r)}\}, \qquad ①$$

$$\{\boldsymbol{X}^{(r)}\}^T[\boldsymbol{K}]\{\boldsymbol{X}^{(s)}\} = \omega_s^2\{\boldsymbol{X}^{(r)}\}^T[\boldsymbol{M}]\{\boldsymbol{X}^{(s)}\} \qquad ②$$

になる．式①の両辺を転置し，対称行列であることから $[\boldsymbol{M}] = [\boldsymbol{M}]^T$, $[\boldsymbol{K}] = [\boldsymbol{K}]^T$ を利用すると

$$\{\boldsymbol{X}^{(r)}\}^T[\boldsymbol{K}]\{\boldsymbol{X}^{(s)}\} = \omega_r^2\{\boldsymbol{X}^{(r)}\}^T[\boldsymbol{M}]\{\boldsymbol{X}^{(s)}\} \qquad ③$$

式③から式②を引き，両辺を入れ替えると次式になる．

$$(\omega_r^2 - \omega_s^2)\{\boldsymbol{X}^{(r)}\}^T[\boldsymbol{M}]\{\boldsymbol{X}^{(s)}\} = 0$$

$r \neq s$ のとき $\omega_r^2 - \omega_s^2 \neq 0$ なので，上式から以下の式が成立する．

$$\{\boldsymbol{X}^{(r)}\}^T[\boldsymbol{M}]\{\boldsymbol{X}^{(s)}\} = 0$$

式③を利用すると次の式も成立する．

$$\{\boldsymbol{X}^{(r)}\}^T[\boldsymbol{K}]\{\boldsymbol{X}^{(s)}\} = 0$$

よって証明された．

13. (1) 運動方程式
$$\left.\begin{array}{l} 3m\ddot{x}_1 + 2kx_1 - kx_2 = 0 \\ 2m\ddot{x}_2 - kx_1 + 2kx_2 - kx_3 = 0 \\ m\ddot{x}_3 - kx_2 + 2kx_3 = 0 \end{array}\right\}$$

(2) 運動方程式に $x_1 = X_1\cos\omega t$, $x_2 = X_2\cos\omega t$, $x_3 = X_3\cos\omega t$ を代入すると

$$\begin{bmatrix} 2k - 3m\omega^2 & -k & 0 \\ -k & 2k - 2m\omega^2 & -k \\ 0 & -k & 2k - m\omega^2 \end{bmatrix} \begin{Bmatrix} X_1 \\ X_2 \\ X_3 \end{Bmatrix} = 0 \qquad ①$$

$X_1 = X_2 = X_3 = 0$ 以外の解を持つためには式①の係数行列式 $= 0$ の必要あり.

$$(2k - 3m\omega^2)(2k - 2m\omega^2)(2k - m\omega^2) - k^2(2k - 3m\omega^2) - k^2(2k - m\omega^2) = 0$$
$$(k - m\omega^2)\{(2k - 3m\omega^2)(2k - m\omega^2) - 2k^2\} = 0$$
$$(k - m\omega^2)\{3m^2\omega^4 - 8mk\omega^2 + 2k^2\} = 0$$

$$\therefore \omega^2 = \frac{4 - \sqrt{10}}{3}\frac{k}{m},\ \frac{k}{m},\ \frac{4 + \sqrt{10}}{3}\frac{k}{m}$$

1次固有振動数：$\omega_1 = \sqrt{\dfrac{4 - \sqrt{10}}{3}\dfrac{k}{m}} = 0.528\sqrt{\dfrac{k}{m}}$

2次固有振動数：$\omega_2 = \sqrt{\dfrac{k}{m}}$

3次固有振動数：$\omega_3 = \sqrt{\dfrac{4 + \sqrt{10}}{3}\dfrac{k}{m}} = 1.55\sqrt{\dfrac{k}{m}}$

(3) 1次モード：$\omega^2 = \frac{4-\sqrt{10}}{3}\frac{k}{m}$ を式①に代入すると

$$\begin{bmatrix} -2+\sqrt{10} & -1 & 0 \\ -1 & \frac{1}{3}(-2+2\sqrt{10}) & -1 \\ 0 & -1 & \frac{1}{3}(2+\sqrt{10}) \end{bmatrix} \begin{Bmatrix} X_1 \\ X_2 \\ X_3 \end{Bmatrix} = 0$$

よって, $\begin{Bmatrix} X_1 \\ X_2 \\ X_3 \end{Bmatrix} = \begin{Bmatrix} 1 \\ -2+\sqrt{10} \\ 7-2\sqrt{10} \end{Bmatrix} = \begin{Bmatrix} 1 \\ 1.16 \\ 0.675 \end{Bmatrix}$

2次モード: $\omega^2 = \frac{k}{m}$ を式①に代入すると

$$\begin{bmatrix} -1 & -1 & 0 \\ -1 & 0 & -1 \\ 0 & -1 & 1 \end{bmatrix} \begin{Bmatrix} X_1 \\ X_2 \\ X_3 \end{Bmatrix} = 0 \quad \text{よって} \quad \begin{Bmatrix} X_1 \\ X_2 \\ X_3 \end{Bmatrix} = \begin{Bmatrix} 1 \\ -1 \\ -1 \end{Bmatrix}$$

3次モード: $\omega^2 = \frac{4+\sqrt{10}}{3} \frac{k}{m}$ を式①に代入すると

$$\begin{bmatrix} -2-\sqrt{10} & -1 & 0 \\ -1 & \frac{1}{3}(-2-2\sqrt{10}) & -1 \\ 0 & -1 & \frac{1}{3}(2-\sqrt{10}) \end{bmatrix} \begin{Bmatrix} X_1 \\ X_2 \\ X_3 \end{Bmatrix} = 0$$

よって $\begin{Bmatrix} X_1 \\ X_2 \\ X_3 \end{Bmatrix} = \begin{Bmatrix} 1 \\ -2-\sqrt{10} \\ 7+2\sqrt{10} \end{Bmatrix} = \begin{Bmatrix} 1 \\ -5.16 \\ 13.3 \end{Bmatrix}$

(4) 1次モードと2次モードの直交性

$$\{1 \quad -2+\sqrt{10} \quad 7-2\sqrt{10}\} \begin{bmatrix} 3m & 0 & 0 \\ 0 & 2m & 0 \\ 0 & 0 & m \end{bmatrix} \begin{Bmatrix} 1 \\ -1 \\ -1 \end{Bmatrix}$$

$$= m\{1 \quad -2+\sqrt{10} \quad 7-2\sqrt{10}\} \begin{Bmatrix} 3 \\ -2 \\ -1 \end{Bmatrix}$$

$$= m(3+4-2\sqrt{10}-7+2\sqrt{10}) = 0$$

1次モードと3次モードの直交性

$$\{1 \quad -2+\sqrt{10} \quad 7-2\sqrt{10}\} \begin{bmatrix} 3m & 0 & 0 \\ 0 & 2m & 0 \\ 0 & 0 & m \end{bmatrix} \begin{Bmatrix} 1 \\ -2-\sqrt{10} \\ 7+2\sqrt{10} \end{Bmatrix}$$

$$= m\{1 \quad -2+\sqrt{10} \quad 7-2\sqrt{10}\} \begin{Bmatrix} 3 \\ -4-2\sqrt{10} \\ 7+2\sqrt{10} \end{Bmatrix}$$

$$= m(3+8+4\sqrt{10}-4\sqrt{10}-20+49-40) = 0$$

2次モードと3次モードの直交性

$$\{1 \quad -1 \quad -1\} \begin{bmatrix} 3m & 0 & 0 \\ 0 & 2m & 0 \\ 0 & 0 & m \end{bmatrix} \begin{Bmatrix} 1 \\ -2-\sqrt{10} \\ 7+2\sqrt{10} \end{Bmatrix} = m\{3 \quad -2 \quad -1\} \begin{Bmatrix} 1 \\ -2-\sqrt{10} \\ 7+2\sqrt{10} \end{Bmatrix}$$

$$= m(3+4+2\sqrt{10}-7-2\sqrt{10})$$

$$= 0$$

14. (1) 運動方程式

$$\left.\begin{array}{l} m\ddot{x}_1 + kx_1 - kx_2 = 0 \\ 4m\ddot{x}_2 - kx_1 + 4kx_2 - 2kx_3 = 0 \\ 2m\ddot{x}_3 - 2kx_2 + 2kx_3 = 0 \end{array}\right\}$$

(2) 運動方程式に $x_1 = X_1 \cos\omega t$, $x_2 = X_2 \cos\omega t$, $x_3 = X_3 \cos\omega t$ を代入すると

$$\begin{bmatrix} k-m\omega^2 & -k & 0 \\ -k & 4k-4m\omega^2 & -2k \\ 0 & -2k & 2k-2m\omega^2 \end{bmatrix} \begin{Bmatrix} X_1 \\ X_2 \\ X_3 \end{Bmatrix} = 0 \qquad ①$$

$X_1 = X_2 = X_3 = 0$ 以外の解を持つためには式①の係数行列式 $= 0$ の必要あり．

$$8(k-m\omega^2)^3 - 2k^2(k-m\omega^2) - 4k^2(k-m\omega^2) = 0$$

$$(k-m\omega^2)\left\{4(k-m\omega^2)^2 - 3k^2\right\} = 0$$

$$\therefore \quad \omega^2 = \left(1 - \frac{\sqrt{3}}{2}\right)\frac{k}{m}, \ \frac{k}{m}, \ \left(1 + \frac{\sqrt{3}}{2}\right)\frac{k}{m}$$

1 次固有振動数： $\omega_1 = \sqrt{\left(1 - \frac{\sqrt{3}}{2}\right)\frac{k}{m}} = 0.366\sqrt{\frac{k}{m}}$

2 次固有振動数： $\omega_2 = \sqrt{\frac{k}{m}}$

3 次固有振動数： $\omega_3 = \sqrt{\left(1 + \frac{\sqrt{3}}{2}\right)\frac{k}{m}} = 1.37\sqrt{\frac{k}{m}}$

(3) 1 次モード： $\omega^2 = \left(1 - \frac{\sqrt{3}}{2}\right)\frac{k}{m}$ を式①に代入すると

$$\begin{bmatrix} \frac{\sqrt{3}}{2} & -1 & 0 \\ -1 & 2\sqrt{3} & -2 \\ 0 & -2 & \sqrt{3} \end{bmatrix} \begin{Bmatrix} X_1 \\ X_2 \\ X_3 \end{Bmatrix} = 0 \quad \text{よって} \quad \begin{Bmatrix} X_1 \\ X_2 \\ X_3 \end{Bmatrix} = \begin{Bmatrix} 1 \\ \frac{\sqrt{3}}{2} \\ 1 \end{Bmatrix}$$

2 次モード： $\omega^2 = \frac{k}{m}$ を式①に代入すると

$$\begin{bmatrix} 0 & -1 & 0 \\ -1 & 0 & -2 \\ 0 & -2 & 0 \end{bmatrix} \begin{Bmatrix} X_1 \\ X_2 \\ X_3 \end{Bmatrix} = 0 \quad \text{よって} \quad \begin{Bmatrix} X_1 \\ X_2 \\ X_3 \end{Bmatrix} = \begin{Bmatrix} 2 \\ 0 \\ -1 \end{Bmatrix}$$

3 次モード： $\omega^2 = \left(1 + \frac{\sqrt{3}}{2}\right)\frac{k}{m}$ を式①に代入すると

$$\begin{bmatrix} -\frac{\sqrt{3}}{2} & -1 & 0 \\ -1 & -2\sqrt{3} & -2 \\ 0 & -2 & -\sqrt{3} \end{bmatrix} \begin{Bmatrix} X_1 \\ X_2 \\ X_3 \end{Bmatrix} = 0 \quad \text{よって} \quad \begin{Bmatrix} X_1 \\ X_2 \\ X_3 \end{Bmatrix} = \begin{Bmatrix} 1 \\ -\frac{\sqrt{3}}{2} \\ 1 \end{Bmatrix}$$

(4) 1次モード質量：$\left\{1 \ \frac{\sqrt{3}}{2} \ 1\right\} \begin{bmatrix} m & 0 & 0 \\ 0 & 4m & 0 \\ 0 & 0 & 2m \end{bmatrix} \left\{\begin{array}{c} 1 \\ \frac{\sqrt{3}}{2} \\ 1 \end{array}\right\} = 6m$

2次モード質量：$\{2 \ 0 \ -1\} \begin{bmatrix} m & 0 & 0 \\ 0 & 4m & 0 \\ 0 & 0 & 2m \end{bmatrix} \left\{\begin{array}{c} 2 \\ 0 \\ -1 \end{array}\right\} = 6m$

3次モード質量：$\left\{1 \ -\frac{\sqrt{3}}{2} \ 1\right\} \begin{bmatrix} m & 0 & 0 \\ 0 & 4m & 0 \\ 0 & 0 & 2m \end{bmatrix} \left\{\begin{array}{c} 1 \\ -\frac{\sqrt{3}}{2} \\ 1 \end{array}\right\} = 6m$

(5) 1次モード剛性：$\left\{1 \ \frac{\sqrt{3}}{2} \ 1\right\} \begin{bmatrix} k & -k & 0 \\ -k & 4k & -2k \\ 0 & -2k & 2k \end{bmatrix} \left\{\begin{array}{c} 1 \\ \frac{\sqrt{3}}{2} \\ 1 \end{array}\right\} = (6 - 3\sqrt{3})k$

2次モード剛性：$\{2 \ 0 \ -1\} \begin{bmatrix} k & -k & 0 \\ -k & 4k & -2k \\ 0 & -2k & 2k \end{bmatrix} \left\{\begin{array}{c} 2 \\ 0 \\ -1 \end{array}\right\} = 6k$

3次モード剛性：$\left\{1 \ -\frac{\sqrt{3}}{2} \ 1\right\} \begin{bmatrix} k & -k & 0 \\ -k & 4k & -2k \\ 0 & -2k & 2k \end{bmatrix} \left\{\begin{array}{c} 1 \\ -\frac{\sqrt{3}}{2} \\ 1 \end{array}\right\} = (6 + 3\sqrt{3})k$

15. (1) 自由振動の運動方程式

$$\left.\begin{array}{l} 4m\ddot{x}_1 + 4kx_1 - kx_2 = 0 \\ 2m\ddot{x}_2 - kx_1 + 2kx_2 - kx_3 = 0 \\ m\ddot{x}_3 - kx_2 + kx_3 = 0 \end{array}\right\}$$

(2) 運動方程式に $x_1 = X_1 \cos\omega t, x_2 = X_2 \cos\omega t, x_3 = X_3 \cos\omega t$ を代入すると

$$\begin{bmatrix} 4k - 4m\omega^2 & -k & 0 \\ -k & 2k - 2m\omega^2 & -k \\ 0 & -k & k - m\omega^2 \end{bmatrix} \left\{\begin{array}{c} X_1 \\ X_2 \\ X_3 \end{array}\right\} = 0 \qquad ①$$

$X_1 = X_2 = X_3 = 0$ 以外の解を持つためには式①の係数行列式 $= 0$ の必要あり．

$$(4k - 4m\omega^2)(2k - 2m\omega^2)(k - m\omega^2) - k^2(4k - 4m\omega^2) - k^2(k - m\omega^2) = 0$$
$$(k - m\omega^2)\left\{8(k - m\omega^2)^2 - 5k^2\right\} = 0$$

$$\therefore \ \omega^2 = \left(1 - \sqrt{\frac{5}{8}}\right)\frac{k}{m}, \ \frac{k}{m}, \ \left(1 + \sqrt{\frac{5}{8}}\right)\frac{k}{m}$$

1次固有振動数：$\omega_1 = \sqrt{\left(1 - \frac{\sqrt{10}}{4}\right)\frac{k}{m}} = 0.458\sqrt{\frac{k}{m}}$

2次固有振動数：$\omega_2 = \sqrt{\frac{k}{m}}$

3 次固有振動数：$\omega_3 = \sqrt{\left(1 + \dfrac{\sqrt{10}}{4}\right)\dfrac{k}{m}} = 1.34\sqrt{\dfrac{k}{m}}$

(3) 1 次モード：$\omega^2 = \left(1 - \dfrac{\sqrt{10}}{4}\right)\dfrac{k}{m}$ を式①に代入すると

$$\begin{bmatrix} \sqrt{10} & -1 & 0 \\ -1 & \frac{1}{2}\sqrt{10} & -1 \\ 0 & -1 & \frac{1}{4}\sqrt{10} \end{bmatrix} \begin{Bmatrix} X_1 \\ X_2 \\ X_3 \end{Bmatrix} = 0 \quad \text{よって} \quad \begin{Bmatrix} X_1 \\ X_2 \\ X_3 \end{Bmatrix} = \begin{Bmatrix} 1 \\ \sqrt{10} \\ 4 \end{Bmatrix}$$

2 次モード：$\omega^2 = \dfrac{k}{m}$ を式①に代入すると

$$\begin{bmatrix} 0 & -1 & 0 \\ -1 & 0 & -1 \\ 0 & -1 & 0 \end{bmatrix} \begin{Bmatrix} X_1 \\ X_2 \\ X_3 \end{Bmatrix} = 0 \quad \text{よって} \quad \begin{Bmatrix} X_1 \\ X_2 \\ X_3 \end{Bmatrix} = \begin{Bmatrix} 1 \\ 0 \\ -1 \end{Bmatrix}$$

3 次モード：$\omega^2 = \left(1 + \dfrac{\sqrt{10}}{4}\right)\dfrac{k}{m}$ を式①に代入すると

$$\begin{bmatrix} -\sqrt{10} & -1 & 0 \\ -1 & -\frac{1}{2}\sqrt{10} & -1 \\ 0 & -1 & -\frac{1}{4}\sqrt{10} \end{bmatrix} \begin{Bmatrix} X_1 \\ X_2 \\ X_3 \end{Bmatrix} = 0 \quad \text{よって} \quad \begin{Bmatrix} X_1 \\ X_2 \\ X_3 \end{Bmatrix} = \begin{Bmatrix} 1 \\ -\sqrt{10} \\ 4 \end{Bmatrix}$$

(4) 外力が作用するときの運動方程式

$$\left. \begin{array}{l} 4m\ddot{x}_1 + 4kx_1 - kx_2 = 0 \\ 2m\ddot{x}_2 - kx_1 + 2kx_2 - kx_3 = 0 \\ m\ddot{x}_3 - kx_2 + kx_3 = F\cos\omega t \end{array} \right\}$$

x_1, x_2, x_3 から次式のモード行列を使ってモード座標 ξ_1, ξ_2, ξ_3 へ変換する．

$$\begin{Bmatrix} x_1 \\ x_2 \\ x_3 \end{Bmatrix} = \begin{bmatrix} 1 & 1 & 1 \\ \sqrt{10} & 0 & -\sqrt{10} \\ 4 & -1 & 4 \end{bmatrix} \begin{Bmatrix} \xi_1 \\ \xi_2 \\ \xi_3 \end{Bmatrix}$$

これを運動方程式に代入し，左からモード行列の転置行列を掛けて固有モードの直交性を利用すると次のようになる．

$$\begin{bmatrix} \overline{m}_1 & 0 & 0 \\ 0 & \overline{m}_2 & 0 \\ 0 & 0 & \overline{m}_3 \end{bmatrix} \begin{Bmatrix} \ddot{\xi}_1 \\ \ddot{\xi}_2 \\ \ddot{\xi}_3 \end{Bmatrix} + \begin{bmatrix} \overline{k}_1 & 0 & 0 \\ 0 & \overline{k}_2 & 0 \\ 0 & 0 & \overline{k}_3 \end{bmatrix} \begin{Bmatrix} \xi_1 \\ \xi_2 \\ \xi_3 \end{Bmatrix} = \begin{bmatrix} 1 & \sqrt{10} & 4 \\ 1 & 0 & -1 \\ 1 & -\sqrt{10} & 4 \end{bmatrix} \begin{Bmatrix} 0 \\ 0 \\ F \end{Bmatrix} \cos\omega t$$

$$= \begin{Bmatrix} 4F \\ -F \\ 4F \end{Bmatrix} \cos\omega t$$

モード質量 $\overline{m}_i \ (i=1,2,3)$ は次のようになる．

$$\overline{m}_1 = \{1\ \sqrt{10}\ 4\} \begin{bmatrix} 4m & 0 & 0 \\ 0 & 2m & 0 \\ 0 & 0 & m \end{bmatrix} \begin{Bmatrix} 1 \\ \sqrt{10} \\ 4 \end{Bmatrix} = 40m$$

$$\overline{m}_2 = \{1\ 0\ -1\} \begin{bmatrix} 4m & 0 & 0 \\ 0 & 2m & 0 \\ 0 & 0 & m \end{bmatrix} \begin{Bmatrix} 1 \\ 0 \\ -1 \end{Bmatrix} = 5m$$

$$\overline{m}_3 = \{1 \ -\sqrt{10} \ 4\} \begin{bmatrix} 4m & 0 & 0 \\ 0 & 2m & 0 \\ 0 & 0 & m \end{bmatrix} \begin{Bmatrix} 1 \\ -\sqrt{10} \\ 4 \end{Bmatrix} = 40m$$

モード剛性は，$\overline{k}_i = \overline{m}_i \omega_i^2$ を利用すると次のようになる．

$$\overline{k}_1 = 40m\omega_1^2, \quad \overline{k}_2 = 5m\omega_2^2, \quad \overline{k}_3 = 40m\omega_3^2$$

よってモード座標 ξ_1, ξ_2, ξ_3 に関する次の運動方程式を導くことができる．

$$\left. \begin{aligned} 40m\ddot{\xi}_1 + 40m\omega_1^2 \xi_1 &= 4F\cos\omega t \\ 5m\ddot{\xi}_2 + 5m\omega_2^2 \xi_2 &= -F\cos\omega t \\ 40m\ddot{\xi}_3 + 40m\omega_3^2 \xi_3 &= 4F\cos\omega t \end{aligned} \right\}$$

ξ_1, ξ_2, ξ_3 の強制振動解は次のようになる．

$$\xi_1 = \frac{F}{10m(\omega_1^2 - \omega^2)} \cos\omega t, \quad \xi_2 = \frac{-F}{5m(\omega_2^2 - \omega^2)} \cos\omega t,$$

$$\xi_3 = \frac{F}{10m(\omega_3^2 - \omega^2)} \cos\omega t$$

よって x_1, x_2, x_3 の強制振動解を得る．

$$\begin{Bmatrix} x_1 \\ x_2 \\ x_3 \end{Bmatrix} = \left[\begin{Bmatrix} 1 \\ \sqrt{10} \\ 4 \end{Bmatrix} \frac{1}{10m(\omega_1^2 - \omega^2)} - \begin{Bmatrix} 1 \\ 0 \\ -1 \end{Bmatrix} \frac{1}{5m(\omega_2^2 - \omega^2)} \right.$$

$$\left. + \begin{Bmatrix} 1 \\ -\sqrt{10} \\ 4 \end{Bmatrix} \frac{1}{10m(\omega_3^2 - \omega^2)} \right] F\cos\omega t$$

(5)　x_1 の強制振動解より G_{13} は次のようになる．

$$G_{13} = \frac{1}{10m(\omega_1^2 - \omega^2)} - \frac{1}{5m(\omega_2^2 - \omega^2)} + \frac{1}{10m(\omega_3^2 - \omega^2)}$$

16.

(1)　自由振動の運動方程式

$$\left. \begin{aligned} m\ddot{x}_1 + 2kx_1 - kx_2 &= 0 \\ 2m\ddot{x}_2 - kx_1 + 2kx_2 - kx_3 &= 0 \\ m\ddot{x}_3 - kx_2 + 2kx_3 &= 0 \end{aligned} \right\}$$

(2)　運動方程式に $x_1 = X_1\cos\omega t, x_2 = X_2\cos\omega t, x_3 = X_3\cos\omega t$ を代入すると

$$\begin{bmatrix} 2k - m\omega^2 & -k & 0 \\ -k & 2k - 2m\omega^2 & -k \\ 0 & -k & 2k - m\omega^2 \end{bmatrix} \begin{Bmatrix} X_1 \\ X_2 \\ X_3 \end{Bmatrix} = 0 \qquad ①$$

$X_1 = X_2 = X_3 = 0$ 以外の解を持つためには式①の係数行列式 $= 0$ の必要あり．

$$(2k - m\omega^2)^2 (2k - 2m\omega^2) - 2k^2(2k - m\omega^2) = 0$$

$$(2k - m\omega^2)(k^2 - 3mk\omega^2 + m^2\omega^4) = 0$$

$$\therefore \omega^2 = \frac{3-\sqrt{5}}{2}\frac{k}{m},\ \frac{2k}{m},\ \frac{3+\sqrt{5}}{2}\frac{k}{m}$$

1次固有振動数：$\omega_1 = \sqrt{\dfrac{3-\sqrt{5}}{2}\dfrac{k}{m}} = 0.618\sqrt{\dfrac{k}{m}}$

2次固有振動数：$\omega_2 = \sqrt{\dfrac{2k}{m}} = 1.41\sqrt{\dfrac{k}{m}}$

3次固有振動数：$\omega_3 = \sqrt{\dfrac{3+\sqrt{5}}{2}\dfrac{k}{m}} = 1.62\sqrt{\dfrac{k}{m}}$

(3) 1次モード：$\omega^2 = \dfrac{3-\sqrt{5}}{2}\dfrac{k}{m}$ を式①に代入すると

$$\begin{bmatrix} \frac{1+\sqrt{5}}{2} & -1 & 0 \\ -1 & -1+\sqrt{5} & -1 \\ 0 & -1 & \frac{1+\sqrt{5}}{2} \end{bmatrix} \begin{Bmatrix} X_1 \\ X_2 \\ X_3 \end{Bmatrix} = 0$$

よって $\begin{Bmatrix} X_1 \\ X_2 \\ X_3 \end{Bmatrix} = \begin{Bmatrix} 1 \\ \frac{1+\sqrt{5}}{2} \\ 1 \end{Bmatrix} = \begin{Bmatrix} 1 \\ 1.62 \\ 1 \end{Bmatrix}$

2次モード：$\omega^2 = \dfrac{2k}{m}$ を式①に代入すると

$$\begin{bmatrix} 0 & -1 & 0 \\ -1 & -2 & -1 \\ 0 & -1 & 0 \end{bmatrix} \begin{Bmatrix} X_1 \\ X_2 \\ X_3 \end{Bmatrix} = 0$$

よって $\begin{Bmatrix} X_1 \\ X_2 \\ X_3 \end{Bmatrix} = \begin{Bmatrix} 1 \\ 0 \\ -1 \end{Bmatrix}$

3次モード：$\omega^2 = \left(1 + \dfrac{\sqrt{10}}{4}\right)\dfrac{k}{m}$ を式①に代入すると

$$\begin{bmatrix} \frac{1-\sqrt{5}}{2} & -1 & 0 \\ -1 & -1-\sqrt{5} & -1 \\ 0 & -1 & \frac{1-\sqrt{5}}{2} \end{bmatrix} \begin{Bmatrix} X_1 \\ X_2 \\ X_3 \end{Bmatrix} = 0$$

よって $\begin{Bmatrix} X_1 \\ X_2 \\ X_3 \end{Bmatrix} = \begin{Bmatrix} 1 \\ \frac{1-\sqrt{5}}{2} \\ 1 \end{Bmatrix} = \begin{Bmatrix} 1 \\ -0.618 \\ 1 \end{Bmatrix}$

(4) 床振動の運動方程式

$$\left. \begin{array}{l} m\ddot{x}_1 = -kx_1 - k(x_1 - x_2) \\ 2m\ddot{x}_2 = -k(x_2 - x_1) - k(x_2 - x_3) \\ m\ddot{x}_3 = -k(x_3 - x_2) - k(x_3 - A\cos\omega t) \end{array} \right\} \text{より}$$

$$\left.\begin{array}{l}m\ddot{x}_1 + 2kx_1 - kx_2 = 0 \\ 2m\ddot{x}_2 - kx_1 + 2kx_2 - kx_3 = 0 \\ m\ddot{x}_3 - kx_2 + 2kx_3 = kA\cos\omega t\end{array}\right\}$$

(5) 次式のモード行列を使って x_1, x_2, x_3 からモード座標 ξ_1, ξ_2, ξ_3 へ変換する．

$$\left\{\begin{array}{c}x_1 \\ x_2 \\ x_3\end{array}\right\} = \begin{bmatrix}1 & 1 & 1 \\ \frac{1+\sqrt{5}}{2} & 0 & \frac{1-\sqrt{5}}{2} \\ 1 & -1 & 4\end{bmatrix}\left\{\begin{array}{c}\xi_1 \\ \xi_2 \\ \xi_3\end{array}\right\}$$

運動方程式に代入し，左からモード行列の転置行列を掛けて固有モードの直交性を利用すると次のようになる．

$$\begin{bmatrix}\overline{m}_1 & 0 & 0 \\ 0 & \overline{m}_2 & 0 \\ 0 & 0 & \overline{m}_3\end{bmatrix}\left\{\begin{array}{c}\ddot{\xi}_1 \\ \ddot{\xi}_2 \\ \ddot{\xi}_3\end{array}\right\} + \begin{bmatrix}\overline{k}_1 & 0 & 0 \\ 0 & \overline{k}_2 & 0 \\ 0 & 0 & \overline{k}_3\end{bmatrix}\left\{\begin{array}{c}\xi_1 \\ \xi_2 \\ \xi_3\end{array}\right\} = \begin{bmatrix}1 & \frac{1+\sqrt{5}}{2} & 1 \\ 1 & 0 & -1 \\ 1 & \frac{1-\sqrt{5}}{2} & 1\end{bmatrix}\left\{\begin{array}{c}0 \\ 0 \\ kA\end{array}\right\}\cos\omega t$$

$$= \left\{\begin{array}{c}kA \\ -kA \\ kA\end{array}\right\}\cos\omega t$$

モード質量 $\overline{m}_i$ ($i=1,2,3$) は次のようになる．

$$\overline{m}_1 = \left\{1 \ \frac{1+\sqrt{5}}{2} \ 1\right\}\begin{bmatrix}m & 0 & 0 \\ 0 & 2m & 0 \\ 0 & 0 & m\end{bmatrix}\left\{\begin{array}{c}1 \\ \frac{1+\sqrt{5}}{2} \\ 1\end{array}\right\} = (5+\sqrt{5})m = 7.24m$$

$$\overline{m}_2 = \left\{1 \ 0 \ -1\right\}\begin{bmatrix}m & 0 & 0 \\ 0 & 2m & 0 \\ 0 & 0 & m\end{bmatrix}\left\{\begin{array}{c}1 \\ 0 \\ -1\end{array}\right\} = 2m$$

$$\overline{m}_3 = \left\{1 \ \frac{1-\sqrt{5}}{2} \ 1\right\}\begin{bmatrix}m & 0 & 0 \\ 0 & 2m & 0 \\ 0 & 0 & m\end{bmatrix}\left\{\begin{array}{c}1 \\ \frac{1-\sqrt{5}}{2} \\ 1\end{array}\right\} = (5-\sqrt{5})m = 2.76m$$

モード剛性は，$\overline{k}_i = \overline{m}_i\omega_i^2$ を利用すると次のようになる．

$$\overline{k}_1 = 7.24m\omega_1^2, \quad \overline{k}_2 = 2m\omega_2^2, \quad \overline{k}_3 = 2.76m\omega_3^2$$

よってモード座標 ξ_1, ξ_2, ξ_3 に関する運動方程式を導くことができる．

$$\left.\begin{array}{l}7.24m\ddot{\xi}_1 + 7.24m\omega_1^2\xi_1 = kA\cos\omega t \\ 2m\ddot{\xi}_2 + 2m\omega_2^2\xi_2 = -kA\cos\omega t \\ 2.76m\ddot{\xi}_3 + 2.76m\omega_3^2\xi_3 = kA\cos\omega t\end{array}\right\}$$

ξ_1, ξ_2, ξ_3 の強制振動解は次のようになる．

$$\xi_1 = \frac{kA}{7.24m(\omega_1^2-\omega^2)}\cos\omega t, \quad \xi_2 = \frac{-kA}{2m(\omega_2^2-\omega^2)}\cos\omega t,$$

$$\xi_3 = \frac{kA}{2.76m(\omega_3^2-\omega^2)}\cos\omega t$$

x_1, x_2, x_3 の強制振動解を得る．

$$\left\{\begin{matrix}x_1\\x_2\\x_3\end{matrix}\right\} = \left[\left\{\begin{matrix}1\\1.62\\1\end{matrix}\right\}\frac{1}{7.24m(\omega_1^2-\omega^2)} - \left\{\begin{matrix}1\\0\\-1\end{matrix}\right\}\frac{1}{2m(\omega_2^2-\omega^2)}\right.$$
$$\left.+\left\{\begin{matrix}1\\-0.618\\1\end{matrix}\right\}\frac{1}{2.76m(\omega_3^2-\omega^2)}\right]kA\cos\omega t$$

17. 静的釣り合い状態からのばねの伸びを x, 振子の反時計方向の角変位を θ とする. このとき振子の長さはばねの自然長を加えて $l+x$ になるので, 支点まわりの慣性モーメントは $m(l+x)^2$ になる. よって運動エネルギ T は次のようになる.

$$T = \frac{1}{2}m\dot{x}^2 + \frac{1}{2}m(l+x)^2\dot{\theta}^2$$

ポテンシャルエネルギ U はばねの伸び, および振子の角変位による位置の上昇に関するエネルギの和 $U = \frac{1}{2}kx^2 + mg(l+x)(1-\cos\theta)$ で表される. 以上より

$$\frac{\partial T}{\partial \dot{x}} = m\dot{x}, \qquad \frac{\partial T}{\partial \dot{\theta}} = m(l+x)^2\dot{\theta},$$

$$\frac{d}{dt}\left(\frac{\partial T}{\partial \dot{x}}\right) = m\ddot{x}, \qquad \frac{d}{dt}\left(\frac{\partial T}{\partial \dot{\theta}}\right) = m(l+x)^2\ddot{\theta} + 2m(l+x)\dot{x}\dot{\theta},$$

$$\frac{\partial T}{\partial x} = m(l+x)\dot{\theta}^2, \qquad \frac{\partial T}{\partial \theta} = 0,$$

$$\frac{\partial U}{\partial x} = kx + mg(1-\cos\theta), \qquad \frac{\partial U}{\partial \theta} = mg(l+x)\sin\theta$$

ラグランジュの運動方程式に代入して

$$\left.\begin{matrix}m\ddot{x} - m(l+x)\dot{\theta}^2 + kx + mg(1-\cos\theta) = 0\\(l+x)\ddot{\theta} + 2\dot{x}\dot{\theta} + g\sin\theta = 0\end{matrix}\right\}$$

18. 質量 M の右方向の変位を x, 振子の反時計方向の角変位を θ とする. 図 12 のように, 単振子の質量 m の速度 v は質量 M の速度 $\dot{x}$ と振子支点まわりの速度 $l\dot{\theta}$ の重ね合わせ

$$v^2 = (l\dot{\theta}\sin\theta)^2 + (\dot{x} + l\dot{\theta}\cos\theta)^2$$

になる. 系の運動エネルギ T は次のようになる.

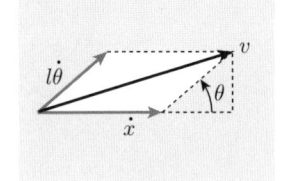

図 12

$$T = \frac{1}{2}M\dot{x}^2 + \frac{1}{2}mv^2$$
$$= \frac{1}{2}(M+m)\dot{x}^2 + \frac{1}{2}m(l^2\dot{\theta}^2 + 2l\dot{x}\dot{\theta}\cos\theta)$$

ポテンシャルエネルギ U は $U = \frac{1}{2}kx^2 + mgl(1-\cos\theta)$ になる. 以上より

$$\frac{\partial T}{\partial \dot{x}} = (M+m)\dot{x} + ml\dot{\theta}\cos\theta, \qquad \frac{\partial T}{\partial \dot{\theta}} = ml^2\dot{\theta} + ml\dot{x}\cos\theta,$$

$$\frac{d}{dt}\left(\frac{\partial T}{\partial \dot{x}}\right) = (M+m)\ddot{x} + ml\ddot{\theta}\cos\theta - ml\dot{\theta}^2\sin\theta,$$

$$\frac{d}{dt}\left(\frac{\partial T}{\partial \dot{\theta}}\right) = ml^2\ddot{\theta} + ml\ddot{x}\cos\theta - ml\dot{x}\dot{\theta}\sin\theta,$$

$$\frac{\partial T}{\partial x} = 0, \qquad \frac{\partial T}{\partial \theta} = -ml\dot{x}\dot{\theta}\sin\theta,$$

$$\frac{\partial U}{\partial x} = kx, \qquad \frac{\partial U}{\partial \theta} = mgl\sin\theta$$

ラグランジュの運動方程式に代入すれば

$$\left.\begin{array}{l} (M+m)\ddot{x} + ml\ddot{\theta}\cos\theta - ml\dot{\theta}^2\sin\theta + kx = 0 \\ \ddot{x}\cos\theta + l\ddot{\theta} + g\sin\theta = 0 \end{array}\right\}$$

19. 左端から l_1 の位置に荷重 P が作用するとき，左端から x $(0 \leq x \leq l_1)$ の位置における変位 y は

$$y = \frac{Pl_1^2 l_2^2}{6EIl}\left(\frac{2x}{l_1} + \frac{x}{l_2} - \frac{x^3}{l_1^2 l_2}\right)$$

で表される．ただし，$l_2 = l - l_1$ である．これより影響係数 $a_{11}, a_{22}, a_{12}, a_{21}$ は

$$a_{11} = a_{22} = \frac{4l^3}{243EI},$$

$$a_{12} = a_{21} = \frac{7l^3}{486EI}$$

式 (5.33) から次の影響係数法による式を得る．

$$\left.\begin{array}{l} x_1 = -a_{11}m\ddot{x}_1 - a_{12}m\ddot{x}_2 \\ x_2 = -a_{21}m\ddot{x}_1 - a_{22}m\ddot{x}_2 \end{array}\right\}$$

自由振動解は $x_1 = X_1\cos\omega t$, $x_2 = X_2\cos\omega t$ と表され，これらを上式に代入する．$a_{11} = a_{22}$, $a_{12} = a_{21}$ を利用すると次のようになる．

$$\left.\begin{array}{l} (1 - a_{11}m\omega^2)X_1 - a_{12}m\omega^2 X_2 = 0 \\ -a_{12}m\omega^2 X_1 + (1 - a_{11}m\omega^2)X_2 = 0 \end{array}\right\} \qquad ①$$

$X_1 = X_2 = 0$ 以外の解が存在するためには式①の係数行列式がゼロ．

$$\begin{vmatrix} 1 - a_{11}m\omega^2 & -a_{12}m\omega^2 \\ -a_{12}m\omega^2 & 1 - a_{11}m\omega^2 \end{vmatrix} = (1 - a_{11}m\omega^2)^2 - (a_{12}m\omega^2)^2$$

$$= \{1 - (a_{11} + a_{12})m\omega^2\}\{1 - (a_{11} - a_{12})m\omega^2\}$$

$$= 0$$

これを ω^2 について解くと次のようになる．

$$\omega_i^2 = \frac{1}{(a_{11} \pm a_{12})m} \quad (i = 1, 2)$$

よって 1 次固有振動数 ω_1 と 2 次固有振動数 ω_2 が得られる．

$$\omega_1 = \sqrt{\frac{1}{(a_{11}+a_{12})m}} = \sqrt{\frac{486EI}{15ml^3}} = 9\sqrt{\frac{2EI}{5ml^3}},$$

$$\omega_2 = \sqrt{\frac{1}{(a_{11}-a_{12})m}} = \sqrt{\frac{486EI}{ml^3}} = 9\sqrt{\frac{6EI}{ml^3}}$$

固有モードは式①から求められ，これに ω_i^2 を代入する．

$$\frac{X_1}{X_2} = \frac{a_{12}m\omega_i^2}{1-a_{11}m\omega_i^2}$$

$$= \frac{1-a_{11}m\omega_i^2}{a_{12}m\omega_i^2} = \pm 1 \quad (i=1,2)$$

したがって 1 次モード：$\dfrac{X_1}{X_2} = 1$

2 次モード：$\dfrac{X_1}{X_2} = -1$

20. 左端から l_1 の位置に荷重 P が作用するとき，左端から x ($l_1 \leq x \leq l$) の位置における変位 y は

$$y = \frac{Pl_2^3}{3EI}\left\{1 - \frac{3(x-l_1)}{2l_2} + \frac{(x-l_1)^3}{2l_2^3}\right\}$$

で表される．ただし，$l_2 = l - l_1$ である．これより影響係数 $a_{11}, a_{22}, a_{12}, a_{21}$ は b を使って次のようになる．

$$b = \frac{l^3}{48EI}, \qquad a_{11} = \frac{l^3}{3EI} = 16b,$$

$$a_{22} = \frac{l^3}{24EI} = 2b, \quad a_{12} = a_{21} = \frac{5l^3}{48EI} = 5b$$

よって影響係数法の式は以下になる．

$$\left.\begin{array}{l} x_1 = -16bm\ddot{x}_1 - 5bm\ddot{x}_2 \\ x_2 = -5bm\ddot{x}_1 - 2bm\ddot{x}_2 \end{array}\right\}$$

自由振動解を $x_1 = X_1\cos\omega t, x_2 = X_2\cos\omega t$ とし，上式に代入すると

$$\left.\begin{array}{l}(1-16bm\omega^2)X_1 - 5bm\omega^2 X_2 = 0 \\ -5bm\omega^2 X_1 + (1-2bm\omega^2)X_2 = 0\end{array}\right\} \qquad ①$$

$X_1 = X_2 = 0$ 以外の解が存在するためには式①の係数行列式がゼロ．

$$(1-16bm\omega^2)(1-2bm\omega^2) - (5bm\omega^2)^2 = 7b^2m^2\omega^4 - 18bm\omega^2 + 1$$
$$= 0$$

これを ω^2 について解くと

$$\omega^2 = \frac{9 \mp \sqrt{74}}{7}\frac{1}{bm} = \frac{9 \mp \sqrt{74}}{7}\frac{48EI}{ml^3}$$

になる．よって 1 次固有振動数 ω_1 と 2 次固有振動数 ω_2 が得られる．

$$\omega_1 = \sqrt{\frac{9-\sqrt{74}}{7}\frac{48EI}{ml^3}} = 1.65\sqrt{\frac{EI}{ml^3}},$$

$$\omega_2 = \sqrt{\frac{9+\sqrt{74}}{7}\frac{48EI}{ml^3}} = 11.0\sqrt{\frac{EI}{ml^3}}$$

固有モードは式①より次のようになる．

$$\left(\frac{X_1}{X_2}\right)_i = \frac{1-2bm\omega_i^2}{5bm\omega_i^2} \quad (i=1,2)$$

したがって 1 次モード：$\dfrac{X_1}{X_2} = \dfrac{7+\sqrt{74}}{5} = 3.12$

2 次モード：$\dfrac{X_1}{X_2} = \dfrac{7-\sqrt{74}}{5} = -0.320$

索　引

あ　行

アクセレランス　109
位相応答曲線　85
位置　1
位置エネルギ　3
1次共振　125
1次固有振動数　119
1次モード　119
一般化座標　141
一般化力　141
一般固有値問題　147
インパルス　100
うなり　152
運動　1
運動エネルギ　3
運動の第1法則　1
運動の第2法則　1
運動の第3法則　1
運動の3法則　1
運動方程式　1
運動量　4
運動量の保存則　5
影響係数　143
影響係数法　143
エネルギ　3
応答曲線　85

か　行

回転半径　7
角運動量　10
角加速度　10
角速度　10
過減衰　72
加速度　1
過渡応答　100
過渡振動　85
慣性の法則　1
慣性モーメント　7, 22
慣性力　2
危険速度　111
共振　85
共振振動数　86
共振点　86
強制振動　84
強制振動解　84
距離　1
クーロン減衰　31
ゲイン　109
減衰　30
減衰固有振動数　73
減衰比　71
減衰力　30
剛性行列　129

構造減衰　32
剛体　6
固有周期　44
固有振動数　44
固有値　129
固有値問題　129
固有ベクトル　129
固有モード　119
固有モードの直交性　130
コンプライアンス　109

さ　行

材料減衰　32
作用反作用の法則　1
仕事　3
質点　3
質量　1
質量行列　129
自由振動　43
自由振動解　84
自由度　6
周波数伝達関数　109, 134
振幅応答曲線　85
静たわみ　43
静的たわみ　84
速度　1
損失係数　32

た 行

対数減衰率　74
畳み込み積分　102
ダランベールの原理　2
単位インパルス　100
単位インパルス応答　101
ダンパ　30
力の伝達率　97
調和振動　43
直交軸の定理　9
定常振動解　85
ディラックのデルタ関数　100
伝達関数　108
等価慣性モーメント　22
等価質量　22
等価粘性減衰係数　31
動吸振器　127
等速直線運動　1

な 行

2次共振　125
2次固有振動数　119

2次モード　119
ニュートンの運動法則　1
ねじり剛性　26
粘性減衰　30
粘性減衰係数　30
粘性減衰振動　73

は 行

びびり振動　20
標準固有値問題　147
復元力　39
不減衰固有角振動数　84
不釣り合い量　92
分布系　24
平行軸の定理　9
変位　1
変位の伝達率　98
変位ベクトル　129
偏角　109
ポテンシャルエネルギ　3

ま 行

モード解析　130

モード行列　131
モード剛性　130
モード座標　131
モード質量　130
モビリティ　109

ら 行

ラグランジュ関数　141
ラグランジュの運動方程式　141
ラプラス逆変換　105
ラプラス変換　105
力学的エネルギ　3
力学的エネルギ保存則　3
力積　4
臨界減衰　72
臨界減衰係数　71
連成項　117
連続体　24

数字・欧字

MATLAB　152
Scilab　152

著者略歴

岩田 佳雄（いわた よしお）
1978年　金沢大学大学院工学研究科（機械工学専攻）修士課程修了
現　在　公立小松大学教授　工学博士
主要著書　機械振動学（共著, 数理工学社）
　　　　　演習　機械振動学（共著, サイエンス社）

佐伯 暢人（さえき まさと）
1992年　新潟大学自然科学研究科（生産科学専攻）博士課程修了
現　在　芝浦工業大学工学部機械工学科教授　博士（工学）
主要著書　機械振動学（共著, 数理工学社）

小松崎 俊彦（こまつざき としひこ）
1997年　横浜国立大学工学研究科（生産工学専攻）修士課程修了
現　在　金沢大学理工研究域教授　博士（工学）
主要著書　機械振動学（共著, 数理工学社）

新・数理/工学ライブラリ［機械工学＝別巻1］

基礎演習 機械振動学

2014年1月10日　ⓒ　　初　版　発　行
2022年4月10日　　　　初版第2刷発行

著　者　岩田佳雄　　　発行者　矢沢和俊
　　　　佐伯暢人　　　印刷者　小宮山恒敏
　　　　小松崎俊彦

【発行】　株式会社　数理工学社
〒151–0051　東京都渋谷区千駄ヶ谷1丁目3番25号
編集 ☎(03)5474–8661（代）　サイエンスビル

【発売】　株式会社　サイエンス社
〒151–0051　東京都渋谷区千駄ヶ谷1丁目3番25号
営業 ☎(03)5474–8500（代）　振替 00170–7–2387
FAX ☎(03)5474–8900

印刷・製本　小宮山印刷工業（株）
《検印省略》

本書の内容を無断で複写複製することは，著作者および出版者の権利を侵害することがありますので，その場合にはあらかじめ小社あて許諾をお求め下さい．

ISBN978-4-86481-011-1

PRINTED IN JAPAN

サイエンス社・数理工学社のホームページのご案内
https://www.saiensu.co.jp
ご意見・ご要望は
suuri@saiensu.co.jp　まで．